U0310837

*My Garden World : The Natural Year*

# 我的世界是一座花园

## 蒙提·唐的四季自然笔记

〔英〕蒙提·唐——著

光合作用——译

北京科学技术出版社

My Garden World: The Natural Year

First published in Great Britain in 2020 by Two Roads, An Imprint of John Murray Press,
An Hachette UK company.

Copyright © Monty Don 2020.

Simplified Chinese edition published by agreement with Hodder & Stoughton Limited for
and on behalf of John Murray Press through Peony Literary Agency.

Simplified Chinese copyright © Beijing Science and Technology Publishing Co., Ltd.

**著作权登记号　图字：01-2023-0726**

**图书在版编目（CIP）数据**

我的世界是一座花园 ： 蒙提·唐的四季自然笔记 /
（英）蒙提·唐著 ； 光合作用译. -- 北京 ： 北京科学技
术出版社， 2025. -- ISBN 978-7-5714-4310-8

Ⅰ. N49

中国国家版本馆 CIP 数据核字第 2024J3B169 号

| | | | |
|---|---|---|---|
| 策划编辑：陈　伟 | 电　　话：0086-10-66135495（总编室） |
| 责任编辑：王　羽 | 　　　　　0086-10-66113227（发行部） |
| 责任校对：贾　荣 | 网　　址：www.bkydw.cn |
| 责任印制：李　茗 | 印　　刷：北京顶佳世纪印刷有限公司 |
| 图文制作：芒　果 | 开　　本：890 mm×1240 mm　1/32 |
| 出 版 人：曾庆宇 | 字　　数：285 千字 |
| 出版发行：北京科学技术出版社 | 印　　张：16 |
| 社　　址：北京西直门南大街 16 号 | 插　　页：32 |
| 邮政编码：100035 | 版　　次：2025 年 3 月第 1 版 |
| ISBN 978-7-5714-4310-8 | 印　　次：2025 年 3 月第 1 次印刷 |

定　　价：98.00 元

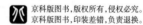

纪念耐杰尔（Nigel，2008—2020）


当现世为我颤抖的弥留拴上了门闩，

五月欣然翻动着它那翩翩如翼的绿叶，

叶上覆膜精巧，如新纺的丝绸，邻人会不会说，

"他就是那种会注意到如此细节的人哪"？


《身后》（*Afterwards*），托马斯·哈代（Thomas Hardy）

# 序

　　本书分享的是与我共享花园的一切生物，是对它们非比寻常的多样性和丰富性的一曲颂歌。其中大部分生物，在任何一座花园，甚至在没有花园的公寓窗外都能观察和欣赏到。

　　在过去的 30 年里，我用了数百万文字来描绘我的花园，大部分的主题都是关于植物和花园，包括如何进行种植、培育和管理以达到最佳美观度和丰产。我从很小就热爱乡村，热爱花园，着迷于周围一切生物，不管是树木、野花，还是鸟儿、昆虫和哺乳动物。

　　我眼中的天空从来不是空的。破晓或是日暮时分，一只孤独的乌鸦稳稳地振翅向北，一只怪异地挥动着大翅膀的鹭飞往沟渠边的一棵柳树上停栖，鸭子们成双成对、齐头并进、整齐划一，一群鹅在晨曦中昂首挺胸地大步向前。大概 10 年前，这里跟很多地方一样，春天处处都是杓鹬哀怨的啼啭声，如今却只残留在人们遥远的记忆中。到了暮春和夏日，数百只毛脚燕和家燕在空中划出回旋的曲线，如同玩着空中滑板，显得嘈杂混乱却又朝气蓬勃。

之所以会有这么多的鸟类活动，原因之一是我们竭尽所能地吸引昆虫来到花园里。而这些昆虫也有着它们自己的动人故事。我们都不可避免地在某种程度上将每一个与我们共享花园的生命浪漫化，包括蛞蝓、褐家鼠、小家鼠、蚂蚁、毛毛虫和蚜虫等所谓的害虫，它们是园丁费了大量时间和精力试图消灭的对象，但它们也是这张丰富多彩、错综复杂的生命网的组成部分。

我不是个训练有素的博物学家，但对某个事物着迷时，我总想了解每一个细枝末节，收集每一个相关信息。我知道细致的观察和日积月累的知识必不可缺，既然头脑依旧清晰且善于存储和检索知识，我便义无反顾地沉迷此道。

然而，我们可以了解一种动物或是一种植物的方方面面，但可能永远无法完全理解它。观察后院花园鸟食台上的家麻雀，即便是最普通的一种都能让我们收获良多。转换视角才不至于出现"熟生蔑"的情况。那些偶尔造访的猛禽、鼬或獾等生物更引人注目。它们的出现与其说是纯粹引人注意，不如说是它们对人无所忌惮。一只游隼突袭了村舍花园里的一只鸽子，整个过程充满着谋杀与惊惧的紧张感；而欧亚鸲仍在不远处歌唱，月季仍在绽放。你会意识到这不是一出为了娱乐你、震撼你而上演的充满戏剧性的独幕剧，这只是动物们日常生活中的一幕。

花点时间观察花园里的自然世界，你很快就会意识到，那里不像电影、电视剧和故事里上演的美化过的自然界，现实中没有好坏之分。自然界没有道德制度。蜘蛛设下陷阱捕食蜜蜂，鸫鹟抓了蜘蛛喂食给雏鸟，刺猬发现了鸫鹟巢中的雏鸟并饱餐一顿，獾掏出刺猬的内脏作为晚餐并乐在其中……撇开这些充满野性的残酷现实，乌鸫仍在暮色中歌唱，蜻蜓的翅膀依旧折射着霓虹光，野兔神神秘秘地在雪中穿越公路。它们是同一个故事里的不同篇章。

本书还会介绍一个超出我花园地界的地方。几年前我买了一座荒废的小农场，位于我的花园以西约 50 千米处，过了英格兰境，在威尔士的黑山山脉下。我原计划从花园搬到农场去着手一个全新的项目。然而人算不如天算，尤其是我还要负责《园艺世界》①这个节目，搬家计划搁置了。不管如何，我还是尽可能多地往农场跑。

这两个地方截然不同。平坦的低地花园和林木覆盖的陡峭坡地农场形成了鲜明的对比。花园里土壤黏重但非常肥沃，而农场的土壤轻质、呈酸性且贫瘠。一个已经被"驯服"了，

---

①《园艺世界》(Gardeners' World)，英国广播公司 (BBC) 的一档园艺电视节目，本书作者长期担任此节目的首席主持人，并深受观众喜爱。——编者注

一个还野性十足。农场里真正的花园就只是一个小院子，但那里的草甸、溪流和林地有着任何人都渴望自己的花园能形成的美。这就意味着与我共同生活的野生生物的范围大大扩大了。不同的植物、不同的鸟类、不同的哺乳动物和不同的气候，在相距约 50 千米的两个地方粉墨登场。在本书中，我会自由地从一处切换到另一处，因为这两处都是我个人经历里不可分割的部分。

它们共同的一点是都很潮湿。这两个地方尽管相距不过 1 个小时车程，但在潮湿的时节里，同样一场雨中的景象截然不同。花园位于冲积平原的边缘，自上一个冰期以来就有规律地发季节性洪水。洪水来自距花园边界约 45 米处的一条河流。这就意味着，这片洪水泛滥的草甸经常持续数周淹没在水下。这片土地变成汪洋又变为旱地，而我们有幸得以在这夹缝里生存。花园周围的田地慢慢积满水，大片棕色的水面上涨，一直漫到花境和花园小径。

农场里的水奔流不息。水流在林木葱郁的幽谷里激荡翻腾，在开阔的田野里奔涌，沿着峡谷底的河流一路奔腾着汇入瓦伊河，再继续奔向大海。花园边的洪水却因数周积水不退而成为一景，农场那边的水流不断重塑着地形，冲刷着山丘，蚀刻着它们古老的脊梁。

从某种意义上来讲，本书准备了 60 多年。自从学会写作，

序

我就一直保持着记笔记和写日志的习惯，这些记录和过去一年的经历都是我写书的素材。2020 年，世界骤变，新冠疫情席卷全球，把我们都困在了自己家中。我必须承认，有人被困在比我这个花园糟糕得多的地方。然而，幸运的是春天带着前所未有的好天气来临了，而我们这些拥有花园的人，在花园里度过的时光可能比以往任何时候都要多得多。

这种强制性的禁闭让我不仅更亲近植物，还更亲近花园里的其他生物。不管我们走到哪里，自然界都在我们周围。野生生物不是我们在荧屏上看到的那样，只存在于遥远的异域他乡，而是就在本地，就在我们自己的后院里。我们越能吸引它们前来并学会与它们共同生活，获得的回报就会越丰厚。花园成了保护动物和对抗气候变化的前线。关于自然界在人类健康福祉方面所起到的重要作用，在过去的几年里人们认识得越来越深刻。而我们园丁所做的微小但十分重要的改变——比如造一个小池塘、放任草类长高、为授粉动物种植合适的植物，变成了主流。

本书的内容是基于我的个人经验和兴趣精心筛选过的，我不想让它成为一本参考书。我按照公历月份来写，因为这符合我"园艺年历"的节奏。我总是充满期待和乐观主义精神将每年 1 月视为美好的开端，因为经历上一年末缓慢的衰退之后，花园在此时开始苏醒。一些小生灵在本书中会多次出现，而另一些则从未出现，不过它们或许是别人家的花园之星。

　　而这正是重点所在。我们的花园、街道和一方天空都是我们所感知的世界的一部分。我们因跟它们的联系而扩大了认知。如果在自己朴素的后院里就能助力保护和珍惜自然界，那么我们就能让这个星球变成一个很棒的地方，不仅仅是为了我们自己，也是为了每一个鲜活的生命。

# 目　录

I

一

月

# 橙胸欧亚鸲

1月6日，主显节，我收拾起装饰屋子的冬青，趁着夜色把它拿到室外，堆在小路上，准备等天亮了再付之一炬。第二天早上，一只欧亚鸲在这个冬青刺堆上跳来蹦去地采食着浆果。在鲜红果实的映衬下，我意识到，与其把它的胸部说成红色，倒不如说是橙色更为贴切。

直到中世纪，橙子才被引入英国，故而"橙色"这个词也是到了16世纪70年代才被造出来的。而彼时，"红胸欧亚鸲"已经在我们的语言和花园里稳稳地安家落户了。在语言的确立方面，熟悉度和准确性的作用不分伯仲。欧亚鸲最常用的昵称曾是知更鸟（ruddock），一直沿用到了19世纪。这个名字源于古英语中的红润或红色。"红胸"是该称谓的某种现代化的演变，而欧亚鸲名字中的"罗宾"[1]则是很久以后才加上去的，这显示了我们对那些日常接触特别密切的鸟类所特有的喜爱和稔熟——欧亚鸲罗宾、山雀汤姆、鹪鹩珍妮、乌鸦玛格（玛格丽特的简称）和寒鸦杰克。事实上，人们对欧亚鸲这个名字也是到了20世纪才习以为常的。

---

[1]欧亚鸲的英文名为European Robin，而"罗宾"即为"Robin"的音译。——编者注

# 苍 鹰

下午 4 点半，天色渐暗，但相较于两周前还是要亮得多，我遛着狗，注意到田野对面有一只大鸟正朝着房子飞来。它看上去是黑色的，所以一开始我以为那是一只乌鸦在天幕投下了剪影。其实在那样的光线下，什么鸟看起来都是黑乎乎的。很快我便意识到，对于乌鸦来说，它的个头未免也太大了。于是我想，或许是一只秃鹰吧，但它的形状和飞行的样子都不太像——尾巴比秃鹰长，头也更向外伸。等我意识到这是一只苍鹰时，不由得兴奋起来，而且十分得意。

过去 20 年里，尽管苍鹰已经越发常见了，但我仍视其为最稀有的猛禽，有生之年哪怕能看到一次便已很是幸运了。所以，现在我虽然每年都会看到它们一两回，有时还不止，但每一次都像第一次看到似的，感觉梦想成真了。我 17 岁时读了 T. H. 怀特写的《苍鹰》（*The Goshawk*），打那之后我就对各种猛禽着了迷，而苍鹰则成了我的图腾，代表着所有不可驯服的、纯粹的、美丽的、但又磨炼出杀戮本事的存在。

它飞得很慢，看似随意却呈一条精准的直线，离地大约 30 米高。翅膀从容地扇动着，上下摆动的幅度一样大，和普通老鹰大不相同。它从房子上方径直掠过，然后消失在傍晚的天空中。那一天，我心满意足。

# 大斑啄木鸟

大斑啄木鸟是花园中夸张到令人惊叹的鸟类之一，黑白相间的翅膀，长长的喙，且基部呈黄色，而最引人注目的当数其下腹尾部处那一抹如火焰般的深红，还有雄鸟深红色的头部。哪怕只是看到一只也会令人兴奋不已。它在树干上鼓捣着捉虫，更多时候，则是只闻其声却不见其形。20世纪70年代以来，它的数量一直稳步增长。

"我们家的"啄木鸟最常现身的地方是厨房窗外，它们吃着喂鸟笼里的花生或板油。它们会小心翼翼地靠近，从春园的大白蜡树开始，慢慢地移到无花果树上，一点一点，循序渐进，检查周围的一切，直到它们到达鸟食所在之处，然后颇为起劲儿地啄个不停。

要是觉察到了任何风吹草动，哪怕是发生在厨房里的，它们便立刻逃之夭夭，退回到安全的大白蜡树上。枕部未戴着红帽子的雌鸟似乎没有雄鸟那么警惕，后者连建筑物内移动的影子也会觉察到。据说一个鸟食台上通常只会来一只啄木鸟，但我们这里的雄鸟和雌鸟倒是都常来。

雏鸟头部有一块红色的斑，鉴于它们的体形略小，人们会把它和小斑啄木鸟混为一谈，但后者要小得多，只有麻雀大小，且极为少见。我时常观察鸟类，但迄今为止还未曾看到一只小斑啄木鸟。

大斑啄木鸟是林地鸟，需要一定面积的树林，所以人们最常在有大型树木的花园和公园里发现其身影。它们在腐烂的木头上鼓捣，找寻无脊椎动物，这是它们的主要食物来源。然而，一旦有了后代，它们会钻进其他鸟类的巢穴或巢箱中抢走其雏鸟和鸟蛋，特别是山雀的蛋。到了秋冬，当蛋白质更加稀缺时，它们会像许多肉食性鸟类一样，大量食用树木的种子。

大斑啄木鸟如鼓点般的啄击动作不仅是为了从树中抓取昆虫，特别是甲虫，也是为了标记领地。它们啄击的频率是固定的，每半秒达 5 ~ 20 下，这正是产生最大共鸣的数值范围。此时树木便化身为共鸣板，产生的声音甚至能穿透茂密的森林。

这种鸟的喙和头骨之间有一个软垫组织，可以吸收不断敲击所产生的冲击力，这就意味着它们能敲进各种树木，无论坚硬的还是松软腐烂的。不仅它们的头骨和喙在演化过程中变得能适应钻木头，爪也是如此——两个脚趾朝前，另两个朝后呈对趾状。加之其尾部能牢牢地压在树干上，就像是喂鸟器上夹住花生的老虎钳一样，这样一来，大斑啄木鸟的敲击动作便有了极为牢固、安全的基础。它们的舌头特别长，还长着倒刺，可以探进树皮下昆虫挖出来的"隧道"中，把昆虫带出来。

　　大斑啄木鸟在树干里挖洞作为巢穴，往往需要雌雄双方轮番上阵，花上两周甚至更长的时间才能完工。巢穴的入口很小，内部空间却很大，这才是真正需要花功夫的。事实上，它们的巢穴内部宽敞到足够鸭子大小的鸟类使用。然而，这般艰辛努力是一种投资，因为同一个巢穴，大斑啄木鸟会用上好些年。

　　大斑啄木鸟如鼓点般的啄击声，还有它们用以示警的单声啼叫都很好辨认，虽然我曾在农场里发现过一只羽翼丰满的雏鸟尸体，证明它们的确在这里生活，但我从没有真正见到过或是听到过它们。因为我们这里恰好位于它们适宜繁殖的区域边缘处，区区几块林地对大斑啄木鸟来说或许还是不够大。


# 家　　鼠

　　罗恩说过："说起家鼠①，你得知道它在哪儿都是自说

---

①家鼠（house mouse），又称小老鼠，通常体形较小，英文常简称为 mouse。
　——编者注

自话的，边跑边撒尿。褐家鼠①固然惹人厌，但家鼠更糟糕，因为褐家鼠至少还有些控制力，不像家鼠那样搞得到处都是它的排泄物。"

罗恩说的很有道理。和相对来说好脾气、似乎没什么威胁的褐家鼠相比，家鼠不仅每天要排泄50来次，还会不断用尿液标记领地——厨房、浴室、橱柜等任何它们所及之处。

因此，我们得把它们当作害虫认真对待。然而，鲜有房屋能和它们永无交集，要是你像我们一样，住在一所老房子里，那么你很可能得和许多家鼠族类分享居所。

它们有着极佳的夜间视力和听力，所以主要在夜间出没。我记得住在上一栋房子的时候，它们那无休止的、雷鸣般的上蹿下跳给夜晚时光留下了印记。我很快就发现，屋中的供暖管路建于20世纪50年代，地窖中有一个巨大的燃烧固体燃料的锅炉，家鼠们便在其附近沿着管道安营扎寨，供暖管路便成了它们的高速通路。我拆掉了每根管子周围的鼠窝，在我看来，尽管此番操作对减少家鼠数量收效甚微，但至少安静些了。

老房子是家鼠的理想之地。它们生活在墙壁里、地板下

---

①褐家鼠（brown rat），又称大老鼠、大家鼠，通常体形较大，英文常简称为rat。——编者注

和屋顶夹层中。如果你的房子里有很多家鼠，你能闻得出来，因为它们会留下一种非常独特的、腐臭的糟糕气味。不过这和地板下腐烂的家鼠尸体气味比起来，就是小巫见大巫了。

家鼠在夜间常常是步履匆匆的，所以很是吵闹。它们会造访多达 30 个不同的进食地点，要是找到了什么特别对胃口的食物，那么一晚上的时间，它们会来回走动数百次。它们几乎什么都吃：肉、肥皂、塑料、纸板、电线绝缘材料和石膏，但它们最喜欢的是谷物。虽然奶酪是捕鼠器的典型诱饵，但它们会觉得巧克力或花生酱更有诱惑力。

事实上，家鼠是一种生命力特别顽强的动物。它们会攀爬、跳跃，还会游泳，许多家鼠是生活在树篱、花园和田野里的。它们的繁殖力惊人，一只雌性家鼠一年最多能生 10 胎，每胎大约 6 只幼鼠。从理论上讲，这将在年底前产生数万甚至数十万只家鼠，但它们的死亡率也很高，而且有许多天敌，如猫头鹰、鼬鼠和黄鼠狼。

当食物可以无限供应，如身处粮仓，而家鼠的天敌又减少时，如没有猫的房子，就会出现鼠辈横行、数量爆炸的情形。事实上，它们可以在一个非常有限的范围内生活，如整个房屋的一部分区域或者区区一间房间，在某些极端的情况下，它们甚至可以在一袋谷物中度过一生。

农耕时代尚未开始，家鼠就与人类相伴生活，迄今至少已有 15 000 年了，再往后看 15 000 年，但凡还有人、建筑和食物，就肯定还会有家鼠。

# 蝴　　蝶

我的工作间里到处都是大西洋赤蛱蝶和孔雀蛱蝶。它们无力地贴着窗户扑扇着，在啤酒花窖的斜顶上方高高飞舞，有时它们飞到顶部的窖眼处，在我头顶约 10 米开外的空中，徒劳地盘旋、飞舞，却无法到达穿顶另一侧的天空。它们入室显然是为了冬眠，房子各处足足有几十只。

隔热性好、集中供暖的现代房子对它们来说太过暖和了，而我们这栋破旧木质结构的都铎式房子，有石头地板和无尽的黑暗角落和缝隙，于它们很适合。有时我刚抓住它们，打开窗户把它们高高地抛到室外，但我不确定这么做对它们是福是祸。比起满是饥饿鸟儿的寒冷花园，温暖的房子可能是更安全的选择。

# 红额金翅雀

有观众来信问，为什么我在花园里拍的节目要配上假的鸟鸣声。我估计这是因为观众无法相信，鸟鸣声居然会有如此强烈的存在感，这些鸟竟是如此大嗓门。

然而，许多鸟类于我就是这样，常闻其声不见其踪。不过，冬日里投放的鸟食会令这种情况改观。我得以近距离、长时间地观察那些在仲春时节隐匿于花园肌理中的鸟儿们。

这些鸟儿中，我最喜欢的就是红额金翅雀。它们根本算不上稀少，但在田野中是如此吸睛，不遑多让。它们擅长对付蓟属植物的种子，能从毛茸茸的种荚里把种子摘出来，要不就是对那些在花园里四处自播泛滥的川续断的刺毛头下嘴。像所有雀鸟一样，它们有着厚实有力的喙，用来对付这些细小且颇为精致的种子，似有小题大做之嫌，但这样的喙本来就是为了打破坚硬的种壳，直入营养丰富的内部结构。它们的喙不只是一个小型楔形粉碎机，在其上颌的两侧已经各演化出一个凹槽，它们在用下颌进行真正的粉碎之前，可以把种子揳入其中。于是种子被凹槽固定住，而与此同时，它们用舌头剥开种壳，并在大快朵颐之前将其吐出。

红额金翅雀因其翅膀底部的黄色而得名，它飞行时看上去就像是一条金色的带子，在周围黑色羽毛的映衬下显得越发突出。但它们最显著的识别点在于其鲜艳的深红色脸孔周围的那条白色光晕，头皮处还有一圈煤黑色的羽毛，好似剃了个莫西干头，整个"妆容"就像小丑一般。它们成群结队地来到鸟食台前，急切又莽撞。它们成群结队造访，令我欣欣然，倒也不是因为它们魅力出众或举止得体，而是它们的歌声，清脆婉转、甜美动听。

红额金翅雀在花园中大规模频频现身，也是近来才有的事儿，可追溯到 20 世纪 90 年代初。这是因为鸟食的大量增加，特别是人们常常在花园中摆上向日葵和小葵子的种子。

并非所有的红额金翅雀都能留在英国过冬，也有许多会迁徙到法国、西班牙和葡萄牙，到了来年 4 月再返回繁衍。它们每年可以在可爱、整洁的深杯状巢中产下两窝白色的蛋，上面布满了棕色的斑点。这些巢通常位于树梢侧而非靠近树干处，或藏在攀缘植物中，或匿于其他隐蔽处。筑巢工作完全由雌鸟一力承担，雄鸟则只是在旁观之。巢由苔藓制成，内衬蓟草种子的冠毛和蜘蛛网。尽管红额金翅雀以种子为食，但雏鸟主要以毛毛虫和蚜虫为食，所以它们在控制花园害虫方面也是有用的。

# 雾

又是一个浓雾弥漫的日子，花园匿于浓雾深处。树木犹如树皮上的地衣，模糊了地平线。一只乌鸦如一道黑影，扇动着翅膀，然后消失在厚重、蒙眬的空气中。

# 欧 亚 鸲

每天早上，我出门去储藏室取鸟食时，总能看见一只欧亚鸲正在候着我。储藏室位于一个旧啤酒花窖里，在那里可以看到草药园，而去草药园的唯一通道是一条短短的花园小路。大多数时候，这条小路的风景都是宜人的，但要是遇到下雨天或是积了厚雪的日子，它就不那么讨喜了。然而，偶尔滑倒我也是能接受的，因为砖墙、砖地和三面外墙围合出了一个阴凉的场所，非常适合储存洋葱、大蒜、南瓜、所有罐头和干粮，以及我混合好了放在门边两个垃圾桶中的鸟食。

鉴于这只欧亚鸲的胸脯是亮红的，那它应该是只雄鸟，它可能已经在那里等了我好几个小时了，然而我怀疑它其实已经搞清楚了我什么时候会来，而我走的时候肯定会从勺子里洒出一些鸟食，而且我总是留着门，这样它就可以溜进去，从没有上盖的桶里快速美餐一顿。有几天，它更是耐心地站在摆放着果酱瓶和泡菜罐的架子上，离我不过咫尺之遥，而彼时我正在往勺子里装食。

我常常想，欧亚鸲对人类的信任究竟是如何演变来的。和其他体形相当的麻雀和山雀等园鸟一样，它一定也受到过雀鹰的追捕，所以像这般独自伫立在外，带着一股子大摇大摆、自信满满的做派不免有点冒险了。也许正是这种像㹴犬一样的自信保护了它，毕竟很少有鸟类具有像欧亚鸲这般的攻击性或地盘意识。我可爱的欧亚鸲，每天早上都会亮相为我捧场，或许与其说它是与我难分难舍的小可爱，倒不如说它更像是一只眼巴巴的㹴犬，叫嚣着讨要些残羹冷炙。

## 欧亚多足蕨

沿农场一路下行，在底部的林谷中，水流将大石块卷起、劈开、抚平，并将其冲蚀出一层层裂缝。在我们搬到这里之后，已经有 2 块足有小汽车大小的巨石被暴雨过后沿山坡冲下的水流砸中，并被翻了个底朝天。不过其中最大的一块现在略高出水面，是一个高约 2 米的长方体，三面陡峭，而第 4 个面几乎被一棵白蜡树平展的树干和树根给盖住了。

除开第 4 个面，临溪看过去，无论哪个角度，这棵大树都像是直接从石头里长出来的一样。这像是一个马戏团把戏，是一种自然界的行为艺术，就好比是在马戏团大帐里看表演者在杆子上保持平衡一样，每次我去看它的时候，都会有一种不安的感觉，担心它失去平衡，被风吹倒。但时至今日，差不多有 20 个年头了，它一直坚挺如斯。

大树的底部难免长了一层苔藓，苔藓中冒出一堆欧亚多足蕨，就像展示在石块做成的花瓶里似的。虽然这种指状的蕨看起来像羽毛一样柔软，但它有着令人惊讶的皮革质地的梯状叶子，牢牢长在坚硬的茎上。6 月新叶长出，直到冬天结束，看上去一直都是又绿又新鲜的。酸性的岩石上、河岸边是它天然的家，要是降雨充足，它还可以附生在树枝的水平表面上。饱浸雨水、多石的酸性土壤则不会积水，这丛特别的植物在这里找到了它的理想家园，再加上岩石中生长出树木，这幅奇异画面也就完成了。

# 秃鼻乌鸦

一个灰蒙蒙的下午，我和耐杰尔[①]、耐莉[②]一道遛到了我们唤作"长田"的地方。因为那里真的非常长。从最早的地图中可以看出，长田的轮廓这些年并无改变，然而它的一侧现在是 2 块敞田制耕地，19 世纪初的时候分了出来，另一侧的一块田也是又细又长的。两者间的树篱则是教区的边界。

我一直没能搞明白，到底是为了标识边界而立起了树篱，还是因为有了树篱这里就被选作了边界。无论如何，树篱和边界至少都有 500 岁了，很可能 2 倍于此。

这条边界途经一片小树林，在那里绕了一个弯，然后才抵达树篱。这里为野鸡提供了藏身之处。就像半片长田那样，这片树林也常遭洪水，野鸡围笼会被冲走。但在高高的树冠之巅，有许多巨大的枝条搭成的鸟巢，那里安全又干燥，是秃鼻乌鸦的群栖之地。穿越长田乐趣多多，既可以缅怀教区边界的历史，亦可观看秃鼻乌鸦们聚在一起准备回巢过夜的景象。要是此时它们还在地上迈着僵硬的步伐觅食，那么狗

---

① 耐杰尔（Nigel），昵称耐久（Nige），是作者的一只金毛犬。——编者注
② 耐莉（Nellie），昵称耐尔（Nell），是作者的另一只金毛犬，年龄比耐久小，在本书中文版出版前，于 2023 年 10 月 21 日去世。——编者注

子的出现就会把它们惊飞，成百上千的秃鼻乌鸦呱呱叫着，如飓风般刮过田野。

鸟群盘旋着、汹涌着，呱呱喧嚣着返巢，但也总有离群之鸟，数量还相当可观，它们在大部队中停摆摇晃，发出许多噪声。一切看上去显得有些混乱无序。光线越来越暗，鸟群的呱呱声则越来越大，渗入黑暗中。夜幕之下，鸟群躁动着、嘟囔着，许久才慢慢平息下来。然后，在天边透出第一道曙光前又开始热闹起来。1月拂晓时分，它们的叫声回荡在花园和田野，穿过敞开的卧室窗户。天色如炭，黑色的鸟儿与地平线上那一道光洇晕在了一起。

每年开年的那几个月，我都会目睹它们在花园里来回穿梭，嘴里塞满了树枝，用捡到和偷来的材料，搭建或修补它们那乱糟糟的巢。洪水让这一工作变得轻松，因为水排走后会留下残枝败叶，供其收集。

尽管秃鼻乌鸦是我家花园的空中常客，它们却很少真正造访我们这里，而是更喜欢在周围的田野里转悠。在花园里，它们的存在主要是靠声音来体现的。在冬季黎明前的最后一抹黑暗中，鸟群苏醒过来，精神抖擞地准备迎接新的一天，它们叽叽喳喳，吵吵闹闹，呼朋唤友，整装待发。

我猜想，那片树林被用作鸡舍和洪水脱不了干系，后者限制了长田的用途。虽然土豆和小麦才是这一地区真正有利可图的作物，土质也适合，但在过去 25 年间，这片林地并未被开垦耕种过，我估摸着很可能从来都没被开垦过。这里太过潮湿，甚至都不能让人放心地堆放干草，当然也无法用于制作青贮饲料，所以它唯一的用途便是牧场，用来放牧牛羊。但这对秃鼻乌鸦来说是理想之境，从本质上说，它们是生活在草原上的鸟，需要低矮的草地，相对柔软、湿润的土壤，这样它们就能以蠕虫和别的任何它们能找到的无脊椎动物为食，当然它们也会寻觅其他食物，如雏鸟、腐肉和小型啮齿动物。

秃鼻乌鸦是一种受人欢迎的鸟，它们善于交际，走起路来摇头晃脑的。不同于羽翼丰满的倒霉乌鸦，或是有着巨型脑袋的渡鸦，秃鼻乌鸦光秃秃的脸上冒出一个灰色的大镐形嘴，看上去像个小丑，有些滑稽。但在空中，秃鼻乌鸦和乌鸦看起来除数量之外都相当像。那句老话怎么说来着——"如果你看到一只秃鼻乌鸦，那它是一只乌鸦，如果你看到一群乌鸦，那么它们是一群秃鼻乌鸦。"之所以会是这样，关键在于秃鼻乌鸦几乎从来见不到独来独往的；乌鸦则几乎不会超过两只同行，而且即便有，行动起来也是若即若离，而非相谈甚欢。另外，秃鼻乌鸦总是成群结队，它们降落到田野的样子就像是一车前往海滩的度假者。

# 并 非 狐 狸

有时，花园里和花园周围的野生动物与其说是野生的，不如说是举止不端的。

在果园里修剪苹果树时，我看到3块田外有一只特别大的狐狸，几乎贴在地平线上。它看上去像是在修剪树篱，身子埋在分隔田地的沟渠里，极为专注。虽然现在在城市中狐狸很是常见，但在这里，它们很少在白天露面，尤其是在冬季。

于是我便观察了起来，起初颇为着迷，后来则越来越怀疑，最后我确定那只"狐狸"其实是耐莉。我在树顶唤了一声，她听到后抬起头来，然后穿过田野向我冲了过来，几乎没有片刻停留，她像蛇一样从大门下面滑进家来，喜气洋洋、理直气壮。

我们周围都是田野，有2个方向的田地绵延数千米方能抵达公路，但在第3个方向，主路离我们只有约800米，而耐莉跑起来就像乌鸦飞行一般快。即使是在赫里福德郡的乡村，道路交通对一只不熟悉街道的狗来说也是极其危险的。耐杰尔虽然会站在花园门前满怀憧憬地看着田野，但他从未离家闲逛过。耐莉则不然。她会钻过最密实的栅栏、穿越最细小的缝隙出去探索，无聊的时候，她会把一次长途越野漫游视作理所当然之事。而这种漫游迟早会把她带到主路上去。

我不知道到底有多少次，当我以为她只是在花园里闲逛时，其实她在远足。我总是习惯性地打开房门，把狗狗们放到花园里，并认为它们大部分时间都在闲逛或晒太阳。100次中有99次，它们就待在眼前，或者只要我一召唤就会迅速回来。但也许耐莉有着她的秘密生活，时不时地溜出去来个短途漫游。

## 鹪　　鹩

一只鹪鹩整天都在储藏室里，个头勉强比蝴蝶大些，飞来飞去，躲在花盆和箱子后面。它有尖而弯的喙和晶亮如珠的眼睛，眼睛的上方有白色条纹，好似一只长着羽毛的鸟形顶针。

## 北长尾山雀

我的花园中虽然一年四季都有鸟儿出没，但有些我从来无缘谋面，因为鸟食台的存在我才得以亲见。北长尾山雀是我最喜欢的鸟儿之一。它们总是成批出现，有时多达十几只，披着粉红色和灰色的羽毛，拖着 2 倍于其小小身子的尾巴，蜂拥而至。它们一个个无一例外地紧紧抓住脂肪球或管状容器中的花生。之后一个个又像是出膛的子弹般一股脑儿离去。

这些都是家庭式群体，父母拖着一大家子，雏鸟以及它们的叔叔阿姨，组成了一个大家庭，它们从破壳之日就黏在一起，独居的叔叔阿姨在春末帮着抚养小鸟，直到次年 3 月，小鸟大多离家散去。但在 11 月到来年 2 月，我们几乎每天都能看到它们一起降落，一起攫走脂肪球和花生。它们是长相最为俊俏的鸟儿，圆圆的脑袋，小小的喙，明亮的小眼睛几乎消失在羽毛中，整个身体就好像是用蜜糖纺成一般。它们的巢就像是童话故事里的物件——长长的，差不多是葫芦形的，由苔藓和地衣制成，里面垫着成千上万片小羽毛，靠蜘蛛网粘结在一起。雌鸟一窝可以生十几个蛋，甚至更多，随着雏鸟长大，巢也在不断扩大和延伸，然后一个个巢都会被蜘蛛网拴在一起。

# 狐　狸

英国的狐狸数量没有一个准数，不过据估计，2016 年生活在城市中的有 15 万只，另有 30 万只则散布在不列颠群岛的其他地区。大多数狐狸的预期寿命为 1 ~ 3 年，但其死亡率很高。每年大约有 40 万只小狐狸出生，但同样也有很多狐狸会死去，老的少的多达 10 万只。不过有证据表明，自禁猎以来，这一死亡数量下降了约 1/3，而且现在城市中的狐狸占比要大得多。

在我成长的地方，人们将狐狸视为消遣之物或害兽。相关的消遣活动就是猎狐，这是乡村生活的一部分，就和当地的板球或足球队一样。但猎狐的关注点一直在于马和猎犬，而非狐狸本身，重要的是追逐的过程。

我一生中参加过 3 场猎狐活动，每一次都是兴奋、不确定和极度无聊的混合体验。兴奋来源于一起驰骋的那些个寥寥瞬间，其中还夹杂着奇怪的跳跃；不确定则是基于我对任何特定时间到底发生了什么的懵懂无知；接着，很快就会进入无聊的阶段，因为一天中的大部分时间我都坐在马背上，淋着雨，等着别人告诉我发生了什么，猎犬在哪里，而我又应该干什么。总而言之，在经历了 3 次之后，我觉得这样度过一天实在是糟糕，于是我止步于此。我虽然喜欢猎犬，但没有一丝一毫再来一次的意愿。

但我不能因此而假装我对狐狸曾有过特别的怜悯。我也知道，如果只是猎狐，那活下来的狐狸远比丧命的要多得多。猎犬倾向于捕捉年老、生病或是受伤的狐狸，尽管狐狸被"撕碎”这一画面很是刺激眼球，但这种死亡很迅速，相较于狐狸猎杀兔子或是猫捕捉老鼠，并不见得更糟糕。

之所以说狐狸因此而得以保命，是因为无论在哪里打猎，你都必须有狐狸可猎，所以农民和猎场看守都会忍住不去射杀狐狸，或是对它们施放毒气。在大多数农民和猎场看守看来，狐狸是理应铲除的害兽，因此禁猎令甫一颁布，数以千计的狐狸因此而一命呜呼。我记得邻近有一位农民自豪地告诉我，他在禁猎令生效前一晚射杀了 14 只狐狸，但“现在那该死的狩猎已经行不通了”。

狐狸洞是一条隧道，长 4.5 ~ 12 米、深 1 ~ 3 米，与地表呈 45° 向下斜挖。尽管狐狸喜欢斜坡，隧道本身却往往更趋于水平。隧道尽头有一个小空间，狐狸可以在里面睡觉和养育幼崽，洞穴通常至少有一个，但会有多个紧急入口。洞穴非常隐蔽，而且很长、很深。但凡有可能，狐狸会霸占已经挖好的洞穴——往往是獾挖的，而且此时獾往往还用着洞穴的一部分。

我面前的桌上有一个 30 多年前从獾穴中取出来的头骨，这是别人给我的。多年来，我一直认为它是一只杰克罗素㹴犬的头骨，还为此脑补了一个故事：残暴的捕獾者把这只可怜的狗放到洞穴去追捕獾，獾的体形至少是它的 3 倍，结果这只㹴犬非但没能把獾驱赶出来，供无情的农夫殴打，反而被獾杀死了，无疑还被吃了个干净。

这个故事精彩而血腥，却是大错特错的。随着时间的推移，我发现这个头骨并不属于杰克罗素㹴犬，而是狐狸的。它的个头小得出奇，或许是一只半大的幼崽，但后来我发现，所有的狐狸，除却茂密的尾巴和皮毛外，分量都出乎意料地轻。只要稍加想象，就不难通过这个头骨想象出一个长长的、狡猾的狐狸的面孔。要么是獾对现身其穴中的狐狸表达了反对，要么是狐狸不明不白地死在了地底。

与獾的洞穴不同，狐狸并非一直用着洞穴。洞穴之于狐狸，首要作用是养育幼崽，这一过程大约需要 4 个月，待幼崽长大迁出，洞穴便主要用于天气恶劣的冬季或需要躲藏时偶尔一住了。别的时候，狐狸会睡在地面上，通常是在一片茂密的杂草中，如荨麻丛或莓果丛。

它们不用任何垫料，因此，不同于獾定期清理树叶和干草垫料，并将其堆在洞穴入口处的操作，狐狸洞的唯一可信迹象便是一堆黑色的粪便了。

除非把鸡养在防狐狸的围栏里，并在晚上上锁，否则用不了几周，这些鸡肯定就会被抓住并吃掉，过去 30 年间，我们养在花园的鸡，有一半都进了狐狸的腹中。这种情况在春末夏初尤其严重，因为那时狐狸父母正在喂养日夜长大的幼崽，然后就是幼崽离开洞穴的时候，它们必须学会自力更生，而一只肥鸡很容易成为猎物，而且很好吃。

家住伦敦市中心的人很容易在光天化日下看到一只狐狸，有时则是在他们后花园四周发现其探头探脑的身影。但在英格兰中部地区的乡村，我们却极少看到狐狸。最有可能看到狐狸的时间点是黎明时分，从我们卧室窗户看出去，一只狐狸正穿过田野回家去，而一群牛对其总是全然视若不见。偶尔，它也会停下脚步，嗅嗅蚯蚓，要是运气好的话，会追赶一只田鼠。虽然狐狸对找到的食物不挑剔，但田鼠和兔子是它们最喜欢的猎物，这两种动物在乡村的数量决定了狐狸的数量。

有人曾指出过，由于狐狸的领地意识很强，在一个观察点看到狐狸的频率并不能说明其在当地的数量。换言之，如果你在某个地方重复看到狐狸，几乎可以肯定你每次看到的都是同一只。

但比起看到狐狸，我更常闻到它们的气味。和所有犬科动物一样，对狐狸来说，气味是最重要的。它们通过尿液来标记领地，这种气味在 2 月、3 月的交配季节尤为突出，几个小时后仍然非常浓烈，且有着一股让人立即能分辨出的霉臭味。有时候，狐狸的气味就在后门外，还有花园的角角落落中。

# 雪 滴 花

我刚来这里的时候，根本就没有什么花园。现在的围墙花园曾经是一片菜地，填满了建筑碎石。除了后门外有一个小小的砖头院子外，其他地方都是灌木般的草丛，三四年都没有修剪过或将牛羊赶过来放牧。如今，我们会把这称为"野化"，但在那时，它只是被遗忘的荒凉之地，没人关爱，疏于照顾。这对田鼠不错，除此之外就没啥好处了。

于是，我从靠近后门的地方开始，慢慢着手清理、打造花园。春天，我先种下了一大批低价买来的铁筷子，到了秋天在其周围添上球茎植物，于是这里自然而然地成了春日花园。我朋友的花园挨着教堂，她从花园中挖了一丛雪滴花，用报纸包裹着送给我，这是她的花园中最早种下的花。这些个雪滴花在朋友的院子里自播开来，逐渐蔓延到了花园各处。

雪滴花就是这样，当处于微潮稍阴的环境时，它们就会复花，年复一年慢慢自播开来。因此，随着时间的推移，一小丛就会变成一大片长条形的白色花带。

雪滴花最讨人喜欢的特点之一就是寿命长。年复一年，数代相传，甚至能延续几百年。在某些情况下，即便它们最早安身立命的花园早已被灌木丛和林地所占据，它们仍然能春风吹又生。有一次，我探访了威尔士中部地区的一个野山坡。坡顶被炸毁的小树林中有一块空地，残留着一座小屋的轮廓，小屋早就无影无踪，可雪滴花却勾勒出了其轮廓。这些雪滴花起先种在小屋前门外，慢慢地，它们围着建筑物的四周蔓延开来，早已消失的石头屋顶没有天沟，因此雨水沿着屋顶滴落，小屋四周总是湿漉漉的，而这恰好对了雪滴花的胃口。在冬日的那几周里，家庭生活的活动范围就好像全凭这些幽幽的白花来界定了。

我们这里的雪滴花尚算不上成片，但自那一小丛起步，花园里现在到处都是雪滴花，数量无疑要用千计。雪滴花的品种数以百计，彼此间差异细微，这让雪滴花发烧友们欣欣然，可于我实则颇为厌烦。我真的是很高兴自己只有这一种单瓣的、未命名的普通雪滴花，它们可能是源于仅生长在赫里福德郡教堂院中的罕见种类，抑或和平平无奇的大路货一样常见。可这并没有改变或弱化它们的美。

花园中的雪滴花，其魅力在于将令人放心的家养熟悉感与野花无拘无束的自由感结合了起来。但似乎没有人知道雪滴花是不是英国本土植物。它们无疑可以在野外自由生长，但同样可以肯定的是，几乎所有的"野生"雪滴花都是花园里的逃逸者。显然，1770 年之前没有关于野外生长雪滴花的记载，而第一次提到在花园中的雪滴花则是在 1597 年杰拉德的《植物志》（*The Herball*, 又名 *Generall Historie of*

*Plantes*）中。这种在我们看来如蓝铃花或报春花一样土生土长的花卉，其实就像麋或北美灰松鼠，可能是在16世纪从欧洲大陆引进的外来物种，这可真是奇怪。

但我们愿意相信，雪滴花从来都长在这里，一直都在成就更好的我们。盈盈下垂的白色铃铛脆弱而又美丽，让人们满怀感悟：这世界从根本上说是好的，而我们真正要做的就是有志于做像雪滴花一般美好的人。这一座右铭或许就像所有箴言一样难以达成。

# 麻　　雀

麻雀，小而棕色，无处不在，热闹非凡，已然成了某种集体性的鸟类"墙纸"。它们就在那里却并不扎眼。它们也很吵闹，在花园里冲来冲去，尖叫着、争吵着，成群结队地冲过树篱，经过小路，就像在街上玩保龄球的孩子们。

然而，尽管麻雀的数量仍很大，但其减少的程度可以说已颇有些灾难性的态势了，自1977年以来，麻雀总数下跌超过70%。乡村中麻雀的数量固然受到了影响，但城市中的麻雀数量锐减。尽管已有许多猜测，但并没有人真正知道原委，雏鸟食用昆虫的缺乏、空气污染、寄生虫感染，新建筑中合适的筑巢点减少，以及花园面积或数量不足和秋收后留在地里残茬的减少，诸如种种。

然而，通过对这一下降现象的研究，有一个发现是恒定不变的，那就是哪里有花园，哪里的麻雀就最兴旺。在分配地①、郊区花园和有花园的城市街道，麻雀的密度都比别的地方高。

这里的花园中有两种麻雀，而其中的一种——树麻雀如今越来越少见了。家麻雀长期以来总是与人和建筑物有关，实际上它会在任何一种人造结构中筑巢，从机械到船舶，都能看到它的巢。随便哪个鸟食台上都有它的身影，每当我摆出食物来，它就会第一个现身。每一个街头咖啡馆和酒吧，它就像那里的常客，在桌子周围跳来跳去，啄食面包屑，甚或更大胆，径直从你的盘中分得一杯羹。它们虽然小心翼翼且逃得飞快，但似乎无所畏惧。然而，长期以来人类杀掉的麻雀成百上千，这么做一部分原因是保护粮食不被它们吃掉，另一部分原因则是为了吃它，尽管每只麻雀能产出的肉少得可怜。

直到 1720 年，人们才将树麻雀与家麻雀区分开来，这

---

① 分配地（allotment），是城镇中租给居民的一小块可种植花草或蔬菜的土地，在英国十分普遍。——编者注

主要是因为树麻雀与它的表亲家麻雀是共存的，是同一群鸟的一分子。家麻雀个头较大，雄鸟头顶灰色的帽子，看起来像是滑落的假发。而树麻雀则较小，头部是浓郁的栗子色，白色的脸颊中间有一个黑点，还有白色的领子。它常常翘起尾巴，性子更是反复无常，像老鼠似的。虽然雄性和雌性树麻雀看起来非常像，但雌性与它配偶的不同之处在于，它的头部是棕色的，一条明显的赭色条纹从眼睛绕过后脑勺，翅膀和背羽有明显的条纹和斑纹，而雄性给人的整体印象则是更浓的棕栗色。

树麻雀数量的减少更是灾难性的，自 1970 年以来，其数量减少了 95% 以上。尽管这是一个极端的例子，但这与农业集约化导致农田鸟类的普遍减少是一致的。随着杀虫剂和除草剂的使用，数千千米的树篱被拔掉，而对于留下来的树篱，人们则热衷于把它们修剪成整齐的低矮块状，而不是让它们长成更高的成熟树木。

庄稼播种改在了初秋而非春天，这也就意味着在冬季的那几个月里，残留在田地里的秸秆要少得多，这对许多鸟类的食物供应产生了深远的影响。事实证明，树麻雀很少在离开巢穴超过约 800 米的地方觅食，它们更喜欢待在距离巢穴几百米的范围内。移除树篱使得田地面积变大，却也破坏了可供树麻雀筑巢的场地、缩小了它们觅食的范围。

树麻雀在高地地区是一种罕见的鸟儿，我在农场里从未看到过它们。在花园这里，离农场东边不过区区约50千米之隔，恰好是树麻雀领地的边缘，在整个国家的西南部和苏格兰的大部分地区几乎都找不到它们的踪迹。我之所以能看到它们，是因为花园为它们提供了藏身地、筑巢地和食物，且花园紧挨着尚且属于非密集型的农业区。这两者结合的情形正变得越来越少，所以迷人的、小小的树麻雀的未来并不容乐观。虽然前景令人沮丧，但还有一些好消息，无论树麻雀生活在何处，每年的4～8月，它们会筑巢并繁衍多达3窝，每窝能有5个或6个蛋，所以它们的繁殖能力还是不错的。树麻雀的伉俪关系会持续终生，但它们的爱情配对时间短得可怜，幸运儿的寿命不过只有2年的光景，顶多3年。

# 可 卡 犬

这种犬之所以被称为可卡犬是因为人们养它们的目的就是驱赶丘鹬。在我出生前，我父亲就有一只，名叫巴尼。我记得照片上它那巨大的法官假发般的耳朵。我的一个朋友养了3只可卡犬，它们是你能想到的最忙碌、最精力充沛的狗狗，魅力十足，除非你正好是一只丘鹬。

# 林 岩 鹨

林岩鹨往往被归入麻雀的行列，它们确实曾被叫作树篱麻雀（hedge sparrow），尽管人们常常看到两者待在一块儿，融洽自如，但它们在很多方面都有很大不同。

首先，林岩鹨是分布在西伯利亚、喜马拉雅山和日本潮湿山坡上的唯一一种英国鸣禽。因此，这些个不起眼的棕色小家伙其实来自异国他乡。

其次，和麻雀一样，林岩鹨的数量在 20 世纪 70 ~ 80年代锐减，但与麻雀不同的是，如今它们的数量有所恢复，严谨地说，数量成功地保持在了合适的水平。

再次，它们的喙与麻雀那出奇厚实有力的喙很是不同，林岩鹨的喙又薄又尖，相较于敲开大个儿的种子，它们更适合对付苍蝇和甲虫。

最后，相较于站得笔直的树麻雀，它们的站姿更为水平，重心倾斜靠近胸前。

它们往往在树篱和灌木的掩护下蹑手蹑脚地在地面觅食，因而栽种着大量灌木的花园就成了它们的理想筑巢点。然而，由于它们总是在低处筑巢，且总是在地面活动，因此特别容易成为家猫的捕杀对象。

在乡村的农业生产地区、林地边缘以及个别幸运的花园里，林岩鹨是大杜鹃蛋很常见的宿主。这一现象颇有讽刺意味，因为林岩鹨的性生活即便算不上荒淫却也不失有趣：雄鸟在生理上会发生相当剧烈的变化，其睾丸重量会增至其体重的近8%，这如果放在一个约90千克的人身上，相当于超过约6.8千克。同时，发起交配的雌鸟每天可能会交配达30次，它们可与周围的每一只雄鸟发生关系，而雄鸟亦然。这个安排还是相当不错的。这就意味着在每一个巢穴都会有一对稳定的夫妇照顾，同时这一窝鸟蛋很可能会来自许多不同的父亲。在所有这些疯狂的行动之后，一旦寄生于巢中的大杜鹃蛋孵化出雏鸟，就会把林岩鹨的蛋和孵化出的雏鸟挤出巢去。极具讽刺意味的是，此时林岩鹨父母往往就在现场却浑不在意。

大杜鹃在为它们的孩子选择养父母时有一个令人惊奇的考量，它的选择似乎从不是随意的。某些大杜鹃只选择某些物种。一只选林岩鹨的大杜鹃绝不会挑草地鹨，反之亦然。林岩鹨绿松石色的蛋小巧又漂亮；大杜鹃的蛋个头要大得多，呈灰白色，上面还有赤褐色的斑点。可林岩鹨却无法分辨两者间的区别，作为少数有这种情形的鸟，这或许也是它会被大杜鹃看上的原因之一。

在别的鸟儿那里，大杜鹃为了产下和宿主相似的蛋，下的功夫可要令人印象深刻得多。例如在芬兰，有些大杜鹃会把蛋产在红尾鸲的巢里，红尾鸲的蛋是蓝色的，和林岩鹨的非常相似，所以那里的大杜鹃也会产下蓝色的蛋。可是由于林岩鹨完全没有辨别能力，大杜鹃就没必要使出这种伪装技术，而在所有林岩鹨巢穴中，被大杜鹃寄生的比例不过区区2%左右。从物种层面看，林岩鹨也就没时间，或者说没必要演化出拒绝反应了。于是大杜鹃的雏鸟长成了庞然大物，它们的体重是其体形娇小的养父母的五六倍，而它的养父母却似乎自始至终都不会怨怼，甚至根本意识不到这种差距。

# 苔　藓

如何根除草坪上的苔藓？这是我收到的各类园艺问题中最常见的一个。我对自家的草坪上是否有苔藓这一点浑不在意，倒不是因为我们的草坪没有这种情形，我确实在一些区域种着草坪，也需要修剪，而几乎每平方米都是草和苔藓平分秋色的状况。但的确有那么一代园艺师，他们视任何达不到"完美"标准的草坪为园艺上的失职和无能，而绝对没有一丁点儿苔藓就是"完美"的标准之一。事实上，草坪上有苔藓是一种症状，表明土壤要么太湿，要么太背阴，要么太紧实，也有可能是这三者兼而有之。这3种情形对草的生长不利，而对苔藓来说都是理想的，于是苔藓便胜出了。

我们的山坡农场就是一个满是苔藓的地方，除了顽强的草坪，树桩上、岩石上、墙壁上和石块上等地方的苔藓简直是美极了。大片的田地、树干和树枝都裹上了一层天鹅绒般的厚厚的苔藓，每一块岩石和石子，只要不是一直被山坡上滚滚流淌的溪水冲刷着的，都长满了苔藓。干石墙上面也聚满了苔藓。房子附近的大橡树如同一个巨大的绿色林地神灵，四肢闪闪发光，在冬天的暗沉色调里焕发出如翡翠般的鲜绿。在像我这种没有学过苔藓知识的人眼中，一片织锦般的苔藓看上去都是同一品种，但那其实很可能是一种微妙的苔藓组合，每一种都精确地适应着其所在的生长环境，每一种都有着细微的不同。因此，树干北面的苔藓与南面的苔藓不太可能是一样的，而生长在墙基或树基附近的苔藓与那些适应更干燥、更暴露的高处位置的苔藓也不会相同，而二者可能相距不过几米之遥。

我们的农场曾是一个大庄园的一部分，1912年的庄园记录中有这么一条："支付4先令给为屋顶收集苔藓的男孩。"第二年也有类似的记录。我想这是指从石头上收集苔藓，用来搛入屋顶的瓦片之间，以便防风防雨。还有大量苔藓收来后晒干，用来包装形形色色的易碎物品，从鸡蛋到瓷器，不一而足。

苔藓是一种不开花、不结籽、不结果的小型绿色植物。水分是苔藓健康生长的关键，而我们这里地处英国西部，这里从不缺水。苔藓植物的生命周期是迭代交替的：这一代是我们所熟知的绿色植物，会进行光合作用；下一代则不进行光合作用，但会产生孢子。这一过程会产生一个更小的植物体，通常会附着在绿色植物上，它的生存时间较短，却是苔藓生命周期的主要部分。

许多苔藓也会无性繁殖。孢子极其细微，随风飘荡，直到落在树上或岩石表面，然后开始生长。苔藓没有能汲取养分的根，但可以通过自身的任何部分吸收水分和营养，它的"根"是起固定作用的，故而它们在垂直表面也能快乐生长。

尽管苔藓在潮湿、阴凉的条件下可以迅速蔓延，但由于它不能生成木质或维管组织，因此它并不能长高长大，而是向周围蔓延。有些苔藓，其单个个体很小，肉眼几乎是看不到的，但它能以百万计的数量扩展，形成连绵不断的地毯。有些苔藓则大得出奇，金发藓是英国最大的苔藓，高度可达45 ~ 60 厘米。

我常常哀叹这里的潮湿，特别是冬天可能会连续下几周雨。但可爱如苔藓，会在每一个坚硬的水平表面上蔓延开来，从老树篱那斜斜的茎干到池塘边的石头，还有树下绿色的小径都在证明：每一朵雨云里，都藏有苔藓编织的翠绿华裳。

# 喜　鹊

一只代表悲伤，两只代表喜悦，三只代表女孩，四只代表男孩。而我们卧室的窗外居然有五只喜鹊，它们吵吵嚷嚷地求偶、献媚、拌嘴。它们中有一些在山楂树和白蜡树间蹦来跳去，半蹿半飞，摆弄出一种姿势，投射出一个造型，而其他喜鹊则模仿嘲弄或娇嗔欣赏。这是一场繁忙的、喧闹的争论斗秀，而这一切都在清晨六点上演。它们的羽毛干净得惊人，轮廓分明，一丝不苟，白色、蓝色、黑色和点缀着霓虹绿光泽的灰色。要不是我知道它们是多么残酷无情，我会很容易把它们当成令人陶醉的美丽生物。

然而，喜鹊是出了名的小偷和亮闪闪物件的收藏家，同时也是其他鸟类的蛋和雏鸟的无情掠夺者。对待任何腐肉，通常是那些毙于道边的尸体，它们总是最大胆的，也是最先到达的。它们长着鸦科鸟儿强有力的喙，总是气势汹汹的。它们看上去美丽而耀眼，但喋喋不休的叫声却刺耳又嚣张，它们的肢体语言狂妄且颐指气使，简直可以说是横行霸道。它们聪明而有趣，讨喜却很难让人真正爱上。

狩猎者往往喜欢猎杀喜鹊，但自从 1981 年《野生动物及乡村法》生效后（除了在 2019 年 4 月停止使用的特别许可证），喜鹊受到了保护，数量得以大大增加，在过去的

20年里已经趋于稳定，大致上达到了某种可持续的平衡状态。然而，人们把云雀等鸣禽数量的减少几乎完全归咎于喜鹊数量的增加。

可是支持这一观点的证据很勉强，简直到了站不住脚的地步。喜鹊确实会捕食鸣禽的蛋和雏鸟，但无论当地喜鹊数量如何，鸣禽的数量都在下降，而且在许多情况下，在某些有大量喜鹊的地方，鸣禽的数量不减反增。换言之，栖息地丧失和昆虫数量减少对鸣禽数量的影响，远远超过了其蛋或雏鸟减少所造成的损失。

事实上，喜鹊和乌鸦家族的大多数成员一样，非常聪明，总会很快找到那些易得的食物，其中主要是无脊椎动物，如甲虫。它们虽然能很快找到各种腐肉，而且承担了大量清理道路尸体的工作，但也会从鸟食台上或住着羽翼未丰的雏鸟的鸟巢中获取食物，其实质与鸫鸟捕获蚯蚓或蜗牛如出一辙。

喜鹊是极其成功的生存者，除了人类，它们的天敌只有苍鹰、游隼，也许还有某只特别大胆的雌性雀鹰。

每对繁殖期的喜鹊夫妇需要近 50 000 平方米的土地，因此各地多达一半的喜鹊都不繁殖，而是形成了一个非繁殖的群体。它们的巢由树枝搭成，看起来很笨重，堆放在树的高处。我的花园里现在就有 2 个。通常是圆顶的，侧面有一个入口，内里糊着泥巴。雏鸟与父母一起留在繁殖地，直到秋天才会离开父母，与其他雏鸟一起，集结成越冬的鸟群。尽管它们适应性强，食性广，但仍有很多活不过第一个冬天，而有些则可以活到 20 岁。

# 狍

许多年前，我曾参与过捕鹿。故事说来话长，这项事业既光荣又令人着迷，这么做一开始是想要在鹿群迁移或是采样过程中，减少因发射麻醉飞镖而造成的死亡。麻醉剂的强度既要足以迅速击倒动物，但又不至于使其受伤或致命，剂量需相当精准，这就意味着你得知道鹿的体重和健康状况。在公园的鹿群中做到这一点几乎是不可能的，而在野外的鹿群中则更是完全不可能，许多鹿被捉到后等不及给解药便已经死了。可要是改用网捕鹿，然后蒙住它们的眼，这样不用伤筋动骨就能看牢它们，那它们受伤和死亡的概率便可几乎降为零。

因此，早在 20 世纪 70 年代，我们组建了一支队伍，成员有 8 ~ 20 人，一直干着捕捉马鹿、梅花鹿、黇鹿、狍、麂和獐的事情。我们在不列颠群岛和爱尔兰各地对大型动物进行捆绑入网前的处置，目标是不伤到它们，同时也尽量不要对我们自己造成太大伤害。这一任务仍在继续，且取得了巨大的成功，但这对一个膝盖受过伤的怪老头儿来说有些不切实际了。

然而，鹿在我现下的生活中无关轻重。没有任何迹象表明它们曾造访过花园，在附近的田地里也不常见。每当我们以为看到鹿时，其实无一例外都是狍。

农场里也没什么鹿的踪迹。不过圣诞节时，我儿子送给我一个礼物，是一个监控摄像头，我们把它架在不同的地方，记录下了狐狸、獾、秃鹰和乌鸦，它们全都"拜访"了一头母羊的尸体。

然后我们把摄像头移到了树林某处空地，第二天便发现一头狍和一头幼鹿曾来过这里。它们看上去紧张不安，在镜头前停留了不过几秒钟，其存在却是明确无误的。这可真是令人激动不已，神奇的是，尽管过去 16 年间，我着魔般地翻遍了这个小小农场的每一寸土地，却从未发现过任何关于鹿的蛛丝马迹。难怪西班牙人称它们为"el fantasma del bosque"（意为"森林的幽灵"）。如果它们爬上了山坡，那我们迟早会发现，因为坡顶的一切在天空的背景下都会变成剪影。这就意味着，它们必定是待在谷底的，靠近河边，不出树林，远离人类。

狍和马鹿是英国本土仅有的鹿科动物，马鹿在高地荒野和如新森林①区这样的大片半林地中成群游荡，而狍则是林地动物。狍雄性独居，雌性则生活在小型家庭性群体中。尽管它们是如此隐秘，以至于不常得见，但不列颠群岛上的狍估计多达百万头，故而它们是迄今为止英国最常见的鹿科动物。夏季是它们的发情季，但受精卵要到下一年才开始发育成胚胎，而分娩则要到第二年的 6 月。一胎三胎并不罕见，但普遍是双生。能在我们这里看到鹿科动物是值得庆祝的妙事，不过我们也知道，一旦它们养成了造访的习惯，那我们已经种下的和打算种的树木将会是首先遭殃的。各类鹿科动物，尤其是狍，会对森林造成巨大的损害，特别是对幼年期的植物，因为它们会吃新生的顶芽，还有下层林木中的成年树木，这对鸟类筑巢和觅食栖息地也会产生连锁反应。

此外，它们没有什么天敌，所以在其繁殖的地方，数量会迅速飙升，种群数量会打破当地的自然平衡，而这些并非它们的习性导致的。解决办法似乎只能是大规模捕杀，每年需要消灭掉 50% 左右。这通常不切实际，且必定非常不受欢迎，所以目前看来，鹿科动物的数量又要增加了。

①新森林（New Forest），地处英国南部地区，包括汉普郡西南部和威尔特郡西南部。该地区有大量无围栏的牧场、低矮灌木丛和森林。——编者注

二

月

# 狐狸的号叫

凌晨 4 点，狐狸的号叫声将我吵醒。现在正值交配季节，雌狐狸会发出古怪、刺耳的尖叫声，仿佛被扼住了咽喉一般。这号叫划破寂静，令人毛骨悚然。我走到窗前，月光下看见它迈着小碎步跑过田野，大约每隔 10 米就停下来叫几声吸引雄狐狸，最后它从栅栏下钻进了蔓菁田。

等到早上我走到栅栏那里，看见带刺的铁丝网上挂着它的几缕橙色外套上的毛。

# 鸭

在花园上空及其四周的田野中，鸭是永不缺席的常客。我们在花园里曾养过 4 次鸭和鸡，还养过几年珠鸡。但我从来没有见过野鸭飞入这个花园，更别说在此筑巢了。而在农场那边，我甚至不曾见过野鸭从天空中飞过。农场那里水流湍急、水中岩石密布，很难让野鸭们找到家的感觉。

野鸭通常会成双成对地出现在人们的视野中。它们将天空当作一条高速公路，笔直快速地飞过，有时候它们也会绕着同一个空中环线飞上三四圈。野鸭没有利用三维空间的意识，也不像很多鸟儿那样在飞行中嬉戏打闹。乡间的天空看似安宁平静，但对它们来说依然是个危险的地方。

冬天，野鸭栖憩在沟渠和小溪中，只有在被狗惊扰时，才会慌慌张张一窝蜂地冲出来（当鸭群掠过地面时，耐莉会一口气追上几百米）。然而在春天和初夏，野鸭大部分时间都在旷野间活动，它们在田里走来走去，在潮湿的草地上找地方筑窝。和城市中的鸭不同，野鸭似乎很少在河流和汇入河流的溪水中游来游去，它们的日子似乎忙忙碌碌又焦躁不安。野鸭总是成对地黏在一起，照应着彼此。

虽然鸭是日常就能见到的鸟类，我也分得清绿头鸭、赤颈鸭、绿翅鸭、鹊鸭和斑头秋沙鸭——最后两种鸭的名字听起来土里土气的——但我对鸭的兴趣并不浓厚。不像鸣禽和猛禽，甚至那些和麻雀看不出差异的棕色小鸟，我一看到它们就会产生兴趣。

我们之前养的那些鸭，它们在花园里摇摇摆摆地四处闲逛，还会跑来和我打招呼，可爱的模样真讨人喜欢。而每次鸭被狐狸、欧洲鼬或林鼬吃掉的时候，我十分心碎。这就是为什么我不再养鸭——不是不想，而是因为它们太像宠物了。我对鸭用情太深，所以无法忍受必然会失去它们的痛苦。当然，我可以建一个下沉式铁网安全围栏，上面加盖以防止鸭飞出去或其他动物进来，但这就本末倒置了。鸭和鸡不一样，鸡就像一帮无聊的青少年到处搞破坏、惹麻烦，而鸭在花园里蹒跚而行的样子让人开心，我不想把它们关在笼子里。于是我只能观赏天空中飞过的野鸭了，它们在空中飞驰而过，丝毫不带家养同类的那份安逸的好奇心。

# 鼹　鼠

　　我对鼹鼠的感情很复杂。一方面，它们是种可爱迷人的小生物，身着黑天鹅绒般的皮毛，前爪大大的，和人手惊人地相似。我们家的猫偶尔会抓一只鼹鼠，叼到厨房里骄傲地向我们展示，这种时候我总是怀着真切的心痛和难过为鼹鼠哀悼。但鼹鼠也具有极强的破坏性，它们在花境、草坪，甚至温室的地面下打洞，在花园的几乎每一个角落里搞破坏。而耐莉又对地下活动充满了好奇，它很快就会把洞口刨得更大，让鼹鼠造成的破坏越发严重。幸而耐莉不像波佩，那只我们之前养的杰克罗素㹴犬。波佩会极其专注地沿着鼹鼠挖出的地道一路刨开，留给我们一条贯穿整个花园的长长壕沟，还有一只快乐无比、鼻子沾满泥土的小㹴犬。

　　鼹鼠能够以每小时约 4.5 米的速度挖掘。它一边挖，一边把刨出的土往身后推，当积攒到一定量时再转身把这些土推回隧道中，就这样一直挖到地表，在地上形成一个鼹鼠丘。在鼹鼠特别活跃的时节，花园里到处都会出现鼹鼠丘，我们附近的一些田地里甚至能有数百个鼹鼠丘。不过除非是在那种特大型的花园中，其他情况下无论你一次发现多少个鼹鼠丘，可能都只是一小撮鼹鼠的杰作，因为鼹鼠的平均种群密度约为每1000平方米有1只。

如果鼹鼠占据了你的花园，说明花园中土质健康，土壤里有很多蚯蚓。因为尽管鼹鼠也吃蛞蝓和昆虫，但它最爱吃蚯蚓。它们对付蚯蚓的方式很特别，也十分恐怖。鼹鼠一旦抓住蚯蚓，就会咬掉蚯蚓的一端，然后把剩下的部分团成团，再塞进缝隙或隧道壁中。这样蚯蚓虽然还活着，却瘫在那里无法动弹，只能等着鼹鼠回来把它吃掉。

鼹鼠的寿命约为4~5年，作为独居动物它们只在每年2月底至5月的繁殖季节才会聚集。在这段时间里，为了寻找配偶，它们会在地下靠近地表的位置挖出长长的隧道。鼹鼠演化出了能完美适应它们独特生活方式的器官——其巨大的肺可以从地下污浊的空气中摄入足够的氧气，此外它们全身的血液量和携带氧气的血红蛋白数量是其他同等体形动物的2倍。

# 乌鸫——清晨的威慑

清晨6点半，乌鸫在第一缕晨曦中持续不断地发出清脆的叫声，它在争夺地盘，在威慑入侵者，也是在吸引配偶。乌鸫的这一套，和人们在美国加利福尼亚海滩上大秀古铜色肌肉的行为如出一辙。

# 款　　冬

款冬亮黄色的花朵十分引人注目，这些圆圆的花朵就像压扁了的蒲公英，它们在2月清晨的微微寒意中显得异常耀眼。款冬在叶子长出之前会先抽出带有鳞片的深红色花茎。它们能够生长在受人类活动频繁的土地上和垃圾堆里，因此，在野生花园中新开辟的一个苗床里突然就冒出了款冬。

款冬在花朵凋萎之前都不长叶子。花凋谢后才开始长出叶子，叶面呈暗绿色，淡银色的叶片背面毛毛糙糙的。以款冬花的尺寸你不会想到它的叶子如此之大，叶片形似扇子，又像马蹄，这就是它得名的原因。①人们常用款冬叶制作药物，

①款冬的英文名 coltsfoot 由 colts（马驹）和 foot（足）组成。——编者注

用于治疗咳嗽和其他肺部疾病。款冬叶可以当烟草一样吸，虽然通过"吸烟"来治疗咳嗽和肺病听起来可能有违常识。此外，我们还可以将它泡在水或牛奶中饮用。

而在 2 月，款冬无论是开在花园中，还是被摘下来插在厨房桌子上的小花瓶里，这些不带叶子的花朵都照亮了暗沉的冬日。

# 杓　鹬

我怀念从黑暗中传来的杓鹬叫声，那声音总让我心头一震。大约在我们搬到这里的最初 10 年间，杓鹬和家燕或田鹨一样，是固定的季节性访客。在 2 月 15 日萨拉[①]生日前后，某天破晓前，天空中会传来第一声杓鹬的啼鸣，它们开始回到内陆筑巢、繁育后代。到了 3 月，当日光隐退、暮色四合的时候，这啼鸣将在空中萦绕不绝。杓鹬的叫声总让我回想起早年建造这个花园的时光，那时我会一直待在户外花园里，直到最后一丝天光没入夜色之中。

事实上，杓鹬有 2 种独特的叫声。一种是出了名的

①萨拉（Sarah）是作者的妻子。——编者注

"咕——喔"声，如笛声般悠长洪亮；另一种是连绵不断的汽笛般的"突突突突"声。雄杓鹬一边鸣叫歌唱，一边展翅翱翔。它在想要建巢的地点上空飞翔，双翅高高举起呈"V"字形，随后但凡有雌鸟出现，它都会向其展示自己是多么优秀又富有魅力的伴侣。杓鹬属于大型鸟，是英国最大的涉禽。虽然杓鹬的体形与雉鸡相当，但杓鹬翅膀长长的，腹部略粗壮却有着优雅的曲线，当然还有那修长弯曲的喙，它在飞行时的仪态无比优雅。

杓鹬在我们周围潮湿的田野上筑巢、觅食。为了观察到狐狸、乌鸦和白鼬这些捕食者，它们会寻找视野开阔的干燥地块，在上面的草丛中挖坑筑巢。它们将逗留至大约5月底——雏鸟的羽翼丰满会飞的时候。整个春天和初夏，杓鹬忧伤的鸣唱声渐衰，直至在7月中旬消失，那时它们将动身前往欧洲大陆沿海地区度过秋天和冬天。

我已经有10年没在这里看到杓鹬了，也不曾听到它们的叫声。我现在心怀内疚，因为之前我并没有真正重视过杓鹬减少的问题。甚至直到它们突然从这里消失，我都没有真正注意到它们。但杓鹬在全国范围内都在减少，自1970年以来，能够繁育的杓鹬对数减少了近70%，这是灾难性的减少。究其原因，似乎是人们排干了含水的草甸，导致适合杓鹬繁殖的栖息地逐渐减少。但更准确地说，是由于青贮饲料的生产量不断增加，超过了干草的生产量。

可能对城里人来说，饲料生产这种小事竟影响到了杓鹬数量，的确让人摸不着头脑，但其实这些小事是非常重要的因素。青贮饲料需要在青草还是绿油油的时候收割，此时青草的水分和养分都很充足。只要将收获的青草立即储存在厌氧环境中，如用厚实的黑色塑膜包裹成捆或用卡箍密封，就能很好地储存。虽然青贮饲料不受马匹喜爱，但它是牛和羊的高营养饲料。

青贮饲料除了营养丰富，对农民来说其最大的优势是每年通常可以收割 3 次，至少也能收割 2 次。与传统收割干草相比，这大大增加了冬季的饲料量。但青贮饲料的第一次收割是在 4 月底到 5 月中旬之间，这恰恰是杓鹬、凤头麦鸡、云雀和西黄鹡鸰这些地面筑巢鸟类的育雏时节。而为了使得青贮饲料的产量最大化，农民会在 4 月初给田间增加氮肥或施其他肥料，并滚压草地和耙地，这使鸟类的育雏环境进一步恶化。所有的这些行为都会干扰到栖息在草地里的鸟类。

因此，杓鹬离开了。至少我还清晰地记得，它们的叫声从破晓前的黑暗中传出，令人心颤。

# 堇　菜

　　虽然早在上一年的秋天，第一批开放的堇菜就从树篱下羞怯地探出头来。此时它们依然保持着谦逊的姿态，并没有雀跃着吸引你的注意，只是向你发出观赏的邀请函，2月中旬才是它们大放光彩的时刻。如果地面不是特别潮湿，一丛小小的堇菜会让你愿意屈膝俯身，欣赏它们那流光溢彩的小世界。

　　香堇菜是一种林地植物。它们长在我们花园的萌生林里，也沿着山楂树篱生长，为树篱光秃秃的根部点缀上星星点点的色彩。在农场里，香堇菜除了藏身在幽谷中那长满青苔的陡坡上，冬春时节它们还会出现在空旷地带，有的长在蕨类植物下面，有的就长在毫无遮蔽的地方，着实让人惊讶。不过我拿着老地图比对这些具体的位置时，发现这些地点曾经都是林地。

　　细看香堇菜的花朵，它们的颜色在紫色、淡紫色、紫红色和蓝色的色调间有着诸多变化，偶尔也会出现纯白色的花朵。不过，若将一捧香堇菜凑在鼻子前，那无论何种颜色，都会让人沉浸在它们温和却诱人的香气中。人们曾在花露水、糖果和香皂中复刻它的香气，然而真正香堇菜的花，哪怕只有开在豆瓣菜苗般纤细茎上的几朵，它们的芬芳都是这些人造香氛无法比拟的。香堇菜的花开在心形的绿叶之上，叶子在整个冬天都保持着朴素的形态，但到了春天会长出美丽的鲜嫩叶片。

香堇菜通过蜜蜂授粉结种，并借由种子和走茎扩散繁衍。但我从未见过纯堇菜蜂蜜，也许是因为附近的香堇菜花永远不够多，不能让蜂群大快朵颐。

# 情 人 节

下午 5 点半，夜幕降临，乌鸫鸣叫着潜入夜色，"叮叮叮叮"的叫声就像 2 个瓷杯在相互碰撞。这是乌鸫在发出警报，也许是在捍卫领地。这是一个寒风萧萧又湿漉漉的情人节，但此时也是鸟类狂欢的季节，我祝愿它们都能觅得佳偶。

# 蓝 山 雀

蓝山雀是我们花园中最常见、也是最大胆的山雀。它们忙着吃花生，又突然衔着花生飞走。花园有时候就像希思罗机场，每次一只蓝山雀飞走时，都会有两三只飞来降落。很难判断我们看到的是同一批鸟儿来来回回，还是花园里真的有很多只蓝山雀，不过似乎大概率是后者。

蓝山雀很少去远离它们出生和成长的地方生活。只要大小合适的花园，里面都可能生活着数百只蓝山雀。当然最近的调查也显示，它们是除乌鸫和欧亚鸲之外，英国最常见的一种花园鸟类。

这很大程度上和它们获取食物的方式有关。蓝山雀不是那种躲在矮树丛中的埋伏猎手。它们轻巧快速地飞来飞去，总是到鸟食台上叼一颗花生或葵花子就迅速飞离，然后独自躲在附近的树丛里吃掉。它们急匆匆地，又神气又机敏，知道如何解开喂食装置、从容器中取出花生。

20世纪70年代以前长大的人应该都有这样的记忆，天冷的时候蓝山雀会啄开牛奶瓶的铝箔瓶盖。这一景象现在已经看不到了，因为如今几乎各地的送奶员都会将瓶装牛奶在黎明时分送到各家门口。但其实蓝山雀想要的不是牛奶，而是奶油。20世纪80年代以前，人们喝的几乎都是带有黄黄奶油的全脂牛奶。特别在天冷的时候，奶油在瓶颈处凝结成一块固体，就像铝箔下的一个瓶塞，是饥肠辘辘的蓝山雀完美的偷嘴目标。

当夏天树叶繁茂的时候，人们就不太容易看到蓝山雀了，但总能听到它们的啼啭，那重复的颤音高而尖细。不过如果你能看到蓝山雀，就会发现它们白色的脸颊、黑色的眼带、天蓝色的羽冠、钴蓝色的翅膀和黄色的胸部是如此醒目，从一群像麻雀那样的棕色小鸟中脱颖而出。

多年来，旱地花园后面房子的前壁上一直有个蓝山雀的巢穴。入口是墙壁砂浆上的一条裂隙，蓝山雀从那里不停地进进出出，消失在墙内深处的巢穴中，它们在那里哺育雏鸟。筑巢的工作由雌鸟独立完成，在我们的花园里，雌鸟大约从4月初开始筑巢。不过如果是在南方则会早几周，如果在更北的地方则会晚一些。雌鸟先收集干草和根茎搭出窝的框架，然后填上苔藓，转动身体将苔藓压成杯状，再加上一些羽毛，或许还会加几缕细草。接下来它会开始每天生一个蛋，产卵时间最长能持续2周，蓝山雀一窝产卵的数量非常多，堪称是在林地繁殖的鸟类之最。产卵后它将在巢中继续隐居2周，其间只会短暂地离开去觅食饮水。

由于蓝山雀用于喂养雏鸟的毛毛虫数量非常有限，这就决定了它们的生育繁衍周期很短。蓝山雀雏鸟几乎完全以无脊椎动物为食，因此为了赶上可捕食猎物最多的季节，父母们只会在春末孵化出一大窝雏鸟。虽然这种迷人的小鸟到处都有，它们的生存之道看似大获成功，但其实只有一小部分雏鸟能熬过出生后最初的几周或几个月，而能熬过整个冬天的就更少了。

老鼠、啄木鸟和松鼠会偷走多达 1/3 的蓝山雀蛋。幸存下来的蛋将在 5 月中旬至下旬的某一天孵化出小鸟，然后雄鸟就要开工了，它要不停地带回毛毛虫喂养嗷嗷待哺的雏鸟。每只雏鸟每天要吃掉大约 100 只毛毛虫，这意味着蓝山雀父母每天要捉 1000 多只毛毛虫带回巢中，整个白天每隔几分钟它们就要来回一趟。因此生活在树林里的一窝蓝山雀雏鸟的数量往往会更多，因为成年树木上会有更多的毛毛虫。例如，据估计每棵成熟的橡树可带有约 100 000 条毛毛虫，因此在橡树上或其附近筑巢的蓝山雀，不用长途奔波就能获得足够的食物来养活不断长大的雏鸟们。

大约到 6 月的第 2 周，3 周左右大的雏鸟开始离巢。尽管初夏的花园充满了生机蓬勃的美，但对雏鸟来说，它们进入的却是一个残酷的世界。它们笨拙又扑腾地飞着，极易成为各类捕食者抓捕的对象，很多雏鸟在出巢的第 1 周就被抓走。如果天气持续寒冷、潮湿，也会导致大量雏鸟死亡。那些熬过最初几天活下来的蓝山雀雏鸟，头顶略带绿色，黄色的脸颊也还未变白，人们可以通过这些外貌特征来辨认它们。

夏天，毛毛虫的数量开始减少，这个季节对蓝山雀来说尤为艰难。成鸟现在需要集中所有能量好从喂养雏鸟的艰苦工作中恢复过来，同时要完成一年一度的夏季换毛。雏鸟要到次年夏天才会完全换毛，这就是说蓝山雀至少要到 15 个月大的时候才会长出完整的成鸟羽翼。由于多达 90% 的雏鸟在满周岁前就已死亡，因此今年夏天刚羽翼丰满的成鸟，只是去年那一大窝鸟蛋中的极少数。冬天，鸟食台上成群的蓝山雀看似数不胜数，其实它们只是为数不多的幸运儿。

到了夏末，幸存的蓝山雀雏鸟已经和成鸟很像了，它们聚成一群。别的山雀甚至其他种类的小鸟也会加入鸟群，成群结队地飞到厨房外的鸟食台。因此鸟食台那里总聚着一些鸟，并且我从来没见过蓝山雀在那里单独进食。

但等到天色渐暗，蓝山雀会离开鸟群，独自去寻找栖息地，它们通常藏身于幽僻的角落或缝隙里。有几只会在房屋木制框架上的一个空洞眼里过夜，还有一只经常从挂在后门外的铜钟里急匆匆地飞出来。多年前为了叫孩子们回来吃午饭，我们挂了个铜钟在后门外。对蓝山雀来说，铜钟冰冷的金属罩下虽然不够暖和，但至少也是个干燥的栖身之处。

# 游　　隼

一只游隼盘旋于农场上空。一对乌鸦转头飞过去赶它离开，就像战斗机紧急起飞，去驱逐一架越界入侵的飞机。而这只游隼懒洋洋地飞着，不疾不徐，虽然在阴雨中我无法判断出它的性别，却能感受到它暗藏着的力量。接着，它加快了速度，掠过树梢，迎面飞过山坡，消失在我的视野中。乌鸦们转身飞回，威胁解除了。

# 欧 蜂 斗 菜

在花园小径旁的草地上忽然冒出了一片淡粉色的花，怪异的花朵看起来就像毒蕈子一样。这是欧蜂斗菜，在叶子还没有丝毫长出的迹象时，花朵就从长满草的地上冒了出来。欧蜂斗菜和款冬是亲戚，它们同样是先开花，花谢后才长出叶子。

欧蜂斗菜雄性和雌性植株差别很大，而且很少生长在一起。雌欧蜂斗菜可能在北方地区更常见，而雄欧蜂斗菜的分布范围则更广泛。有人认为人们更喜欢种植雄欧蜂斗菜，因为它不用消耗能量结籽，所以往往能长出更大的叶子。欧蜂斗菜的叶子和款冬叶都是大大的，毛糙的叶片背面呈灰色。因为这些叶子柔软且有弹性，所以人们曾用它们来包裹要带到集市上的黄油，这就是它得名的原因。①雄欧蜂斗菜由于

---

① 欧蜂斗菜的英文名 butterbur 中含有 butter（黄油）一词。——译者注

叶子更大，所以更合适作为黄油包裹物。我不确定这个故事的真假，但从前人们确实会用各种各样的大叶子来包裹黄油以便于运送。

小径旁的这块地方长出了欧蜂斗菜，意味着那里土壤潮湿。欧蜂斗菜能够生长在潮湿的地方，并通过地下茎蔓延，在小范围内长成密集的一片。蜜蜂喜欢欧蜂斗菜，因为它的每个花穗上都以花茎为中心，呈放射状向外开满小花，这样方便蜜蜂在这种蜜源植物上大快朵颐。

# 紫 翅 椋 鸟

回到 20 世纪 90 年代，我们这里曾有很多紫翅椋鸟。那时这里还没有手机、电子邮件，也没有互联网。作为一名居家办公的自由职业者，我和外界联系的重要方式是座机。我郑重其事地在桌子上放了一个专用电话，设置了与其他电话不同的铃声，这就是"爸爸的工作电话"。有一年，一只紫翅椋鸟学会惟妙惟肖地模仿那个电话铃声，并戏弄了我好几个月。在我离桌子很远很远的时候，电话铃声响起，我冲过去接听时铃声又停了，然后我只看到一只扬扬得意的小鸟在窗外搔首弄姿，这种情况经常发生。

人们曾经认为紫翅椋鸟比害鸟好不了多少，它们就像长了羽毛的啮齿动物一样飞落在建筑物上，搞得到处都是一团糟。我记得在 20 世纪 80 年代的伦敦，人们用网和尖刺精心制作防鸟带，以阻止鸟群在建筑物上栖息。不过有 3 件事，让我和大多数人对这种鸟有了不同的感受。

第一件事，是我个人的一次经历。那应该是在 1970 年左右，我 14 岁或 15 岁时的一个夏天。当时我有一支点 177（约 4.5 毫米）口径的气枪，威力不大，就是用来在学校体育馆里进行室内打靶的那种东西。这支枪几乎就是个玩具。对，几乎，但不是玩具。有一天，我在一间阁楼的卧室里，卧室的天窗开着，屋旁欧洲水青冈粗大的枝条完全盖住了天窗。一只紫翅椋鸟停落在高高的树冠上，离我只有大约 6 米远，丝毫没有察觉我就在它的附近。我瞄准，开枪。在这么近的范围内射击很难失手，于是那只鸟从大约 12 米高的地方直接掉落到地上。我对自己的枪法十分得意，跑下楼去拾取我的战利品。我走到那只鸟的面前，看见它正腹部朝下平瘫在地上，双脚蜷缩在身下，抬着头、张着嘴。当我靠近时，它试图扇动双翅，但并没有成功。我注意到它的羽毛，我本以为是单调、暗淡的棕色羽毛，竟有一种难以言说的美——融合了金色、紫色、蓝绿色，又有些许霓虹光泽的蓝色调。这带给我一种深刻又难以释怀的羞耻感。我竟然曾试图杀害一个如此美丽的生命，而它和我自己的生命一样，成熟又充满生机。我不仅试图杀害它，还让它承受了致命的伤痛。我终结了它的痛苦，从此以后，我再也没有为了取乐而杀死任何生命。

第二件事是技术的发展。且不说互联网的普及，如今便宜的摄像机、手机和电脑都唾手可得，这意味着大多数人现在已经见过成千上万只紫翅椋鸟在天空中交织、盘旋的自然奇景，它们步调一致，整个鸟群如同一个完整的生物体。但直到20世纪80年代，甚至90年代，这都是难得一见的景象。那时我们大多数人只见过紫翅椋鸟在后花园中和屋檐下叽喳嬉闹，而不曾有机会目睹它们在日暮的天空中翩翩起舞。

第三件事是个灾难性的事件。无论是在城镇还是在乡村，紫翅椋鸟的数量都在急剧减少。这种在花园里和街道上最常见的鸟突然变得罕见了。20世纪90年代初我们搬到这里时，紫翅椋鸟还在屋顶上筑巢，又吵闹又烦人。后来某一年，它们就消失了。一开始我们觉得摆脱了紫翅椋鸟真是太好了：夜里屋顶上不再传来没完没了抓挠的沙沙声；再也没有不停掉落的鸟粪和飘来飘去的鸟毛；再也没有丑陋的雏鸟从敞开的窗户中误打误撞地飞入，在房间里狂躁地拍打着翅膀乱飞。但别以为想什么来什么就是幸事，很快紫翅椋鸟的缺席就让人心中空荡荡的，令人不快。短短几年内，紫翅椋鸟的数量以惊人的速度减少。现在，人们更可能在屏幕上观看 10 万只紫翅椋鸟聚集的奇景，却不能在后花园里看到一只真正的紫翅椋鸟。

但事实上，紫翅椋鸟的数量并不是突然减少的，而是持续地缓缓减少，比我能感受到的要慢得多。1967—2015 年，紫翅椋鸟的繁殖数量减少了 89%，大规模的减少发生在 20 世纪 80 年代初。没有人确切知道是什么原因造成的，最大的可能是因为农业方面的变化。以前的田地里，上一轮作物收割后，会有几个月的时间留有作物茬，鸟类可以在其中捕食无脊椎动物。而现在无论第一轮地里种了什么，收获后这些作物的茬都会被犁掉，农民们在上一轮收割之后几乎是立刻开始播种小麦。

草地管理的普遍变化也意味着低矮草丛更少见了，而低矮草丛对紫翅椋鸟来说十分重要，春季和夏季它们会在草丛间觅食无脊椎动物。如今牧场放牧或生产青贮饲料的强度更大了。在 20 世纪 70—80 年代，人们无情地拔掉树篱。由树篱划分成网格的一块一块小田地，曾经是许多生物的生存之地，但人们把它们变成了一大片由杀虫剂掌控的牧场。而最重要的是因为人们排干了草地，导致潮湿的草地减少，这就减少了大蚊的数量，而大蚊是紫翅椋鸟重要的食物来源。虽然紫翅椋鸟数量众多，但人类在土地管理中看似微不足道的举措，也会对它们产生影响。

但现在紫翅椋鸟回来了，至少回到了我们的花园里。冬天的鸟食台上有一群紫翅椋鸟，大约有十几只，它们用尖尖的黄色鸟喙大口大口地啄食脂肪球、叼起种子。我不知道它们是否又在这里筑了巢。它们当然没有像从前那样在房子的屋檐下安家，但就生活在附近。它们聚集在河边的树顶上，大呼小叫、争吵不休，然后突然间又一起飞快地径直飞走了。

# 柔荑花序

铅锑黄色的榛树花粉在山谷间弥漫。在淡淡日光的衬托下，它们如同轻柔的云雾穿行在欧洲桤木充满汁液的紫色枝干间，在原本荒凉、黯淡的景色中，营造出令人意想不到的春日氛围。

榛树的柔荑花序都是雄花，而它的雌花看上去只是一个小小的红色花蕾。雄花的柔荑花序产生的花粉随风而散，落到雌花上完成授粉，最后结出包裹在坚硬外壳内的种子——榛子。

还有许多其他树木也是通过柔荑花序进行繁殖的，包括橡树、欧洲桤木、桦树、杨树、欧洲水青冈、欧洲鹅耳枥和欧洲栗。它们不需要演化出硕大明艳、香气袭人的花朵来吸引授粉昆虫，只需借由微风将花粉在林间吹散，吹落到静静等候的雌花上，就能完成授粉。

# 苍 头 燕 雀

人们经常弄混麻雀和雌苍头燕雀，如果你对苍头燕雀的印象只停留在雄鸟身上那就更会如此。你会认为苍头燕雀都有亮粉色的羽毛、黑白条纹的翅膀，以及夏天在头顶上冒出的一撮灰毛。

其实只有苍头燕雀的雄鸟才是注重外表的"花花公子"。雌鸟则是通体暗沉的浅褐色，因为它不需要盛装打扮来吸引伴侣，而雄鸟则需要露一手，从同样换上春季华服的其他燕雀中脱颖而出。雄苍头燕雀不仅试图通过闪耀的外表来吸引异性，也是春天最早一批展开歌喉的鸟儿。雄苍头燕雀的啼鸣高亢婉转，有重复的颤音，并以华丽的唱腔收尾。我们卧室窗外小巷的树篱下，总是一阵阵地迸发出它们的歌声。

苍头燕雀的雏鸟从父母那里学会歌曲的基本结构，掌握后又略加修改，甚至再创作，然后一辈子都会用其独有的曲调鸣唱。因此尽管我们听到的苍头燕雀叫声似乎都一样，但其实每只鸟的歌声各有不同，足以让其他苍头燕雀分辨出来。人们也已发现不同地区的苍头燕雀有着自己的"方言"。因此并不是苍头燕雀的叫声重复单调，而是人们分辨不出它们的区别，这说明了人类的听力和理解力都很有限。

苍头燕雀也会飞到鸟食台，但这里还有山雀会驱逐它们，于是苍头燕雀往往就守在鸟食台的边上。相比挂在那里的坚果或脂肪球，它们似乎更喜欢吃种子。不过在繁殖季节，它们几乎完全以虫类为食，在树上和灌木丛中捕食毛毛虫、苍蝇和蜘蛛。所以对苍头燕雀来说，有着众多树木覆盖的花园总好过空旷的地方。

# 榕 毛 茛

榕毛茛虽然身为杂草，却大有益处。它们楚楚动人，不过那些对榕毛茛赞颂有加的人，往往也最无法容忍这种杂草。

先说它们的可爱之处。在一个阳光明媚的早春之日，小小的黄花闪亮登场，它们四射的光芒似乎可以照进黑暗之中。然而，这和它们的本性全然相悖，因为榕毛茛其实是对阳光反应非常强烈的植物。它们在夜间和阴沉沉的日子里花朵紧闭，而在阳光下却灿烂地肆意绽放，明黄色的花朵与地面相拥，开成一片斑驳绚烂的花毯。榕毛茛心形的叶子表面光亮，色彩浓郁，它们蔓延生长，带有一份小巧可人的魅力。

这一切似乎都让榕毛茛看起来是很棒的植物。但其实它具有令人难以置信的侵入性，人们几乎无法将其根除。榕毛茛喜欢潮湿、遮阴但光线明亮的环境，因此它们特别喜欢沿着树篱的底部生长。人们大量种植维护田地的树篱就等于慷慨地为它们提供了生长环境。即便我们煞费苦心地用手将榕毛茛从花坛里拔掉，它们也早已沿着欧洲鹅耳枥树篱，在树根之间稳稳地站住了脚。

榕毛茛还可以通过将根和珠芽的碎片附着在动物和人类的脚上来扩散。有一个关于它们的故事：在第一次世界大战中，泥泞恐怖的无人区中沿着战壕的边缘竟开出了榕毛茛的花。就是因为士兵们的靴子上沾上了它们的根屑，才将它们带到战壕里。

榕毛茛也会在草地上生长，长在草地上我倒是可以接受，甚至欣然欢迎。无论如何，它在草地上不会像在耕作过的土地里那么毫无节制地扩散。因为无论用何种方式挖掘土地，都免不了会弄断榕毛茛的根系，助其进一步扩散。榕毛茛提供了早春的花粉和蜜源，因此它们很受昆虫的喜爱，包括熊蜂蜂后。榕毛茛的叶子富含维生素 C，作为一种榕毛茛，据说它是治疗痔疮的良药。

# 雀 科 小 鸟

和山雀很像，雀科家族的小鸟也喜欢相互通婚，直到生出的后代分不清具体种类。它们都长着厚厚的喙，矮墩墩的，如苍头燕雀、锡嘴雀、红额金翅雀、欧金翅雀或红腹灰雀。但这不公平，雀科小鸟其实各有千秋，将它们混为一谈就失去了欣赏其不同之处的机会。

雀科小鸟有一个共同点，那就是都长着强有力的喙，无论是燕雀那相对精致的喙，还是锡嘴雀巨大的粉碎机般的喙。它们之所以拥有特别有力的喙，是因为它们不吃虫子，而是以植物为食。植物中最有营养的部分是种子，为了吃到包裹着坚硬外壳的种子，雀科小鸟需要一个足够坚硬和灵巧的喙——既能够打开种子的外壳，也不会弄丢或损坏藏在壳中的美味。

虽然雌苍头燕雀外表只是单调的棕色，但雄鸟穿着粉红和灰色相间的华服，因此容易辨认。红腹灰雀以其煤黑色的脑袋吸引人的注意，它们长着拳师犬那种扁扁的鼻子，让人印象深刻。红腹灰雀的叫声不张扬，但我听说它们是优秀的模仿者，经过训练可以学会唱歌。不过在我们的花园中，红腹灰雀并不常见，它们的歌声更是鲜有听闻。

我们的花园里能看到很多欧金翅雀，这与全国的趋势相反。全国范围内，它们的数量正在减少，主要原因是鸟类滴虫病。感染了滴虫病将抑制吞咽，鸟儿会因无法进食而死亡。2006 年，人们首次在欧金翅雀身上发现了滴虫病，从那以后它们的数量一直在减少。寄生虫无法在宿主体外长时间存活，但其能在潮湿的鸟食中存活一两天，因此饲养点的卫生状况至关重要。尤其在潮湿的天气里，应该定期清理旧鸟食，最好能够每天清理。

欧金翅雀长着橄榄绿色的羽毛，看上去就是个爱寻衅滋事的家伙，它们会十分霸道地驱逐其他的鸟儿。它们是一种林地鸟，直到 20 世纪初才变成花园中常见的鸟类，这可能与郊区花园的增加以及鸟类习性的变化有很大关系。欧金翅雀喜欢大个的种子，也会吃榆树和欧洲红豆杉的种子，还吃山楂、莓果和蔷薇果。

# 死　狐　狸

我在一个入口内的树篱下发现了一只刚被杀死的雄狐狸。它体形很大，差不多有耐莉的一半大小，尾巴硕大浓密，咧开的嘴里露出健康的牙齿，让人印象深刻。显然是有人把它放到那里的，就像看到被屠夫杀完摆放出来的狗一样，让人又气愤又反胃，也带来道德上复杂的感受。

我怀疑这只大公狐狸就是我们之前经常看到的那只。它在我们的地界上被"提灯人"射杀。"提灯人"在夜间开着皮卡车到处转，用固定在车上的强光灯照射狐狸，并射杀它们。对这些人来说，射杀狐狸是一项运动，大部分农民为这项消灭害畜的活动拍手叫好，但这让我感到愤怒和悲伤。

自猎狐禁令颁布以来，反而有更多的狐狸被当作害畜射杀。原本只有老弱病残的狐狸才会落入猎犬口中，像这条矫健的大公狐狸很容易摆脱被猎杀的命运，但如今它也死于枪下了。这不一定是恢复猎狐的好理由，许多人认为是否禁止猎狐是个非黑即白的问题，但现在我对这个问题的思考又增加了一层复杂性。

# 戴　菊

在板球场两侧的欧洲鹅耳枥树篱中，一只很小的鸟在轻快地飞来飞去。它就像鹪鹩一样小小的，但没有鹪鹩那样棕色的羽毛、浑圆的体形和翘起的尾巴。这只小鸟身体灰绿并带点黄色，从它的喙到头顶有一条镶黑边的火红色条纹，就像留着莫西干发型。这是戴菊，英国最小的鸟类。它的身量如此娇小，叫声如此细幽，习性如此隐蔽，而且总是在树篱内侧活动，难怪人们很难注意到它。

戴菊活在它们小小的世界里。它们用苔藓、蛛丝和羽毛打造出精致的巢，戴菊的蛋不比豌豆大多少，但雌鸟最多一次能产十多个蛋，总重量超过它的体重。云杉或冷杉枝条下是它们理想的筑巢地点，但其实戴菊会在各种针叶树上筑巢，包括欧洲红豆杉，它们偶尔也会在常春藤上筑巢。

相比落叶乔木和灌木，戴菊更喜欢针叶树，它们尖细的喙已经发展到能够从松针间啄出昆虫。我的花园中完全没有针叶树，因此我将在花园里看到的戴菊当作过客，而不是在此筑巢的鸟。秋天，成千上万的戴菊从斯堪的纳维亚半岛迁徙过来，这些小鸟在风雨交加的时节穿越北海。枝头的叶片开始掉落、变得稀疏时，是最有可能观察到戴菊的季节。

对这种小鸟来说，冬天严酷难熬，如果遇到真正的寒冬，多达 90% 的戴菊会冻死。然而戴菊每窝能生育数量众多的雏鸟，而且每年夏天能产出两窝雏鸟，所以它们的数量恢复得很快。气候变暖对其有利，戴菊可能将成为更常见的鸟类。

二月

# 熊　　蜂

在 2 月第一缕阳光的照耀下，熊蜂出现了。它们毛茸茸的，跌跌撞撞地围着早花的铁筷子飞舞。尽管熊蜂和蜜蜂一样也会蜇人，但不同的是它们不会因为蜇人而死亡，这真是个善良到几乎惹人怜爱的特性。

英国有 22 种熊蜂，不过分布广泛的常见熊蜂只有 6 种。熊蜂与蜜蜂不同，蜜蜂的舌头很短，只能从构造简单的开放型花朵中采集花粉。而对于毛地黄这种更像漏斗形状的花朵，只有熊蜂的长舌头才能够伸得进去。它们对温度也没有那么敏感，所以每年的开工时间更早。铁筷子这类早春开花的植物就要依靠熊蜂来授粉。

蜜蜂最爱单一栽培的植物，它们会在一种偏爱的植物上大快朵颐，直到花粉被一扫而空。而熊蜂却需要不同类型的植物来筑巢、觅食、交配和冬眠。如果在一小块区域里能为其提供这 4 种功用的植物都有，那么熊蜂就会在同一区域里分别于不同的时间完成自己的生命之旅。它们的飞行能力很强，可以飞到约 1.5 千米外的主要觅食地点。因为不像蜜蜂会在巢中储存很多食物，所以熊蜂在整个繁殖周期内都必须要保证花粉的供给。

熊蜂蜂后从第一次霜冻时就开始冬眠，但在次年早春人们就能看到这种体形硕大的蜂。蜂后会繁殖出一个小型蜂群，包括工蜂和下一代蜂后，但除了交配过的新蜂后外，这些熊蜂都会在秋天死去。

熊蜂经常利用哺乳动物遗弃的巢穴筑巢，如老鼠或田鼠的巢穴。适合熊蜂筑巢的地方包括长满草且未被修剪过的草丛、树篱坡地、灌木丛，或者花园中一个不受打扰的角落。如果你把一个旧陶盆倒过来埋在灌木丛、树篱或坡地里，露出盆底的排水孔，并在盆里塞满稻草或碎纸，那这个旧陶盆极大概率会被熊蜂蜂后用作越冬的巢穴。

# 大　白　鹭

大白鹭属于遥远异国的鸟，我之前只在东非塞伦盖蒂国家公园的相关图片中见过它们。1992 年，我第一次亲眼看到大白鹭。当时我正在厨房洗碗，透过厨房的窗户看到田野上有一只大白鹭。这就像在溪流中看到一只海豚，或看到跟踪在牛群后的一头母狮一样，离奇而不真实。在一片暗绿、棕灰的冬季景色中，那一抹纯白抓住了我的眼球。

我当时就想给报社或当地电台打电话，把发现大白鹭作为重大新闻来报道。但渐渐地，我得知也有其他人看见了大白鹭。虽然一开始我认为大家看到的是同一只，可能我们都是在无意间瞥见了一只从动物园里逃出来的大白鹭。

事实上，我们当时看到的是白鹭。20 世纪 80 年代末，人们第一次在英国观测到白鹭，比我在这里看到第一只白鹭的时间还要早几年。从 90 年代中期起，白鹭开始在英国繁衍后代。也有极少数的大白鹭在英国过冬，所以人们会将它们和白鹭混淆。不过白鹭的喙是黑色的，而它的表亲大白鹭的喙则是黄色的。

20 年来，白鹭渐渐地从罕见变得常见，再变成人们熟悉的鸟类，这是体现气候变化的一个十分生动而具体的例子。

但我之前从来没有在这个花园和附近见过成对的白鹭。直到今早，6 只白鹭组队从花园上空飞过，在青紫色的天空映衬下看起来又似天鹅又似鹭。20 多年前，我第一次看到白鹭时感受到的那种惊奇和震撼又回来了。它们仿佛从异域大陆翩然而至，和这茫茫苍穹一样，充满了无尽魅力。

# 洋 水 仙

2 月，洋水仙和番红花多半正值佳期，朵朵鲜花绽放在果园、板球场和台地花园的坡地上。蜂类已经发现了这些花。

虽然我不确定风对这场早春的花粉采集活动会有多少影响，但能确定的是即便遇到阴冷潮湿的天气，洋水仙和番红花也丝毫不受影响，它们都快乐茁壮地生长着。

# 春

春天不需要证明和解释。它在血液里涌现，它随风而来，随晨曦倾泻而入。

最初的隐喻和蛛丝马迹掩藏在圣诞节过后不久开放的雪滴花、欧乌头和榛树的柔荑花序里，我的园艺之心则变得放肆起来，便开始过早地播种，在地面还冻得太硬、太潮湿的时候就开始种植，急于结束冬季项目，就好像春天在跟我赛跑似的，而且马上就要超过我了。

然而，自然界可不会被愚弄。尽管情人节是在2月，此时也是鸟儿们欢庆的时节，但一直到3月，鸟儿们才会开始求偶、筑巢、产卵，并用惊人的激情捍卫领地。

3月第一批开放的野花是林荫地里的报春花、银莲花、堇菜和白花酢浆草，紧接着田野里的洋水仙开了，池塘里出现了青蛙卵，最重要的是，随着晨光来临得越来越早，"黎明合唱团"也开嗓了。

气候变化使得如今的4月成了春花盛放的月份。郁金香和峨参在我前半辈子里都是在5月开放的，如今却已提前到了 4 月，春天至少偷偷提前了 10 天。第一批出现的大杜鹃、家燕和毛脚燕给春天的来临盖上了印戳。到了 4 月末，乌鸫以及其他鸫科鸟类的雏鸟羽翼已丰，却依然索求无度，它们在花园里到处蹦跶着，父母们在一旁伺候着，拼命想要喂饱它们。各类蜂群都忙得不可开交，它们在每一寸阳光下抓紧享受着花海中的饕餮盛宴。

在农场那边，随着欧洲蕨舒展开新叶，蓝铃花也冒出来了，但仅大约 50 千米外、海拔约 300 米高的山坡上，几周之后才会有第二波春意降临，山坡高处的欧桪直到 5 月还是光秃秃的。渡鸦在空中翻飞，不知为何那里的大杜鹃总是比我们花园里早几天宣告它们的来临。

自然界并不总是体贴友善的。荨麻闹嚣，榕毛茛每年都会侵入新的地盘，小鸡们在晚上得小心翼翼地闭上嘴，因为狐狸们有幼崽需要喂养，蛞蝓开始啃食蔬菜园里刚冒出来的可爱、幼嫩的生菜苗。尽管如此，在春天，多姿多彩的生命都在热血澎湃地歌唱着。

三

月

# 圣 大 卫 日

3月1日，果园里渲染着星星点点的黄色，数以百计的洋水仙距离盛开尚有时日，但花苞已经露了点颜色。它们的高光时刻在两三周后，和其他破土而出的或从草丛里冒出来的球根植物一样。不管天气如何，即便还没开花，它们已然洋溢着一股不可违逆的激情，向着春天生长、迈进。

# 青　　蛙

两个池塘里，青蛙单调的呱呱声此起彼伏，水面上青蛙卵微光闪烁。在淤泥里、木料堆里、树叶堆里埋藏了一冬的青蛙们，被藻类释放的乙醇酸味吸引出来，前往池塘求偶去了。它们需要平静鲜活的水体，因此花园里没有喷泉的池塘就很理想。农场一条小道上有个特别的车辙坑，整个冬天都积着水。每年都会有青蛙在里面产卵，但是到了春天小蝌蚪们还没来得及发育成小青蛙，车辙坑就干涸了。

于是，我在花园里挖了个池子，欧洲林蛙很可能会发现并用上它。作为回报，青蛙们会吃蛞蝓、毛毛虫、蚊子等各种飞虫。青蛙也是判断你家花园环境是否健康的重要指标。

因为青蛙通过皮肤呼吸，对毒素特别敏感，所以如果有任何污染，尤其是在花园里使用化学药剂时，它们会首当其冲。

青蛙区别于蟾蜍的特征是它们有着光滑的橄榄色皮肤，后腿更长。雌蛙能产下3000多颗卵，通常产在池塘的浅水滩位置，那里的水更暖和，也能获得更多的光照。每一颗种子般大小的卵都包裹在胶质泡里，数只青蛙产的卵聚合在一起形成凝胶状的"筏"漂浮在水面上。大约3周之后，它们会孵化成小蝌蚪，然后在池塘里度过夏天直到变成小青蛙。孵化后约12周时它们就会离开池塘，时间大概在仲夏至初秋之间，那时你会发现花园里突然趴满了小青蛙，全在寻觅凉爽荫蔽的地盘。它们会在发育到性成熟后返回池塘，一般大约在2年后。

虽然大量小蝌蚪孵化出来了，但是只有很少的一部分能够存活到成年，因为很多鱼、蝾螈、鸟和哺乳动物都捕食小青蛙。当遇到袭击时，为抵抗捕食者，小青蛙不但会铆足劲头跳起来，而且还会发出尖锐的叫声。

到了秋天，大部分两栖动物都会离开水体到陆地上冬眠，木料堆里、堆肥里、石头树叶堆里都有它们的身影，这就使得园丁们更得注意不要过度清理。不过有些雌蛙是在池塘底的淤泥和沉积的植物里冬眠的，这就给了我们不清理池塘或塘底淤泥的绝佳理由。

# 欧 洲 桤 木

3月初，冬季的余威不减。山坡上还覆着一层薄雪，海拔600米以上的风如利刃。但此时的欧洲桤木和榛树的花粉已如黄雾随风飘洒，这是春天第一片温柔的散粉。

在谷底，河流掩藏在沿两岸生长的欧洲桤木树林里，这些树俯视着河流，枝丫交错的树冠在柔和的光线里呈现出薰衣草紫色。再往上则到处都是榛树，一直长到了海拔约400米处，然后戛然而止。欧洲桤木尤其喜水，要么长在潮湿地块，要么长在陡坡下的幽谷里。但它们最爱的还是河流沿岸，树干长在岸上，根系则能伸展到流淌的河水里。盘根错节的根系成了河边天然的护岸工程体系。它们会长出树瘤，有时候还相当大，跟苹果似的，里面住着能从树体汲取糖分转化为养料的细菌，这也是欧洲桤木能够在大部分树种不能存活的潮湿积水地带生存并且活得很好的原因。

欧洲桤木那微小的、轻若无物的种子靠风媒和水媒传播，顺水漂流的种子会在下游的岸边萌发、扎根，从此定居下来，这就解释了欧洲桤木何以总是如丝带般分布在河流两岸。雌性柔荑花序呈黄色，悬垂着，因此风吹过就会带走它粉尘般的种子。欧洲桤木是唯一一种能育出木质球果状雄性柔荑花序的落叶乔木，球果大概如核桃大小，笔直地挺立在枝头。

# 三月

跟它们的表亲桦木和柳树一样，欧洲桤木是很好的开荒树种，且常在潮湿、灌木丛生的地块里突然长出来。我们有个小树林，或者可以叫作欧洲桤木沼泽林，位于一个特别潮湿的地块，我还记得 2006 年在那里清理过灯芯草科植物和丛丛茂草。我们在那里搭了篱笆，把干燥的地块围起来放牧用。后来欧洲桤木入侵，现在已经长成约 10 米高的茂密小树林了。

在峡谷两边陡峭的山崖上，欧洲桤木趋光生长，笔直粗壮，高达 18 ~ 20 米，鸢和渡鸦在它们的枝丫上筑巢。不过人迹可至的地方，树龄更老的欧洲桤木被平茬修剪数年后已长成了萌生林，如今都是些敦实粗壮的树干，上面抽出了大量细枝条。

直到 20 世纪中叶，树木仍是制作众多简易物件的主要材料。比如欧洲桤木被频繁砍伐用来制作扫把头和木鞋。后者不仅是北方工业城镇人们的主流用鞋，人们咔嗒咔嗒地拖着它踩着鹅卵石路去磨坊，而且很多农场工人如今还在穿这种鞋，因为它轻便、防水、耐穿，还能抵御糟糕的淤泥。欧洲桤木还是制作火药用的木炭粉的首选树种。在 14—19 世纪中期，每一声枪响都要用到火药，因而木炭粉的制作在当时属于重要产业。

欧洲桤木的木材一旦暴露在空气中，就会呈现出亮橙色，继而褪为锈红色。但如果不把木材暴露在空气中，而是将它浸没在水中或是埋在湿地里，它几乎可以永久保存。毕竟打入潟湖底的欧洲桤木木桩把威尼斯撑到了今天。

# 三只天鹅飞过

三只天鹅飞过花园，万里无云的湛蓝天空留下了它们的剪影。未见身影就先听到它们那令人好奇的扇动翅膀的呼呼声。它们似乎是斜飞的，好像顺着一股横风斜成一个角度，但仍保持着完美的阵形和间距。也许在空中有一股气流横行，如同一个隐藏的夹层。

30 分钟后，一只雄性游隼飞过，翅膀看起来很狭长，身形敦实却又小得令人惊讶。这是一只短小精悍的雄隼，它快速拍打着翅膀，目标明确地飞往某处。

# 报 春 花

有一种人，他们对植物有着深切的爱。他们就是园艺大师——知识渊博，对更多知识的好奇之心和渴求之心永无餍足之时。我常与他们接触，而每一次接触都让我的景仰之心更甚。不过我本人可称不上园艺大师。

我会单纯地喜欢某些植物，也会因为种植安排而爱上某些植物。我会喜欢一座拥有珍稀品种或是有趣样本的花园，也同样会爱上一座种满普通植物的花园。

我爱报春花，爱之深切，但我爱的是与之相关的事物：一些记忆；春天林子里的气味；暮冬开始那几天的情绪，彼时的阳光只剩一点薄薄的暖意，光线温柔地投射在纤巧精致的小花上。我爱报春花是因为它们让我充满希望并意识到冬天终会过去，春天必将来临，光终将照进我所处的黑暗中，虽然有时那黑暗是如此之深。我爱报春花是因为感觉它们就像是救赎之光。

我还是孩童的时候，会在复活节收集一整篮的报春花去装饰教堂和墓地，那是一年一度的仪式。大概会有五六个大人带着尽可能多的孩童去小树林和萌生林，采摘在那里丛生的花儿，然后绑成大小不等的花束。花束的大小是否够得上规格是由这一年的物候决定的。要是太早或太晚，则可以采摘的报春花都会很少。4月的第一周前后曾经是最佳时节，但由于气候变化，如今3月中旬更合时宜。

不管花束大小如何，人们总是用彩色毛线将报春花捆扎起来，再衬上三四片叶子，于复活节前的周六放在装水的容器里带到教堂去。我们带着挖掘工具绕着每座坟墓走一圈，把花束埋到地里。在那个小小的教堂墓地里，有相当数量的坟墓是没有墓碑的，就只是个荒草萋萋的小丘。在复活节的那些天里，人们会把这些淡黄色小花束当作它们的鲜花墓碑。

说实话，虽然那个时候我喜欢报春花，但很不喜欢采摘报春花，太慢太烦琐了。我很爱萌生林，而报春花在萌生林或灌木树篱边长得最好。

我认为欧报春已是至美。报春花很容易杂交，尤其在花园里杂交的机会更多，各种各样的品种都会冒出来。真正野生的报春花，颜色有各种变化，从奶油色到暗黄色，偶尔会有一小丛粉色的，但"改良"报春花的想法就像"改良"橡树或家燕一样。报春花本身就臻于完美、足够耀眼，那些数以百计的园艺杂交品种，没有一种能够与野生报春花那四射的魅力相匹敌。

报春花似乎光是让我心情欢畅还不够，对蜜蜂、熊蜂、蝴蝶、飞蛾也很友好，这些昆虫在给报春花授粉的过程中顺便就能被回报以丰盛的花蜜。报春花的种子包裹着一层油脂，能够吸引蚂蚁和小家鼠，这就意味着报春花会从小径的缝隙里、墙脚下以及灌木根部的夹缝里冒出来。

# 喜 鹊 时 刻

喜鹊在晨光熹微中叽叽喳喳。音调很低，似乎是被要求压低了声音。

# 乌 鸫

花园里到处都是乌鸫。它们来去匆匆，在荫蔽处冲进掠出，总是惊恐不安，但面对人类，它们并未特别缄默或羞怯。它们最大的威胁来自猫和雀鹰，我对后者以乌鸫为食并未感到不满。

乌鸫好像只有在鸣唱的时候，或是柔韧性极好地飞向枝头去鸣唱时，才能保持不动。它们会找一棵最爱的栖木，往往是在萌生林里高大的欧梣树顶，或是春园的榛树上，或是顺着椴树编篱穿越入口飞进村舍花园，而且总有同党追随着一起。3月晨光熹微时，它们会在那里逗留20分钟左右，鸣唱着、挑衅着、呼和应答着各自的曲调，无畏地驱赶其他雄鸟，大胆欢迎雌鸟前来。

它们的鸣唱丰富多变、低音深沉，是能够穿透浓密树林的声音，而不是那种回荡在开阔地带的声音，甚至会盖过其他鸟儿的歌声。

它们是那种不管种了什么树都能从中获益的鸟类。当然，随着我们花园里树篱和乔木长大成熟，花园里鸟类的数量也大大增加了。研究表明，树篱越高越浓密，就会有越多的鸟儿喜欢上它们，鸟类品种也会越来越丰富。我想说，仅仅是让树篱长高几十厘米、长宽几十厘米，对于鸟类的数量，对于花园的生态平衡，进而对植物的健壮，都会产生非常显著的影响。树篱越浓密，花园越健康。

乌鸫数量如此之多一点都不令人惊讶，它们在乡间最常见鸟类排行榜里排在鹪鹩和苍头燕雀之后，显而易见是第三名，而相比其他两种鸟，人们更容易看到乌鸫。自 19 世纪初以来，中产阶级兴起了一股园艺热潮，花园（尤其是郊区花园）数量大增，遍布各地，而乌鸫的分布和数量似乎跟花园的增长呈正相关。事实上，花园是它们理想的栖息地，相比越来越开阔的乡村农田和广袤的原野，它们在花园里出现的频率是农田和原野的 10 倍。

我曾经拜访过澳大利亚新南威尔士州的一座花园，它被久别英国的深切怀乡之情笼罩着。那是一座有月季、草坪和灌木的维多利亚式花园，里面还有从世界的另一端不远万里带过来的乌鸫，它们的鸣唱对花园来说是画龙点睛的一笔。

乌鸫分布广泛、无处不在，也是因为它们的适应能力强。

**前页图**：果园深处的蜂箱。那里有苹果花供蜜蜂大快朵颐。

**上图**：早春，农场高处的山坡依旧光秃秃的。

**下左图**：花园边缘的农田被冬季的洪水滞塞成湖，持续数月。

**下右图**：刚种下马铃薯的田地呈现出一种奇怪的、灯芯绒布料般的线形景观。

**对页图**：耐杰尔，拍摄于去世前不久的一个明媚的五月天。迟暮之年，英俊之减。

对页图：好管闲事的"邻居"们！花园和湿地草甸仅有一扇栅栏门之隔。

**上左图**：贯穿湿地草甸的水沟为水獭提供了完美的掩体，春天盛开的峨参如同在水沟上浮起的一层泡沫。

**上右图**：春天，可爱、轻盈的峨参烘托着整个写作花园。

**下图**：春天果园里的草甸。这里是昆虫的完美栖息地，等到 8 月野花结籽后会刈割一次。

上图：果园里，耐莉被淹没在混杂着峨参、独活属植物的草丛中。

下图：农场榛树萌生林间的蓝铃花。

对页图：越过野花草甸，远眺农场谷地。

翻页图：花园外围的田地在冬天会被洪水侵袭，但那里是毛茛属植物理想的生长地。

它们在哪里都能筑巢这一特点远近闻名，从停放在车库的车子到旧帽子，都能筑巢。还有，它们几乎什么都吃。它们的食谱包括雏鸟、青蛙、蛇、小家鼠、鱼、昆虫、水果、种子，还有不太常见的常春藤浆果。我们还发现羽翼初丰的乌鸫尤其喜爱树莓，这凑巧和 6 月末 7 月中夏果型树莓的成熟时间精准重叠。好在它们不会吃光所有浆果，到了 8 月初秋果型树莓可以采摘的时候，乌鸫们已经吃饱喝足并扬长而去了。

乌鸫也太容易看到了。这些小小的棕色鸟儿往往是一大群横行，实在让人很难忽略它们。典型的雄鸟有着乌黑发亮的羽毛、亮黄色的喙以及具有黄色虹膜的眼睛，这只是乌鸫多变外观的其中一种。雌鸟是赤棕褐色的，有些像其他鸫科鸟类那样胸部带斑点。而上一年春天刚孵出来的雏鸟是暖棕色里带巧克力色斑点。我在冬天的鸟食台上能看到前来拜访的雄鸟喙部颜色较暗沉，羽毛颜色也比较暗淡，而且没有亮黄色的虹膜圈。在 3 月返回北欧的老家之前，它们的羽毛都不会变成求偶期的样子。英国的乌鸫有时候会从它们花园所在的家乡迁徙，但极少迁到海外去。它们只在秋季换羽之后为寻找更好的食物来源养活自己而迁徙，然后在隆冬时节返回老家。

除了鸣唱，它们还有两种叫声，都非常独特。其中一种是"叮嗑叮嗑叮嗑"，一般是它们怀疑有威胁或是侦察到可疑情形时会发出的，比如看到一只猫逼近或是发现一只栖息的猫头鹰；另外一种是尖锐刺耳的警告声，伴随这种尖叫的是它们惊飞寻找遮蔽处的身影。

# 欧洲齿鳞草

在溪岸边少数几个荫蔽的地方，那里的土表几乎是垂直的，榛树和欧洲桤木悬在上方，几簇铃铛型花瓣的奇特花朵层层堆叠，每年 3 月都会出现。裸露的花直接冒出来，没有叶片，而花似乎也没有颜色，但其实带着一抹象牙调的粉。这就是欧洲齿鳞草，少数几种不靠叶绿素生长的植物之一。除了花，其他部分暴露在阳光中对它来说没有什么好处。这些花由熊蜂授粉，结出来的种子会发芽。其根系会伸展着寻找榛树的根系，找到后就会攀附在上面吸收它们需要的养分。

榛树是它理想的宿主，当宿主树木死亡时，欧洲齿鳞草也就跟着死了。当然，有时人们也会发现它们长在欧洲桤木、水青冈、榆树或柳树的根系上。

三月

# 壁　蜂

我手捧着一杯咖啡坐在 3 月的阳光下，因为新冠疫情，天空一片寂静。往常充斥在后院的遥远的车流声也被身后树篱里小鸟低低的叽叽喳喳声取代了，鸢在万里无云的长空中嘹唳，壁蜂嗡嗡忙碌着在房子的石墙里进进出出。

红壁蜂喜欢旧谷仓那堵朝南的石墙。那个谷仓我们用来做工作室了。墙面抹过石灰，软硬度很适合它们挖筑巢室。它们刮掉泥灰，用泥浆在里面做成巢洞，然后再把泥灰涂抹回去。墙上有块地方密密麻麻的，都是它们数百年来筑的蜂巢孔，这说明它们筑造巢室的技能比它们抹泥灰的技能演化得更成熟。这堵墙看起来似乎马上就要分崩离析了，但我很喜欢它这个样子，也很笃定它能比我挺更久。

说到蜂类，人们往往只会想到群居在蜂巢里的蜜蜂，但大多数种类的蜂是独居的，比如壁蜂。英国大概有 200 种蜂。壁蜂用花粉喂养它们的后代，不像蜜蜂和熊蜂需要用花蜜，这就更突显了它们作为授粉昆虫的重要性。

它们极少蜇人，如果人被蜇了也不会像被蜜蜂蜇得那么痛。它们不会产蜂蜜或蜂蜡，而且它们完全没有侵略性，开开心心地用泥灰或是反刍过的石灰在墙缝里筑巢，然后收集花粉喂养幼虫。它们是一种非但无害反而极其有用的生物。

# 猫柳和紫闪蛱蝶

猫柳，也叫山羊柳，是一种出类拔萃的杂木，大部分是自播萌发的。它倒也没有不受欢迎，因为它没有侵略性，也不排他，没了它生活便会逊色不少。

它名字里的"猫"来源于它的柔荑花序，特别柔软，以前的人觉得毛茸茸的，像猫爪。雄花初开的时候是银白色的，缀满花粉之后就成了黄色。当我还是个孩子的时候，我们会在棕枝主日（也就是复活节前一周的周日）收集起来作为"棕枝"献给教堂，时间一般都是在3月末到4月上半月之间。猫柳的雌花初现时是绿色的，结籽之后就变成了白色的丝絮，被风吹散。雄花和雌花异株，因此两种树开花的时候特征迥异。它们的叶子是几乎所有英国树木里最不引人注目的，暗沉的绿色，没有什么特点。

在我们周边，它是一种小型的、杂乱的、不起眼的树木，从来没人特地种它，通常都是自己长在沟渠和潮湿地区的边缘。但它能存活数百年，长到约9米高。它会长出大量杂乱的枝条，若经常被平茬修剪的话，就会慢慢地长出一个粗壮的主干。猫柳曾经跟其他被平茬修剪的柳树一样，是潮湿地带典型的常见树木。

对农民、护林人、木工和园丁来说，猫柳是最无足轻重的一种柳树；对蜜蜂来说，它是一种非常重要的早春蜜源；对毛毛虫和紫闪蛱蝶来说，它是最重要的食物来源。

如今极少能看到紫闪蛱蝶了，我还记得，大概 40 年前，我曾在新栽的灌木上看到过一大群，那棵灌木也在一两年前被清理掉了。那次看到的蝴蝶有数百只，个头非常大，有家麻雀那么大。雄蝶光彩熠熠，虽说叫紫闪蛱蝶，颜色却是发蓝。雄蝶会在偏爱的橡树上巡回飞舞，赶跑所有进犯者（包括鸟儿），然后殷勤地引诱雌蝶进入它的爱巢。随后雌蝶会找一棵猫柳来产卵，它们并不是随意找个地方，而是仔细选择后将卵产在树身 1/2 ~ 2/3 高度的隐蔽处的细叶子上。毛毛虫孵化出来后以吃叶子为生，并在树上过冬，还会随着季节变化而变色，从亮绿色变成暗棕色。然后，它会在夏天化蛹。因此，进入现代社会后，人们砍伐挖掘猫柳的行为，对紫闪蛱蝶来说是最大的生存威胁。

# 黎明的猫头鹰

当第一缕曙光出现在山坡与黑沉沉的天空交际处，一只雄性猫头鹰叫了起来，发出一系列异常压抑的呼唤，远处另一只应和了。近处，第三只用一种更低沉、更雄赳赳的音调加入进来。听起来好像就在我头顶的烟囱上。最后，桐叶槭树上的一只雌鸟用"克维克"的叫声回应了，也许它一直都在那里，处于三只雄鸟关注的焦点中。春天里，连猫头鹰都发情了。

# 异 株 荨 麻

在10岁之前，我从没穿过长裤，我们那一代都是这样。穿上第一条合体的牛仔裤或西裤，是一项人生仪式、一个成长的里程碑。还记得第一次穿上长裤时，我昂首阔步地到处溜达，一副无比自豪的样子，并且认为每个人都对我的"长裤之喜"与有荣焉。从那之后，短裤只属于运动时刻，甚至直到今天我还觉得成年人穿着短裤是对成长的抗拒。

尽管穿着带袜带的长筒羊毛袜，但我光裸的膝盖和大腿仍暴露在风霜雨雪中，也一样暴露在异株荨麻前。不管我怎么努力地跳得高高的，或是尽可能地避开它们蹦跶，它们总能够到我，给我留下火辣辣的刺痛。紧接着皮肤上便会冒出白色鸡皮疙瘩一样的皮疹，而且这一天都跟定我了。

不过大家都知道要第一时间去找一片钝叶酸模叶，吐一大口唾沫在上面，然后贴在被刺的部位揉搓。镇痛的效果很好，但我想这里面可能没什么科学道理可讲。也许只是唾沫和凉凉的叶子的协同效果。

如今，荨麻在我身边还是很常见，除非是在最热的时候，我在花园里都避免穿短裤，所以现在不是我的腿而是手和前臂被蜇，通常发生在我拔掉它们的时候。我要么紧紧抓住茎秆（我孩童时代坚信茎秆上没长蜇人的茸毛，事实上问题在于它们的根扎得非常牢，抓住哪个部位其实不重要，俗话说"快刀斩乱麻"，意思就是要在它们蜇到你之前，把那些蜇人的细茸毛破坏掉），努力压弯枝条让叶子远离我；要么我一铲子铲掉整株植物，挖出黄色的根系。然而，无论怎样，枝条都会避无可避地回弹并扫到我的手臂或面庞，实在烦人。每位园丁想必都记得春季里半夜醒来，手上被荨麻蜇过的地方火辣辣地疼。不管如何，我还是喜欢荨麻的，它们对任何一个花园都很重要。

我们在春天采摘荨麻嫩叶，做成美味的汤和荨麻酱，也可以像菠菜一样直接当蔬菜吃。它们的味道有点像菠菜，但含铁量更高。在某些地区，它们是早春时节人们食物中重要的铁元素来源，因为这个时节能种的蔬菜甚少。

我们也泡"荨麻茶"，不过不是自己喝，而是作为浇灌植物的肥料。制作这种肥料需要收集尽可能多的荨麻，然后塞到一个桶里，倒入水，把混合物放上几周后再过滤，滤出的浓缩液加水稀释后便可使用。

有荨麻生长说明这个地方的土壤潮湿、肥沃，尤其富含磷酸盐，这也意味着此处的土壤被人类使用过或放牧过。1991年，我们搬到这里时，如今的湿地花园所在地的边上有一段烂得特别厉害的树干。它躺在一大片荨麻丛中，在我试图搬走它时化为了碎片，很快就消失不见了，荨麻却在那里坚守了数年。后来我看到一张花园的旧照片，那里是一棵巨大的榆树，树荫下有一个牛棚。榆树应该是在20世纪70年代中期感染了荷兰榆树病，被砍倒后自然腐烂了。然而，此前年复一年，牛群在树下寻求遮蔽，一代代牛儿们慷慨地留下粪肥，滋养了生生不息的荨麻，使荨麻长成了榆树树冠下的"活影子"，一派欣欣向荣的景象。

荨麻的刺是植物对食草动物的防御手段，只有山羊、羊驼或非常饥饿的绵羊才敢对它们下口。我养过的每一只狗子，在小时候都跟荨麻有过倒霉的小摩擦，比如猛地蹿过荨麻丛后，可怜兮兮地抬起它们那还没硬化的爪垫——被蜇到了。

在荨麻植株死亡很久后，上面的刺依然能蜇人。我喜欢第二次世界大战时期一个摄影师的故事，他被派去给林奈[1]

---

[1]林奈，即卡尔·冯·林奈（1707—1778），瑞典植物学家、动物学家和医生，被誉为现代生物分类学之父。——编者注

干燥和装裱好的植物拍照，以防这些原件不慎被毁坏。当他在调整林奈将近200年前处理过的荨麻时，手臂被蜇了一下，引发了皮疹，这植物标本竟像还活着一样。

每座花园都应当种一两丛荨麻，只为能给孔雀蛱蝶和荨麻蛱蝶的毛毛虫提供食物，因为这两种毛毛虫几乎只以异株荨麻为食。但这也并不只是为了这两种蝴蝶，虽说这理由已经足够充分。荨麻也是很多飞蛾幼虫的重要食物来源，飞蛾虽然是蝴蝶长相平庸的亲戚，但在花园的生物链里同样重要。因此，荨麻是整个花园生物圈的一个支轴。春天的小瓢虫在长成成虫可以吃蚜虫前也以它们为食。到了夏末时节，等荨麻长得很高了，家麻雀和苍头燕雀就会飞来吃它们的种子。

# 春 日 破 晓

春天里，甚至可以说生命里，最奢侈的事情之一便是破晓时分躺在床上听斑尾林鸽的鸣叫。它们那滤过晨光的声音，是所有声音中最动人、最令人安心的。

# 刺　猬

我在修剪观赏草花境的时候，发现了一颗缓慢挪动的刺球。这只刺猬选中了这丛芒草，在里面冬眠。这曾经是温馨而常见的一景。刺猬曾是花园里的常客，我常常在遛狗顺便关鸡笼时看到它们在夜色中笨拙地行动。

但在过去的十几年里，刺猬已经灾难性地濒危了。它们几乎从乡间农田消失了，唯一还涉足的栖息地只剩下郊区和乡村的花园。对我们这代人来说，这难以想象。刺猬跟野兔、云雀一样都曾是我们生活的一部分，后两者如今也一样面临着极大的生存威胁。

我 7 岁的时候，用移液管养活了一只刺猬宝宝，随后我被送去了寄宿学校，每天晚上我都会祈祷，祈求上帝保佑我的家人、我的狗和刺猬哈利。直到 12 周后我回家过暑假，才知道在我离家后没几天它就死了。

后来我们养了一只拉布拉多，养了好几年。她经常在溜达回来的时候嘴里衔着一只缩得紧紧的成年刺猬。她并不想伤害它，只是把它当成了一个不太寻常的球，或是玩具。它似乎也从未刺过她，但跟她分享了它的跳蚤。

20 世纪 80 年代，乡间公路上被碾压的刺猬多得吓人，但这也说明了它们无处不在，公路上的某种大量的动物尸体几乎是其数量繁多的标志。刺猬数目锐减的原因看起来只是单纯缺乏栖息地和它们喜爱的食物，但跟很多看似突然的锐减一样，它们的减少其实有一个缓慢的过程。

刺猬的偏好和食性基本上是肉食，大量的蚯蚓、甲虫和蛞蝓，偶尔再加点毛毛虫、马陆和蠷螋。一只成年刺猬一晚上能吃掉大概 100 只这一类无脊椎动物。显然，这让它们成了园丁们的朋友。但据说它们也吃鸟蛋、雏鸟、小家鼠、田鼠，甚至穴兔宝宝。

常规来说，刺猬一晚上游荡的路程可长达约 3 千米，它们寻觅食物、攀爬（传说它们会爬到茅草屋顶冬眠）、游泳、钻进看起来极小的洞。

因此，作为园丁的我们能做些什么来吸引并帮助它们呢？首先，也是最重要的，是提供遮蔽处。木材堆、树叶堆和堆肥堆对它们来说都是好地方。其次，千万不要用蛞蝓药，因为刺猬会吃掉中毒的蛞蝓，有时候也会吃掉那些药丸。最后，用打草机清理茂盛的观赏草或杂草时要稳而缓，不然可能会对冬眠中的刺猬造成严重的伤害。我们最好能克制住想要使花园整洁的念头，尤其是过冬期间，因为在某个乱糟糟的角落里可能就有只刺猬正在冬眠。

# 草甸碎米荠

3月末，农场房屋后方的田野里，在最高处挺宽的一处长条地块里，缀满了小小的淡粉色花儿，带点紫晕，像不起眼的小铃铛从挺立的花茎上垂落下来。这些就是草甸碎米荠，俗名"布谷花"，又叫"女士罩衫"。它们喜欢潮湿的地方，却又很奇怪地在至少表面上看起来一点都不比旁边潮湿的地块上冒出来。而且它们也并不一定会在真正潮湿的地方——那种灯芯草科植物和其他草类争相生长的地方出现。事实上，草甸碎米荠最常在斜坡顶端出现，那是排水较好的地方，而不是在底部或沟渠这些大家常以为的应该适合它们生长的地方。不管怎样，跟农场里所有花儿一样，随着放牧的减少和控制，它们正在稳步增长着，而蕨类则慢慢少了。

草甸碎米荠是多年生草本植物，所以理论上说，它们能年复一年地出现，而在这山坡上完全是因为我每年都会上去割一茬欧洲蕨，这样草甸碎米荠才没有被抑制，从而有机会开花。在这片几乎精准地与450米等高线吻合的平坦的带状区域，它们是食蚜蝇喜欢的蜜源，而红襟粉蝶的幼虫也以它们的叶子为食。草甸碎米荠是十字花科的一员，能够自播。不过有些植株是不育的，但它们的落叶能够生根并长成新的植株。据说，其嫩叶有一股辛辣味，类似芝麻菜的风味，但

三月

我还未曾尝过。

# 寒　鸦

　　寒鸦在烟囱里筑了巢。我能说什么呢，毕竟是它们先来这里的。2005 年我们买入农场时，这里就已经好几年没人住了，而且在之前的十几年里一天比一天荒芜。

　　寒鸦喜欢在洞里筑巢，一个闲置的烟囱就很理想了。

　　有一根烟囱在我刚来农场时已经闲置超过了 20 年，我从烟囱里面清理出大量的枯枝和大团的羊毛，足足堆了半个房间。有意思的是，这些都是绝佳的引火物。

　　3 月，它们嘴里总是衔着超大号的枯枝细杆，来来回回往窝里搬运。最终成果是乱糟糟的，甚至是杂乱不堪的，但你也没法对它们的努力挑错。它们尤其喜欢从我们那棵孤零零的落叶松上获取枝条，它们的窝里总是垫着厚厚的羊毛，那是它们从羊蹭过的篱笆和铁丝网围栏上捡回来的。

　　我们用作工作室的那个谷仓里也有它们筑的巢。它们年复一年地回到那里，总是在山墙边缺了几块石头的那个缝隙里筑巢。而那里又总会掉落一大堆乱七八糟的东西，枯枝、羊毛、特色鲜明的带黑色斑驳纹理的淡蓝色蛋壳，偶尔还有死去的学飞期雏鸟。它们会在那里占据 4～6 周，然后慢慢地不再来了。在此期间，我会给工作室所有东西都盖上床单，几乎不去使用，于是这个谷仓就变成了一个巨型的寒鸦巢穴。

在过去的 40 年里，全国各地的寒鸦数量显著增加了。在农场里，"喳客"们（一小群鸟儿吵闹着发出刺耳的"喳客"声，由此得名）飞来飞去，无处不在。它们是留鸟，很现实地能找到什么就吃什么，正所谓适者生存。

它们似乎没有其他鸦科鸟类那些令人不悦的习惯，因为我确定它们不会放弃任何一只无助的雏鸟，当然也不会像它们的亲戚乌鸦、渡鸦那样攻击小羊羔。它们那小圆珠般亮晶晶的、有着白色虹膜的眼睛，那与孩童同等的智力，那苗条的身材，使得它们鬼鬼祟祟时更像一个狡黠的机灵鬼，而非暴徒。它们总是时刻保持警惕，并不懈地寻找各种良机。

寒鸦还有一点迷人，甚至可以说高贵的品质，就是配偶间的忠诚。它们一生相守，一年到头忙忙碌碌都在一起。

## 黎明合唱团

清晨 5 点刚过，黎明合唱团就开始表演了，成为这个时节一个魔力十足的经典场景。领唱的是乌鸫明快清越的歌声，紧随的合声越过田野、树篱和林子，渐行渐远。这是世上最可爱的乐声。

# 欧洲红豆杉

蓝山雀和大山雀喜爱村舍花园里面和前面圆锥造型的欧洲红豆杉。它们抓住表层枝叶，啄食昆虫，然后消失在枝叶间。在这 8 棵巨大自然树形的欧洲红豆杉和 18 棵圆锥造型的欧洲红豆杉里面，必定有十几个鸟巢，这是一个山雀聚居的大型社区。它们钻进那些修剪得枝叶繁茂的欧洲红豆杉里，就像是人们溜进图书馆，穿过一扇隐秘的门进入内部的一个异世界。

# 纤细老鹳草

早春，天气刚暖和起来的时节，某天我正在给一个荫蔽的角落里的花境除草，手里的一把杂草总是有股味儿，一种带着尘土气的暖调的芳香，还有一丝仓鼠笼的气味，十分鲜明。这就是纤细老鹳草，在整个花境里到处都是，算是一位和善的不速之客。它会沿着小径蔓延生长，穿过围墙，看起来几乎不需要泥土就能扎根。跟普通老鹳草相比，它的羽状复叶分裂得更繁复，它的花虽然比大部分老鹳草都小，外形却是相似的，颜色是一种漂亮的粉色。40年前，纤细老鹳草在我们位于伦敦的小花园里随处可见，因为相比这里黏重的土壤，那里土层更薄、更干。

纤细老鹳草曾被用作驱虫剂，而且我刚刚听说，它的叶子放在狗窝里能驱逐跳蚤。我会试试看，后将报告结果。

## 黄昏合唱团

到了3月中旬，草木汁液丰沛起来，新生的能量与自然的脉搏相连，也在我的血管里涌动。每天越来越多的嫩芽绽出新叶，花园里的树篱开始闪烁起彩色玻璃般的绿意。花园的呈现开始有实质感，从冬月里的瘦骨嶙峋逐渐充实，犹如逐渐发展出了实体。到了2月末，那嶙峋的身形恢复了正常。冬季已成为过去式。于是，新生的长势填充了空白，圆润了边角，逐渐模糊了与天空的交际线，尽管有日历的预告，春天的到来却总是带着一丝惊喜，仿佛是一份未曾预料的礼物。

随之而来的是日渐温暖的泥土散发的芬芳。其实，这温暖几乎难以觉察，只有泥土水分含量变多这种些微的痕迹，但足以打开我所有的感官。对狗子们来说，这肯定是叫它们上头的气味，因为对它们来说春天的泥土好比精酿的美酒配松露，或是皮革工匠或橱柜制作师工作室的气味，这气味经过层层过滤、筛选和分类后愉悦着它们的感官，或许还有1000种其他的气味，对此我们人类只能凭空想象。

当然，3月的天气也会很恶劣，暴雪、冰冻、刺骨的东风，都是有很大可能出现的，但都不会持久。这个月的一切都可以用"变化"这个词形容，甚至这个小时跟下一个小时都是不同的，并且这一个月每一天都是如此，这世间就这么从冬季进入了春季的鼎盛时期。

在所有的变化里，我最爱的是黄昏合唱团，3月的黄昏合唱团比其他任何月份都好听。黎明合唱团广受关注，并在5月末达到巅峰。3月的黄昏合唱团则更为简短，是限量版的，而且由于彼时暮色四合，它们的歌声显得更为大胆无畏。

我常常在黑暗而寒冷的夜幕悄悄侵袭时伫立倾听，听勇敢无畏的歌声萦绕着整个花园，融入黄昏。相比黎明时竞争激烈的鸣唱，黄昏的歌曲更突出每只鸟的特色，且更为清越。有一只鸫科鸟儿总是在萌生林中一棵欧梣的同一位置上歌唱，另有三四只乌鸫互相挑衅，要是我靠得太近了，它们就愤怒地叽叽喳喳叫着散了。欧亚鸲、鹪鹩、山雀和家麻雀都加入了合唱，声调渐高，相比黎明时分，切分音效果更强，且不那么有对抗性。3月初的合唱持续不到20分钟，而到了3月末，时钟回拨，黄昏在19点半到20点左右溜走，那时鸟儿们的晚祷歌诵足有40分钟。

还记得有一年3月，当时我还是个学生，住在镇中心，十分想念乡村的空间与宁静的氛围，于是我父亲寄了一盒磁带过来，里面录制了家里花园的黄昏合唱。这太感人了，令我更思念当时生活中缺失的一切，以至于我都不忍听它。

因此，黄昏合唱虽然优美动听，却总是带来一缕惆怅，颇像日本的侘寂风格，突显了黄昏合唱的美与转瞬即逝。但不同之处在于，侘寂主要是一种伤逝悲秋的情怀，在树叶的颜色里、陶杯的釉面里感念一年的消逝，而3月傍晚的黄昏合唱带来的更多是惆怅而非悲伤。3月应承着未来更强的光照、更长的白昼、更多的阳光、更加蓬勃的生机，以及更丰富的鸣唱曲。

# 黑 刺 李

白色的微小花朵散落在田野里和未经修剪的树篱小径边，像一团团的云朵，那是黑刺李。这些构成"黑刺李之冬"

的花儿是开在去年的新枝上的，因此树篱要是被修剪得规规整整的，那就一朵花都没有了，但幸运的是，总有足够多的枝条未被修剪掉，于是这"花雪海"就年复一年地展现着。

一年中最早的花通常会在2—4月间随机开放，尽管梨花、扁桃花和杏花也都是花先于叶，但黑刺李是此时唯一一种缀满光杆子的花。

黑刺李的枝条是奇特的黑色，像化石似的，武装着诡异的尖刺。尖刺非常长、尖且脆，因此戳进皮肤后容易断在里面。要是尖刺戳进关节处可能会引发感染，形成坏疽，甚至严重到几天后不得不截肢。只有树篱工匠的猪皮手套（跟深海潜水员的脚蹼一样厚且笨重）能挡住这种尖刺。几年前我生日的时候，萨拉送给我一副这种手套。我虽然很少戴，但待它比什么都宝贝。

没有什么灌木比黑刺李更浓密、更难以穿越，它萌出的根蘖很快就会纵横交错，只有穴兔、小家鼠和小型鸟类才能在其中穿梭，更重要的是，它们还能毫发无伤地出来。这让黑刺李成了常见的树篱植物。若专门作为一棵独立的树木来栽培的话，那黑刺李实在是太多刺、太麻烦了。人们很少能在密林里见到它，因为缺乏光照的话它会很快因生长受抑制而死。跟山楂一样，它会迅速入侵开阔地，长成矮灌木，保护乔木免于牲畜啃食。而这些乔木长大后会无情翻脸，抑制黑刺李的生长。

黑刺李果就是黑刺李结出来的果子，小小的卵圆形的蓝色李子。现摘现吃的话，能苦得让人抿紧嘴巴，至少得等到一场霜降之后才能吃，因为霜打后果子的糖分含量会增加。把它们做成金酒最为美味，先在果子上戳孔，塞满果酱瓶，然后加糖，再加满金酒，让它们至少泡上 3 个月。这是一种难得的醇厚又暖身的饮料，非常适合在霜冻天拿出来喝。

# 欧　歌　鸫

18 世纪晚期以前，欧歌鸫可能比乌鸫还常见，而现在大部分人每看过 50 只乌鸫才能看到 1 只欧歌鸫。但它们还在花园里，它们的歌声也不难从黎明合唱团里辨认出来，在黄昏合唱团里就更容易分辨了。

虽说乌鸫和欧歌鸫的鸣声粗听起来差不多，但乌鸫的声音更低沉，像长笛的声音，而欧歌鸫声音清越独特，歌声悦耳动听，有很多反复的短句。我还记得小时候学过如何区别乌鸫和欧歌鸫的歌声：欧歌鸫总是在重复"叠句"。这基本上是对的，但是乌鸫能通过丰富和完善主旋律来混淆视听。显然，欧歌鸫的乐句像民间音乐一样，鸟鸟相传、代代相传。

鸫科鸟类都是优秀的模仿者，它们不仅相互学习，还能模仿周遭的声音，包括其他鸟类的声音。

欧歌鸫雌雄没有显著的区别。从比例上来看，欧歌鸫的腿比乌鸫的更长，但个头明显比较小。当然，它们赭色的前胸有数列斑点，上翼面和背羽是栗色的。在飞行中可以看到翅膀内侧呈温暖的赭色，接近橙色调。

每到傍晚，花园里的欧歌鸫跟乌鸫一样喜欢占据熟悉的位置——围墙花园里的无花果树、房屋顶上的主脊，以及萌生林里那棵庞大的欧洲甜樱桃树。它们的歌声划破了暮空。

欧歌鸫在筑巢选址方面虽说不像乌鸫那么古怪，但每年我都能发现一两个藏在树篱或攀缘植物里的巢（它们还经常在房子前面的圆锥造型的欧洲红豆杉里筑巢）。雌鸟一动不动地在里面蹲坐着，抬着鸟喙，眼睛警觉地睁得大大的，但纹丝不动，一声不响。常见的亮蓝色鸟蛋躺在它身下独特的窝巢下凹处，窝巢内侧一贯用木浆抹得光溜溜的。

喜鹊是它们的主要天敌，既吃鸟蛋也吃雏鸟。羽翼初丰的欧歌鸫雏鸟经常在花园里迈着小碎步疾跑，它们勉强能飞，勉强能喂饱自己。遇到猫的时候，它们极其脆弱——我得惭愧地坦白——它们偶尔还要面对狗子。这个阶段大概会持续一周，要是它们能熬过去，那接下来就能自保了。

欧歌鸫哪怕只会唱唱歌，任何花园也都会欢迎它们，何况它们还是蛞蝓和蜗牛的夺命杀手。听到岩石或铺路石上"笃笃笃"敲打蜗牛壳的声音时，我就知道它们就在那里。我还经常看到一只欧歌鸫在花境或果园的草丛里蹦跶，然后它停下来，头歪到一边侧耳倾听，随后将鸟喙戳进泥土里揪出一条蚯蚓。其实蚯蚓才是它们钟爱的食物，但要捉到蚯蚓首先泥土得湿润。当泥土又干又硬时，欧歌鸫会转而去捕食蜗牛。碰到非常干旱炎热的夏天，蜗牛也很难找到时，欧歌鸫就会转而去捕食蜘蛛。另外，证据表明消灭蛞蝓的药丸对欧歌鸫造成了严重的伤害，我觉得为了减少蛞蝓和蜗牛的数量（大部分时候这些药还是无效的），而牺牲这些可爱的鸟儿，纯粹是一种恶意伤害。欧歌鸫跟其他鸫科鸟类一样非常喜爱秋天到初冬期间掉落的苹果。

# 蜜　　蜂

　　几年前，我在蒙茅斯本地养蜂人协会的大力协助和悉心指导下搭了几个蜂箱，目的不在于收获蜂蜜，而在于吸引更多的蜜蜂来我的花园。蜂蜜只是锦上添花的副产品。

　　虽说蜜蜂其实不需要多费心地"养"，它们自己就能把自己照顾得挺好，但有时它们确实也需要一些必要的助力。

花园里的蜜蜂数量日益减少，要是园丁们能种一些吸引它们、供它们生存的植物，那么不管是对蜜蜂来说，还是对园丁来说，都会获益匪浅。要是能放一两个蜂箱，那就更好了。

要是你没法自己养蜂，那至少在你家花园里尽可能多种一些对蜜蜂友好的植物。蜜蜂喜欢碟形花，因为它们那相对较短的舌头方便探入。像是麝香锦葵、欧锦葵、飞鸽蓝盆花、矢车菊和马鞭鼠尾草，这些植物都是理想之选。

蜜蜂也爱果树（其实任何开花的树都爱）和所有豆科植物，如豌豆、菜豆、车轴草以及香豌豆，当然还有蒲公英、黑莓、紫菀、常春藤和柳树等。它们需要大量花粉，而非杂交品种的小花相比那些精心培育出来的个大又招摇的花，花粉量要大得多。

20世纪80年代末，随着瓦螨从亚洲老家远渡英国，蜜蜂的糟糕处境才首次受到关注，蜜蜂数量因瓦螨惨遭重创的新闻方才成为头条。同时，滥用农药、杀虫剂以及杀菌剂的后果也开始显露出来，它们不光灭杀所谓的"害虫"（一个粗暴且偷懒的词），也对蜜蜂等授粉昆虫产生了影响。

蜜蜂似乎是受到了新烟碱的影响。一系列的内吸性杀虫剂被很多农民用在各种谷物、蔬菜和水果类作物上。因此，以欧洲油菜等农作物为蜜源的蜂群数量，相比以非农作物为蜜源的蜂群减少了一半。

关于新烟碱如何成为罪魁祸首，甚至是否确实为罪魁祸首，都是存疑的，但所有的证据都间接显示了其危害性。有一项研究指出，新烟碱对蜜蜂的回巢机制有影响，会导致蜜蜂外出采集花粉后无法成功回巢，最终饿死在外面。另外的研究表明，新烟碱削弱了蜜蜂的免疫系统，使得它们更易得病，比如感染瓦螨。然而，除了这些合理的怀疑，并没什么确凿的证据。

一方面，没有农民想要杀死蜜蜂；但另一方面，全世界蜜蜂数量正跌到一个危险的低谷。这将会对人类产生严重的影响，甚至事关人类的生死存亡。据估计，80%的西方人的食物仰赖于蜜蜂的授粉——情况很严峻——没有蜜蜂就意味着授粉不足，授粉不足意味着人们食物不够，甚至发生大饥荒。

因此，我在花园和农场里都养了蜜蜂。在一块非常陡峭的田地的顶端有一棵树，那上面有野生蜜蜂，从我们搬来时就在那里了。夏天，我们一靠近就会挨蛰。但在隆冬的一个冰冷的日子，在确定蜜蜂不会攻击我后，我鼓起勇气靠近那棵树（那是一棵栓皮槭）瞅了一眼，发现树干里面几乎完全中空。这棵树几乎成了一个高悬式蜂巢的木质外箱。

# 俯冲的乌鸦

外出遛狗的时候，我经常会惊扰到一只在树上栖息的乌鸦，它总是朝地面俯冲。飞过约 18 米后，才又升空，然而它从来不会直接从树枝上起飞升空。为什么会这样？是因为它慢吞吞啄食种子时更容易被天敌捕获，还是因为在地上比空中安全？它们的天敌只有苍鹰和游隼，而游隼从来不会在乌鸦栖息的时候进行抓捕。它的行为演化得这么奇特是为了对抗这些威胁吗？要是这样的话，为什么它会觉得狗和人类是威胁呢？除非它害怕被枪击，这么说来，相比一只笨重的大鸟慢慢升空，迅速地低掠不容易成为目标。我的猜想是乌鸦们精明地猜到带着狗的人可能有枪，且对它们不怀好意，所以它们想出了摆脱危险的最佳方式。

# 丛林银莲花

在萌生林里，狗子们的墓地旁，丛林银莲花犹如满地落花，铺成了一地花毯。白色带点粉晕的花，在柔绿色羽状复叶的映衬下，于阳光下盛开，并跟着太阳在空中的轨迹从东到西转头，在夜晚或阴天则闭合起来。它是一种林荫植物，喜轻度遮阴，在萌生林常规修剪后透进来的阳光下开得最好。

丛林银莲花喜欢湿润一点的环境，它不是那种会长在大树下的植物，因为大树的根系会吸走所有水分。它门喜欢我们小小的萌生林，大概20年前我在那里种下了最早的8株，它们慢慢地蔓延成一大片花毯。"如果，"有一天萨拉说，"它能覆盖整片萌生林的地表，那会更棒。"这话半是心愿，半是嗔怪，暗示着我的"玩忽职守"和"偷懒"。事实上，它完全自力更生就已经很不错了，因为它们是众所周知扩张速度很慢的植物。它们的种子很少有可育的，因而它们是靠根系蔓延扩张，每年也就能增加约2.5厘米的覆盖直径。然而，这里的丛林银莲花的扩张速度几乎是正常情况的2倍，对此我们觉得实在是可喜可贺。一旦花期结束，叶子枯萎，这里就变得好像它们从来没有出现过似的。

它们开拓领地如此之慢，要是某个林子里有一大片丛林银莲花，那可是一个很有力的证明——这是一片历史悠久的树林，得有数百年历史。我们也能在岸边和一些草甸里发现丛林银莲花，而这样的草甸很可能曾经是树林，并在很久以前被砍伐一空。它的蔓延是慢吞吞的，因而它从已发生变化的栖息地"撤退"，也需要相对较长的一段时间。

它的花完全不产花蜜，但盛产花粉，我的蜜蜂们因此爱上了它们。食蚜蝇也喜欢丛林银莲花，但牲畜们都不会啃食它们，因为据说味道是苦的。由于它门对人体有毒，因此我选择不去验证这事儿。

## 奇特的鸣叫

跟往常一样，我早起第一件事就是出门遛狗。耐杰尔拖拖拉拉地走到亮处，耐莉则像是要插队似的挤到前面去。这是个清爽的早晨，流云飞驰，光仍在东方天际那里蓄势待发。

头顶传来一个奇怪的声音，有点像鸭叫，有点像海鸥叫，又有点像秃鼻乌鸦的叫声，那是两只游隼一边叫唤着一边飞过，而且飞得相当高。

当它们飞到我头顶时，一只继续朝西直飞，而另一只则转向南方，几乎是直角转弯——一个干脆利落的分飞。

两只雄鸟？它们看起来大小一样。其中一只会不会就是我几周前看到的那只？如果不是的话，到底有多少只游隼在这附近的天空中飞来飞去？我还在为能看到它们而震惊着，与它们的偶遇是一次震颤人心的惊鸿一瞥。要是这些美得令人醉心的鸟儿，突然变得跟渡鸦或鸢一样常见，那就枉费了我的一腔热忱。

在这转瞬即逝的春日清晨，这一声鸣叫奇特又尖锐。

# 山 地 矮 马

2013 年的春天是个残酷的春天。直到 3 月底，山坡上还覆着厚厚的积雪，花了好几周才化完。山谷里的田野还是一片焦干枯索，4 月之前树上完全没有丝毫长新叶的痕迹。

彼时正是产羔季节，还没被冻死的羊羔绝望地遭受着风霜摧残。寒风凛冽，温度降到零下两位数，持续数日。天气酷寒，土地冻得硬邦邦的，地上没草可以放牧。很多母羊被冻死了，乳房也冻硬了，而它们的羊羔还在挨饿。那是一个绝望的季节。

羊不是唯一遭罪的生物。雪慢慢融化之后，伤亡进一步呈现。直到那个月末，我才得以爬上边界高处，边上是一片开阔的山坡，我在那里发现了 2 匹死去的矮马，蜷缩着靠在篱笆下。它们都是白色的，身上沾满泥泞，又小又瘦，还不可避免地被冒犯了——被乌鸦啄走了眼睛，不过还没被狐狸碰过。

牧羊人习惯了面对死亡的动物，但碰到死去的矮马还是很震撼的，一方面是因为它个头太大了。而几米以内就有 2 匹，简直就像骇人听闻的犯罪现场。事实上，在那个艰难的春天，矮马的死亡变得司空见惯，实在令人胆寒。在接下去的那一周，我又发现了 2 匹。我的一个邻居说他在山坡上碰到过 9 匹。估计还有更多，十几甚至几十匹肯定有。

但这 2 匹让我颇为震惊，因为这 2 匹矮马很明显是竭尽全力走了很远。它们也许想要寻找遮风挡雨的地方以抵御严寒，也许想要寻觅食物。而我们的篱笆——我一直以来为了阻挡羊群和矮马闯入而不停修补的篱笆——阻挡了它们的进入。于是它们精疲力竭、饥寒交迫，直到靠着篱笆崩溃倒下，然后死去。

经过一个严冬的煎熬后，又来了这么一个倒春寒，矮马的数量也许会跌到低谷。而一系列官僚主义作为让形势变得更加糟糕。

威尔士山地矮马是一个独特的种。有证据表明它们和公元前 1600 年前曾在当地活动的史前凯尔特矮马有直接的血缘关系。因此，它们已经演化到能适应极其贫乏的草丛、灌木丛这样的环境，也能适应山地上最为严酷的冬季气候。只有那些年老的、病弱的、年幼的才可能因饥寒交迫而死去。

但后来山谷里的山地矮马被用作牲口，在陡峭的山坡上拉货车、拉雪橇，农民骑着它们去牧羊，或把羊群圈拢到一起剪羊毛、洗药浴。我们山谷对面的一个农民显然有一项非凡的技能——把完全野生的山地矮马驯服，然后卖马买地，挣得盆满钵满。大概 10 年前的一个春日，我跟着他一起沿着山谷小路下山，他赶着大约 10 匹矮马，要到一个约 1.6

千米外的特定场地。他赶矮马就像赶牛似的，但更温柔，马和人都十分放松、步调一致。

后来，到了 2001 年，口蹄疫暴发，肆虐全国。家畜的管制变得更为严格，把矮马赶到市场的注册费大概要 30 英镑。当牲畜的价格达上百英镑时，虽然让人肉痛但是也还能接受。但是，市价突然暴跌。卖马挣的钱还不够填补转运注册费，即使宰了卖马肉还得倒贴钱。

结果就是数百匹年老体衰的威尔士山地矮马被遗弃在山坡上，就像公路边被遗弃的圣诞礼物狗。但这些牲畜被精细的草料、丰茂的牧草喂养了一辈子，完全丧失了野生山地矮马的耐受能力。当 2012 年隆冬那场可怕的风雪狂暴来袭时，它们几乎没有生存机会。

一个月后，当我回去查看时，尸体已经被撕得只剩骨头了，到盛夏时节就会完全变成白骨。此前，它们经历了一场漫长而痛苦的死亡。

# 求 偶 的 鹭

这个时节，鹭正忙着求偶，确切地说，是雄鸟忙着找伴侣。昨天，有 2 只鹭从萌生林的一棵树里飞出来，叫得很大声。

现在，6 只鸳整天在花园里出没，显然是 3 对，或者说准 3 对，其中一只雌鸟明显比雄鸟大。雄鸟全程忙碌，叫唤着、追逐着、献殷勤，而雌鸟则高冷地冲上云霄。这跟我的年少时代一模一样……

四

月

# 熊　韭

4 月初，我总是会在一年只经过几次的一条路上稍稍绕个道。那是一条非常狭窄的路，两边的斜坡很陡，因此到了仲春时节，篱笆上、斜坡上生长的峨参会轻拂车身。在灿烂的 5 月大约有一周时间都会如此，就像给车洗了一个峨参浴。

但经过一个漫长寒冷的冬天，在黑山山脉的低坡上，万物始发，欧洲蕨还没长起来，草刚有一点绿意。这个时候熊韭那长矛般的叶子长出来了。这条路上有一段路两侧的坡上都是熊韭，我从路虎的车窗伸出手去揪了一把，于是车里充满了熊韭的气味。20 分钟内我就能到达厨房，从那仓促揪下的一把熊韭里拣出不可避免地混入的杂草，再切好，拌上油和海盐，做成味道浓郁的绿色韭味青酱，它就是一道美味的时令鲜肴。在接下来的一两周里，我还会回到那里采集更多熊韭，搭配意大利面、马铃薯、面包、鸡蛋，以及其他一切可以蘸、可以拌的东西吃。所有地中海风味的调料都被这位北方亲戚取而代之了，它比大蒜头早几个月收获，且更为鲜美，带着满满的扣人心弦的春天绿意。

随后熊韭植株会在长长的花茎上孕育出精美的白色花球，但在花园里种熊韭得小心，因为它们能侵占一切。我在台地花园的背阴面种过少许熊韭种球，用剪刀小心翼翼地采集后放在手工制作的浅筐里。尽管从后门出去 1 分钟就能小有收获，但每年春天我还是会经过那条遥远的山路，探身出去，在那个特别的地方揪一把熊韭。

# 水　獭

50 年前，一位比我年长许多的表亲带我去猎水獭。我们没抓到什么，但多塞特郡美丽的乡村春景、可爱的毛茸茸的奥达猎犬（水獭猎犬），以及第一次去酒吧的经历，至今令我记忆犹新。我还记得在那里喝了 1 品脱（约 570 毫升）的苦啤酒后，试图装出若无其事的样子。但是，良心的谴责大大掩盖了我试图摆出合适表情的焦虑感。

后来我终于见到了一些水獭，但都是匆匆一瞥，稀罕至极。1981 年，在一次去外赫布里底群岛的旅途中，我们看到了一只海獭肚皮朝天躺在岩石的阴影里，吃着螃蟹。然后又过了 10 年，就是搬到现在住的房子后不久，我在洗碗时看到河里似乎有只海豚。我后来终于想明白，那是露出水面的水獭背。几年后，有一天深夜，我驾车从一条小路回家，一只水獭突然在车前冒出来，在我前面蹦了大概 45 米，它弓着背，就像一只虎背熊腰的猫，然后滑进了小路边的沟渠里。萨拉有次从厨房的窗户望出去，看到了一大家子的水獭在房子旁的河边田地里玩耍。我们经常在遛狗的时候看到它们的粪便。

几年前，我还有一次非常规的近距离接触水獭的机会。那是在寒冷的 4 月，复活节当天，敞亮而清爽的清晨时光。我早起去农场查看牛群。就在到达海伊镇前，我注意到通往田野的栅栏门那里有具尸体。可悲的是，路边出现动物尸体并不罕见，但这一具有种特别又诡异的熟悉感。我停下来，倒回去，看到落霜的草丛里躺着一只成年水獭。

它身上没有碾压痕迹，眼睛睁着，嘴张着，表情略扭曲，因为尸僵，头抬着歪向一边，透着一种诡异的警惕。有那么一瞬，我不太确定它是不是真的死了。我知道被水獭攻击很可怕，于是慢慢地弯下身去摸它。它硬得像块石头，死得透透的。

碰到一只死水獭你会怎么做？当没看到？报告给相关部门？复活节早晨 7 点，这个时间该跟谁报告？于是我把它放到路虎的后备厢，打算后续报告给某个恰当的权威机构，但不确定到底该报给哪个机构。

我感觉震撼又神秘，如果这只水獭是被车撞死的，为什么没有明显的痕迹？为什么头还抬着？就水獭来说，它大得惊人，也很健康。死亡并没能让它逊色半分。宽阔的头上口鼻圆润，耳朵小小的，下巴和脖颈上的毛颜色浅一些，有白色斑点。前爪诡异得像人手，上面覆盖着短毛，指甲因长期挖掘变得圆钝粗短。它维持着一副随时准备开挖的姿势，后脚翻转露出长茧的肉质脚底。尾巴长长的，几乎跟身体一样长，庞大敦实的身体从上到下长满了浓密的棕色毛发。尽管处于尸僵状态，整个身体仍然光滑、优雅又充满力量。

第二天早上，我打电话给政府相关部门报告了这只死亡的水獭。但那天是公共假日，我被告知几天内都没有人手来处理它。当时我就说："会发臭的。"

最后，我们把尸体带到了花园旁的河边，把它推进了水里，并在河神带走它之前为它祈了个福。

# 归　来

4月5日。漫长而温暖的白天结束了，一轮几近圆满的月亮升起。我看到一只疲惫的小鸟在空中上下翻飞、滑翔。这是第一只家燕。认出来的那一瞬，我就像是在人群中看见了爱人一般心跳得厉害。

这一天快结束的时候，我又看到了一只，我被一种挚爱或旧友归来的感动淹没了。这位朋友将在接下来的5个月里与我共享我的花园。那是一种突如其来的幸福感，一种春天终于真正来临的感觉。

第一批归来的是零星的雄鸟，从史诗般的南非之旅归来，筋疲力尽、饿得半死，终于回到了离它们出生地几百米的地方。它们在空中划出弧形的曲线，与花园重修旧好，重拾对房子和窝棚细枝末节的熟悉感。

惊人的是，那约1.5万千米的长途往返之旅的幸存者甚少。至少一半的雏鸟在半路上死于饥饿或捕杀，没能在它们第一次迁徙中成功到达非洲。

如果它们能完成第一次旅行，那么在接下来的生存之旅中会有更高的存活概率，因为它们变得更强、更有经验了，25%的成鸟会死在每年的迁徙中，很少有能活过4年的。因此，它们的种群不会变得过度拥挤，每对配偶一个夏天会孵2～3窝，每窝4～5只雏鸟。

在北方处于冬季时，我曾去过几次南非，看到那些沉浸在丰沛阳光和充足食物里的家燕，心想有没有一只是从我的花园长途跋涉而来的？它们能否成功完成那非凡的旅行，在春天的时候重返故里？

归来的鸟儿安静地进食、休憩。接下来，大概过了一周，等那些雌鸟加入进来后，雄鸟们那啁啾不绝、叽叽喳喳、嗡嗡嘤嘤的尖声细叫在天亮前就开始了，并且一整天都不停歇。

家燕的这些声音和在空中的繁忙情影，跟所有植物一样，对夏季的花园来说，都至关重要。

然后它们筑了巢，在洞穴般凉爽阴暗的工具棚里抚育至少2窝雏鸟。它们每天要在两扇门和中间的盆栽棚之间嗖嗖来回上百遍。摄影工作人员并不会成为它们的阻碍，只不过是在它们穿进穿出时多了几个需要绕弯躲避的障碍物。

我总是通过观察它们在空中的飞行高度来预测第二天的天气，因为它们总在追逐昆虫，而昆虫是根据气压飞高或飞低的。所以当家燕高飞时，第二天天气晴好的可能性就很高，而当它们在距离地面约20厘米以内的高度俯冲，以惊人的敏捷身姿啄食昆虫时，气压就是低的，那么接下来很可能会下雨。

# 蒲 公 英

4月里，干旱的一周开始了，我在遍地羊群的田野里遛狗散步，看到数百朵金黄色的蒲公英花盛开在温暖的春日阳光下。我看不到花茎，花朵像是直接浮在田野上，形成一汪波光闪闪的亮黄色小湖泊。

蒲公英即使被齐根弄断，不管是羊群啃的还是割草机割的，仍能蓬勃萌发。如果说杂草是一种能比其他大部分植物更好更快地适应恶劣环境的植物，那么蒲公英这种能从经常性的"砍头"中恢复并再度繁茂的能力，让它称得上是超级杂草。草坪割得越短，蒲公英的叶子就能获得越多的阳光，从而长得更壮。当然如果割得太频繁的话，它就不能结种子了。但是它那扎得很深的主根、宽阔的莲座叶以及长达10年的寿命，意味着它"等得起"，当环境合适时还能迅速开花，而且从孕育花朵到结出成熟的种子约只需10天。

蒲公英的花朵在早晨的阳光中打开，几天后闭合起来。在闭合的花序里种子开始发育，花茎越来越长，把蓬松的种子"球絮"高高撑起，方便微风捕获，带着它们四处飘散。

我们前一所房子就在东面约30千米处，坐落在山坡上，门口有一片草甸从房前花园铺陈而下。5月的时候，草甸里成千上万朵蒲公英闪烁着一片金黄。我有张大儿子（他现在已是一位父亲）2岁时的照片，他双手捧着一枝蒲公英在吹它的种子。画面温馨万分，当然是因为他是我小小的可爱的儿子，也因为小孩子吹着丝絮般的蒲公英种子的画面已经成为一个全民共同的集体记忆，哪怕自己的孩子并未吹过蒲公英的种子。

# 一位英俊的访客

4月10日。从厨房窗口望出去，我注意到鸟食台上有一只不太寻常（对我们来说）的鸟。看到炭黑色的头部，我以为是一只黑顶林莺，但黑色的前胸和栗色带黑纹的背羽使它看起来更像一只羽衣华丽、拖了一条长尾巴的家麻雀。最后我发现那是一只雄性芦鹀。我以前从没认出来过。不知道是不是隔壁的油菜花田吸引了它，据说它们喜欢在油菜花田里筑巢。也许这种低洼的湿地环境里有很多芦鹀，只是它们很少在花园里出现，对此我不太确定，持怀疑态度。它是一只英俊的鸟儿。

# 黄花九轮草

花园和农场间的那条路往上走几千米是个十字路口。在4月灿烂的那几周里，我走到那里停下来左右看看，两边覆满了黄花九轮草。黄花九轮草跟报春花有亲缘关系，但在关键的几点上有区别。首先，黄花九轮草不长在萌生林间，而是长在向阳、开阔的地带，因此这片朝南的边坡上才会长满这种花。也许它们是最适应白垩土丘陵地带的植物，这正是我从小生长的乡村环境。我觉得如果说报春花是林荫地里的"阳"，那么黄花九轮草就是旷野里的"阴"。

黄花九轮草曾经非常常见，其实在我年轻的时候，它们引人瞩目的点在于可爱，而不是少见。如今，它们已经有了复兴的迹象，但主要问题是缺乏栖息地，特别是古老的草场已被开发为耕地了。诚然，除草剂的使用也是导致灾难性减少的原因之一。现在，除草剂的使用大大减少，所以路边，尤其是公路和新开发的大型公路边，黄花九轮草正卷土重来，这还要感谢优秀但其作用常被低估的种植规划和绿化管理机构。然而，对小路边植被执着但完全不必要的清理导致黄花九轮草和其他很多春季开花植物在结籽前就被清理掉，于是它们便被逐渐清除了。

虽说空旷的白垩土丘陵地带是它们理想的栖息地，但只要土壤酸性不太强，它们也能在树林中、草甸和路边蓬勃生长。25年前，我在萌生林边上种了50棵黄花九轮草。后来树木长起来了，虽然投下的树荫对黄花九轮草来说过于浓密，但它们还在继续生长。不过很多黄花九轮草和报春花杂交了，它们之间很容易杂交，产生出了伪牛唇报春，看起来就像是报春花开在了黄花九轮草的茎上，非常漂亮。

黄花九轮草是多年生的，要是环境合适，能活几十年。种子掉落后，小苗很快就能在离母株附近萌发出来，所以它们成片成簇地扩张，并在重力作用下顺坡而下，蔓延开来。

黄花九轮草是橙红斑蚬蝶幼虫的食源植物，但我猜它可能不是我们这里的这种黄花九轮草。在我们这里，我从来没见过橙红斑蚬蝶幼虫，再往南一点也许有。

# 蛞　蝓

你鼓励人们打造野生生物友好型花园时，难免会落入所谓"好"的野生生物和"有害"（我太恨这个标签了！）野生生物划分的套路中。而"有害"野生生物就无法融入一个人们想象中小鸟吱吱叫、鸽子咕咕叫、蜜蜂嗡嗡嗡的温馨花园。如果说蜜蜂、刺猬和鸣禽位列自然界"受欢迎生物榜单"之前列，那么躺在"不能忍生物榜单"榜底的就是蛞蝓了。它们能唤起园丁们内心深处一种发自肺腑的、小火慢熬般的憎恨。往好了说，它们是另一种挑战；往坏处想，它们的存在就是在破坏人们精心制订的园艺规划。

但蛞蝓在处理植物废弃物上功效卓著，它们也是堆肥处理的重要一员。问题在于它们不会区分落叶和美味的幼苗，两者会同样落入它们那拥有 2 万多颗牙齿的嘴里。

蜗牛大多生活在地面上的角落里、裂缝中，跟蜗牛不一样的是，蛞蝓（其实就是演化到能脱壳存活的蜗牛）大多生活在土里，只在晚上出来吃娇嫩的幼苗，也吃地下的根茎。

虽说英国有超过 30 种蛞蝓，但在花园里主要有 4 种，最大的并不一定是破坏力最强的。布达佩斯蛞蝓虽然小，却可能是问题最大的。它一身黑，沿着脊背有一条细细的橙线，它一生中大部分时间生活在地下，以根茎作物为食，但到地面上来时则什么都吃。

庭院蛞蝓一身亮黑色，腹部为橙色，它的绝技是能把菜豆类植物齐根吃光，把马铃薯吃得全是窟窿。网纹野蛞蝓什么都吃，一年可以繁殖 3 代，总计达 200 个卵。蛞蝓卵能够休眠数年，等到环境适合时再孵化。豹纹蛞蝓很大，常带斑点（但在林间生活的豹纹蛞蝓斑点不多），靠真菌和腐烂的植物（偶尔也靠其他蛞蝓）为生，因此益处远大于害处。

最后，黑蛞蝓虽然名字里有个"黑"字，其实什么颜色的都有，它在蛞蝓界是个庞然大物，能长到大约 20 厘米长，却是所有蛞蝓里面最无害的。

寻求和蛞蝓共存远比浪费时间和精力试图消灭它们要好得多，更何况这种尝试无论如何都是注定要失败的。我们所能看到的蛞蝓只是总数里很少的一部分。蛞蝓密度一般可达每平方米 60 条，甚至更多，这让任何试图控制蛞蝓数量的行为都会成为笑柄。

蛞蝓药对刺猬、鸟类和狗子都是有毒性的，千万不要用。用啤酒制作诱杀蛞蝓的陷阱有用，但作用有限，而且看起来很丑。沙砾、毛发和蛋壳等物的铺面有点用，但也只是限制了蛞蝓的活动范围，并不能彻底阻止它们。

我试图跟蛞蝓共存，策略有三。第一，设置一个无蛞蝓的种植区，在那里培育娇嫩的幼苗，每天巡查。第二，种那些健壮的、不太容易被蛞蝓攻击的植物。第三，吸引大量蛞蝓的自然天敌，比如鸟类、甲虫、青蛙和刺猬，它们能比我更好地胜任控制蛞蝓数量这项工作。

## "篱笆旁的杰克"

葱芥是集数十个民间俗名于一身的野花之一，其中包括"篱笆旁的杰克"。你能看到它们在路边坡上、篱笆下以及林间树下长成花毯。它的叶子略像荨麻叶，但锯齿没那么深，而且完全不蜇人，叶子沿茎秆向上有序排列着，层层叠叠、姿态优雅，亮白色的花开在顶上，挺立在叶丛中。如此看来它非常赏心悦目，不过它的重点在于食用价值，算不上出名，味道稍带蒜味。生吃或煮熟都好吃，也能做意式青酱或其他调味酱。

葱芥是十字花科植物，因此也略带一点芥末风味。它是一种二年生植物，花在第二年春天开。它是红襟粉蝶的主要食源。红襟粉蝶是菜粉蝶的近亲，跟菜粉蝶一样也是以十字花科植物为食。

# 黑 顶 林 莺

4月10日。这天早上，我路过珠宝花园[1]时，听到一阵特别甜美悦耳的歌声穿过花园，比欧亚鸲的更宜人，比鹪鹩的更响亮动听，没有乌鸫或其他鸫科鸟儿那么悠扬但更为活泼。最终，我在一棵大果榛的树枝间找到了这位歌者。那是一只雄性黑顶林莺，头戴一顶乌黑的贝雷帽，身体呈淡灰色，还没家麻雀大。这只小小的鸟儿唱出了一首响亮的曲子。在花园里，比起看到黑顶林莺的身影，听到它们声音的次数要多得多，这小小的鸟儿隐藏在乔木高处的枝叶中，声音激昂传出，如同一只在白天唱歌的新疆歌鸲[2]。它是一种林鸟，

---

[1] 珠宝花园（Jewel Garden）是作者花园中的一个小花园，因作者以前做过珠宝生意而得名。——编者注

[2] 新疆歌鸲，俗名夜莺。——译者注

所以花园里乔木和灌木越多，黑顶林莺前来拜访的可能性就越大，甚至可能会在花园里筑巢。

雄鸟头顶有黑色的小"假发"，雌鸟的"假发"则是棕栗色的，而且跟很多鸟类的雌鸟一样，不唱歌。

黑顶林莺是莺科鸟类，属于夏季候鸟。我们这里的冬季变得温暖了，很多鸟类似乎最远也就迁徙到英国南部，而不是像正常冬季那样去非洲北部和南欧的老家过冬。事实上，从德国阿尔卑斯山区和奥地利来我们这里过冬的黑顶林莺越来越多了。

这些冬季移民带来了一个不寻常的副作用。黑顶林莺跟鸫科鸟类一样，是少数几种会吃白果槲寄生浆果的鸟儿。但鸫科鸟类会把种子排泄出去，而黑顶林莺通常会把喙上沾的种子擦掉，因而种子经常卡到树皮缝隙里，导致白果槲寄生大规模繁殖。

当冬季天气非常恶劣，持续几天风雪交加时（这种情况好些年没发生了），我们会在厨房窗外的鸟食台上看到黑顶林莺，雄鸟雌鸟都有，但天气晴好时则从来不会看到。这就说明它们并不是飞去了南边，而是找到了足够的食物，不需要依赖我们提供的"每日自助餐"。它们在自然界中的日常食谱基本上是昆虫和浆果，而不是种子和油脂，但实际情况表明，随着过去十几年来人们放在室外的鸟食大大增多，它们也很快适应了。

雄鸟会一边像唱歌剧般鸣叫着，一边三心二意地搭几个窝诱惑雌鸟，雌鸟被吸引后会继续搭建这个窝，筑成一个整洁的杯形草窝，内衬苔藓、羽毛和绒毛。鸟蛋孵化大约需要12天，然后大约再过2周雏鸟羽翼初丰，不过必要的话，雏鸟也能在孵化1周后就离巢。由于整个孵化和生长周期短，它们一个夏天常常能孵2窝。

一周后，电工在为《园艺世界》节目的摄像机布线，这样就可以进行现场无工作人员的拍摄，我被隔离出花园坐在房间里"关禁闭"，鸟鸣声响起，从敞开的窗户飘进来。黑顶林莺那逐渐升高的摩擦音在那些特别的日子里鸣响着。

## 欧洲红豆杉造型树里的清晨谋杀案

4月13日，我拉窗帘时看到几片羽毛和扭打扑腾的棕色翅膀。那是一只雀鹰正从某棵修剪成圆锥形的欧洲红豆杉里抓一只鸟，它们盘旋绕过另一棵，又在另外两棵间右转，随后从我的视野里消失了——一切发生在瞬息间。我的脑子还在努力搞清楚看到的这一幕到底是怎么回事，就只剩几根羽毛轻盈地飘落到下面的草丛里。我走了出去，悄悄地沿着小径靠近，期盼鸟儿还在那里正试图掩盖它犯下的谋杀案。然而什么都没有，没有它的踪迹，一根羽毛都没。

正当我松了口气准备转身回去，一阵振翅声从身后的冬青树篱中响起，雀鹰冲了出来（通体棕色的雌鸟），离我触手可及，把我当成树桩或圆锥形欧洲红豆杉绕了一圈后飞走了。在树篱底下，我看到了一只被吃了一半的乌鸫。

太刺激了！这一切发生在早晨 7 点前。


## 獾 的 踪 迹

有一扇大门，穿过它再跨过一条溪流，便可通往一片田野。每次我经过时这扇门总是被卡住，而每次我都下定决心要修好它。就这么下了 8 年的决心。这就是那扇"卡门"，估计得一直卡到门柱子烂掉。正因为它总是卡住，每当我提溜着门摇晃着试图打开它时，狗子们总是不耐烦地在一边站着，于是我便注意到底下亮绿色的矮草丛里，有一道狭长的乱糟糟的踩踏痕迹。痕迹从门底下开始，弯弯曲曲地延伸到田野里，又扭扭歪歪地延伸到篱笆边便消失了。最后我打开了门，看到溪流边篱笆下有道残留的沟槽，电线圈倒钩上挂着一些刚毛。

这条带沟槽的狭长轨迹引我来到了幽谷，溪流两侧是林木葱葱的斜坡堤岸。树木汁液正丰沛，灰光熠熠里略透着一点粉调，但丝毫没有树叶的痕迹，足足落后了花园10天。花园每天都有绿意萌发，但这里的蓝铃花叶子已经很浓密了，但要等到一个月后才会开花。虽然尚没有蓝铃花，但已有大量的堇菜，如同蓝色的小星星，不是成簇成簇的，而是在整片地面上星星点点地点缀着。我们不怎么来这里，一方面是因为这里用篱笆隔着以防止羊群、牛群进来，另一方面是因为这里也不通向别的地方。这里跟农场附近好些地方一样，没做什么特别的规划，就任由它自然生长。我们可以把这叫作回归自然，但这么说就有点煞有介事了，不过就是随它去罢了。

这可能就是獾把这里当成它的专用道的原因——我觉得应该是獾。随后我来到了一小片林中空地，证明了我的推断是对的。因为那里有一片区域，大概9米见方，都被碾平了，上面坑坑洼洼的都是洞和草堆。每一个洞里面都有好大一坨獾的粪便。这里是獾的卫生间。我第一个念头不是觉得有趣，而是想着得阻止狗子们在上面打滚，因为对一般狗子来说，再没有比獾的粪便更有诱惑力的东西了。

狗子们稳稳地克制住了，有趣。有一个专门的厕所是獾的独特标志，而这个算是我见过的最大的一个。据我猜测，这里离最近的獾穴应该有点距离，这就意味着这里也许就位于这些特立独行的獾的领地边界，獾的卫生间也起着威慑其他獾的作用。

我又沿着那条轨迹折回山上了，穿过溪流，踏上了另一边的堤岸，沿着那边的田野边缘过去，然后在篱笆下面发现了更多脏兮兮的白毛挂在最底下的电线圈倒钩上。狗子们兴奋得蹦跶起来，但耐杰尔显然不为所动，它从另一个大门后的另一片田野边上横穿过去，然后不见了，消失得无影无踪。我花了20分钟在那片田野上来回搜寻獾的踪迹，巴望自己能突然发现踏平的草丛、踩平的泥土或是爪印之类的蛛丝马迹，但是什么也没有。

农场里一直有獾，3个显眼的獾穴残留就是明证，虽说我们从没在某一个洞穴里面看到过獾。我猜獾的痕迹是下山时留下的，它们也许是去了谷底那边水草更丰沛的地方，但也可能是上山来拜访时搞出来的，它们在这里排便、溜达、进食，然后回到毗邻的低地里的家。狗子们似乎对那条轨迹里獾的气味不感兴趣。也许对它们来说太过明显，它们的鼻子闻到这些可能就像人类看到了黑体加粗的"獾用公路"的牌子。也许痕迹实际上出现在这里的时间比看起来的还要早一点。

大量"也许"和"不知道"充斥其中。但我有的是时间，拥有一片土地的优越之处是可以等着瞧，让故事以它们自己的节奏在我面前展开。

# 鹅

4 月 19 日，田野里有鹅，雌鹅（可能是雌的）卧着，雄鹅站岗。当我和狗子们靠近时，雄鹅激动得大叫起来。我在想这对儿在一起多久了，我知道鹅是终身伴侣制，而且能活 10 ~ 20 年，甚至 30 年。我把狗子带得远远的，但鹅群完全不打算放过我们，跑过来冲我们大喊大叫，被惹恼的跑过来惹人恼。虽说鹅是驯化的家禽，但没人能悄悄靠近它们，它们是又蛮横又骄傲的生物。

在本地农场里，鹅都是农场主的妻子养着的，一般养到圣诞节期间出售。农场主妻子和家里其他女性负责拔毛，以及收卖鹅的钱。我还记得小时候我们家养了鹅，令我记忆犹新的是，一个霜降天的早晨，我从卧室窗户望出去，看到父亲带着 2 只死鹅走进花园，它们那长长的脖子分别垂在父亲的双臂上。它们已经在车库里被拔过毛，用取暖器烘着拔的，这样能让鹅的身体保持温暖，使毛更容易拔，而地板上则落了厚厚一层鹅绒。

# 多年生山靛

当树叶开始从光秃秃的树枝上冒出来时，多年生山靛也从篱笆底下冒了出来，点缀着山谷里的小径。幽谷里水青冈树下、欧梣树下，以及第二次世界大战以来都没修剪过的、生长过于旺盛的榛树林里都长满了多年生山靛。

多年生山靛在自然生境里很常见，它们很霸道，靠地下根茎进行扩张，尤其是在遮阴地，但它们的存在也是古林地历史悠久的可靠证明。它对牲畜和人类都有毒，牲畜会避开它们，虽说你可能辨认不了它，不过一旦碰到，它那独特的令人不快的气味足以阻止你去吃它。

很多林荫植物都有毒，这本身也算是其典型特征。蓝铃花和丛林银莲花也一样对牲畜有威胁。对我们的农场来说，这不算是特别要紧，因为我们竭尽全力让羊群远离林地。但在威尔士，丛林牧场直到20世纪都很普遍且重要。不管是农民还是动物都得知道哪些植物是有毒的，哪些是有害的。

虽然人类、牛群和羊群都会尽可能地避免接触多年生山靛，但丘鹬喜欢在白天时躺在它下面。多年生山靛的雌株（它是雌雄异株的）上那小小的绿花会孕育出鸟类和小型哺乳动物爱吃的种子。将多年生山靛煎药可以用来治疗疣，其叶和茎能做成一种非常棒的靛蓝色染料。然而，这种染料有一个很大的缺陷，就是很难固色，跟酸性物质接触后会变红，跟碱性物质接触后会褪色。

# 毛 脚 燕

　　毛脚燕和家燕是一枚硬币的两个面。如果说家燕是诗，那么毛脚燕就是妙趣横生的散文。家燕代表着优雅，而毛脚燕则像杂技演员或高空走钢丝的演员。家燕的离去破碎了你的心，而毛脚燕则在逗留的每一天里给你带来笑容。

　　二者对我来说总是不可避免地搅和在一起，就像它们一直在花园上空那样。然而在农场上空就没有这样的景象，农场里没什么毛脚燕，除了偶尔拜访的几只。由于某些原因，毛脚燕不在我们农场的房子或谷仓外筑巢，而家燕就常在几个棚子和牛栏里筑巢。

　　每年先返巢的总是家燕，毛脚燕至少要晚2周才到，有时候要晚1个月。虽说粗看起来二者十分相像，但仔细观察就能发现它们的区别。毛脚燕要稍小一点，矮壮一点，尾巴和翅膀短一点，背部呈深海蓝色，腹部呈白色；而家燕的尾巴长一点，羽毛的蓝色浅一点，喉部有独特的红斑块。

　　它们的飞行模式也很不一样。家燕按弧线飞翔，爱在空中盘旋，活动范围更大，会在空中划出精巧且复杂的活动曲线。毛脚燕的飞行范围要小一些，猛扑突飞，俯冲急降，一次次地重返同一个空中区域直到把这一片的昆虫都消灭光，然后再换一个区域。夏末时节，一次会有多达50只毛脚燕一起参与这样的活动，还会有一窝甚至两窝雏鸟跟着成鸟一起捕虫，同时成鸟还要饲喂第三窝雏鸟。

但在4月，毛脚燕只是三三两两地出现，零零星星，重返去年的老巢。虽说就在房子南面的窗户上一直有一两个鸟巢，它们大部分时间却总是出现在房子东面和北面。它们会修复老巢，也会用泥土筑新巢，它们能在不中断飞行的情况下急速下降从水坑里啄泥。它们通常要啄上千次泥，往返筑巢点上千次，才能筑好一个巢，这实在是一项壮举。要是春天特别干旱的话，那筑新巢就会出问题，因此人为破坏那些可能会被再次使用的旧巢（有些人觉得旧巢"脏"或不整洁）实在是一种恶劣的行为。

我现在用于写作的房间的窗户正好位于香草花园上方，在窗框外上方几厘米的地方就有燕巢，这就意味着从5月到9月中旬，为了不打扰到鸟儿们，我都不能开窗。这一点小小代价值得付出。事实上，夏季我唯一一次打开窗户是为了让一只家燕飞出去，它从楼下的门口飞进来，飞到了楼上，顺着楼梯口进了由啤酒花干燥室改造成的工作室。

整个夏天，我每天都能看到家燕飞进飞出，但很少看到毛脚燕。这是因为家燕会本能地寻找洞穴筑巢或栖息，而我家通往花园的门在夏天都是敞开的，显然看起来很像洞穴。但毛脚燕更喜欢待在建筑物外面或岩壁表面，以躲避潜在的危险。

我生活中最大的乐趣之一，就是在破晓时分观看卧室窗外筑巢的毛脚燕叽叽喳喳的一派喧闹景象。初升的太阳勾画出它们不断飞掠回巢的剪影，迎接它们的是雏鸟们叽叽喳喳的叫声，随后它们又俯冲离巢继续一波又一波地投喂。

有家燕和毛脚燕的时节，夏季花园上空总是一派繁忙景象。除了狂风暴雨的时候，我总能看见有数十只鸟儿在捕食。它们有时候因为追捕昆虫飞得很高几乎看不见了，有时候就在我头顶约 30 厘米处。因为我已经习惯了它们的存在，一旦它们离开总让人空落落的，有些伤怀。

在花园上空，毛脚燕唯一的天敌是燕隼。我承认，我陷入了天人交战，既希望看到更多燕隼在花园上空捕猎，又希望漂亮的小毛脚燕能够安然无恙。总而言之，每次都是敏锐且稀罕的燕隼赢了，自然的选择更为残酷。

毛脚燕的数量在减少，一方面是因为现代房屋不太适合它们筑巢，另一方面是因为它们遭到了杀虫剂的大肆摧残。它们主要以飞蚜为食，飞蚜越多，它们的数量也就越多，它们第二窝雏鸟的孵化率也就越高，孵化第三窝的可能性也就越大。

曾经，我不明白为什么不管是在繁殖季节还是在往南迁徙的时节，毛脚燕都会如此目标明确地聚集到这个花园的上空，现在我知道了。事实上这里是它们的一个"服务站"——一个它们可以"加油"和停靠的地方。

最后，关于毛脚燕，我还有一个大秘密。虽然这些鸟儿是在此安家，与我们如此熟悉亲密，几乎可以说是我们家庭的成员，但让人震惊的是，我们不知道它们去哪里过冬，只知道是在非洲的某个地方，就这么多。我们没有像对其他候鸟做的那样，跟踪、记录其迁徙路径。所以，我们也不知道毛脚燕是如何到达那些无名之地的。有人猜测，它们冬天大部分时间是在雨林地带以北的高海拔地区觅食的，因此很少有人能见到，但这也只是纯粹的猜测而已。

## 大戟属植物

扁桃叶大戟是一种常见的园艺植物，以至于人们很容易忘了它其实是一种本土野花。就如它的英文名 wood spurge（直译即"树林大戟"）所示，它生长在阔叶林，尤其是萌生林里。每次大修剪后，光线大量涌入林间，它就开始生长，等树冠生长起来遮天蔽日后，它的生长速度就放缓了。它是一种俊美的植物，黄绿色的花和其他大戟属植物的一样，没有花瓣也没有萼片，非常微小，被苞片包裹着，像裹在拉夫领①或硬领里似的。扁桃叶大戟开花后是由飞虫授粉，花色有绿色到荧光绿的变化，是当仁不让的花园宠儿，不过我还是尽可能地把它种到乔木或灌木底下，像它们自然生长的那样，伴着蓝铃花、报春花、银莲花等林荫开花植物，视觉效果会更棒。

它的花和苞片是淡褐尺蛾幼虫的主要食物来源。幼虫化蛹后食谱就变了，改成以蓟属植物为食。淡褐尺蛾非常罕见，我一只都没见过。但我知道它在蒙茅斯郡出现过，而农场就在这个郡里，紧挨着边界，这就意味着或许有一天我能看到淡褐尺蛾。

续随子在花园里会随处冒出来，光秆一根，像巨型的石刁柏（俗名芦笋）。它能长到 1.2 ~ 1.5 米高，叶子规则地成直角贴秆生长。孤零零的茎顶长出一对花茎，就像日式折纸绿色调的花裹着山柑似的果子，这正是它名字的由来。②

---

①拉夫领，一种伊丽莎白时期流行的古典领子式样。——译者注
②续随子的英文名是 caper spurge，直译即"山柑大戟"。——译者注

它能驱逐鼹鼠的名声由来已久，我郑重地切下它的枝条放到鼹鼠洞里，但没什么明显的效果。假如鼹鼠不喜欢它，它们只要随便跑到别的地方再挖一个鼹鼠丘就是了。

## 工具棚里的乌鸫

我的工具棚里有一个乌鸫巢。准确地说，有两只乌鸫在挂在工具棚里的橡胶耙钉上筑了个巢。巢以后面的墙为支撑，以橡胶耙齿为框架。

因为没有直接进入工具棚的入口，这两只鸟要飞到巢里饲喂雏鸟，就得先飞过盆栽育苗棚，再在门廊边直角转弯才能到达里面的工具棚。当我们在盆栽育苗棚里拍摄时，灯光、摄像机、监控设备、线缆，再加上三四个工作人员一起挤在摄像机后面，另外还有几个人在工具棚里。然而，鸟儿们照样飞进掠出，闪避着穿梭其中，几乎撞上我们。这场景并没有吓到它们，反而惹恼了它们。显然，它们几乎不怎么害怕人类，筑巢地点的选择只为最大限度地保证安全、避开鹰和隼，也许还有地头蛇——猫。

最后我把鸟巢边窗户板上装着的有机玻璃去掉了，这就意味着它们现在可以从木板条间溜进来直达鸟巢，同时木板还能保护它们免遭天敌袭击。但发现这条更便捷的新入口花了它们不少时间，尽管原先那条路线那么复杂，它们还是沿用了好些天。

# 蝾　　螈

蝾螈向来以"官威大"闻名。因为大冠蝾螈的存在，所以为了不破坏它们的栖息地，高速公路、商城、全景式扩建厨房以及住宅房产等项目都可能因此被削减或延期。其实，全国各地曾经有很多小水池和沟渠，它们当时并不罕见，但如今分布范围严重缩小了，因此人们才会专门为它们提供如此极端的保护措施。事实上，无论什么地方，要是有蝾螈，那肯定有很多，但因为它们需要水源，所以分布总是受限。

大冠蝾螈是英国能看到的最大的蝾螈，它能长到约15厘米长。皮肤上有疣状突起物，尽管名叫大冠蝾螈，雌性身上并没有冠，只有雄性会在春季长出2个冠，一个在背上，另一个在尾巴上。跟蟾蜍一样，它们身上的疣状物能分泌毒素，因此不容易被捕食。冬天的时候它们在陆地上冬眠，到了繁殖季后便会转移到水中。

我们的池塘是在8年前建的，除了一系列植物没再塞进别的东西。青蛙和水甲虫很快入驻，蜻蜓掠过水面，鸟儿们在水中洗浴，蝙蝠以"之"字形的路线俯冲下来捕捉水面上聚成团的昆虫。但据我所知，这里面并没有蝾螈。过了几年，我开始清理藻类，把湿漉漉的绿植捞出并堆放到池塘边的石头上，这样那些爬虫类生物就能在我完成清理前爬回水里去，当时有一只既像蜥蜴又像蝌蚪的东西（像微缩版的短吻鳄）爬进水里去了，后面还跟着好几只。那就是蝾螈，这是我第一次在池塘里注意到它们。如今，它们的数量已经很多了。

那是欧洲滑蝾，一种常见的蝾螈。

它们是棕色的，繁殖季节会在背上长出一条波浪形的冠，给自己增添魅力。它们的幼体先长前腿，再长后腿（蝌蚪正好相反），是很多鱼类钟爱的食物。一旦生长成熟后，它们会离开水体住到陆地上的潮湿地带。蝾螈是肉食性的，它们抓到什么吃什么，通常在水里的时候吃蝌蚪、蠕虫、虾和昆虫，到陆地上时吃蠕虫和蛞蝓。


# 野 芝 麻

沿着篱笆边的小草地上生长着短柄野芝麻，明亮鲜嫩得像块美味布丁，只是颜色是绿、白的。它们虽然长得很像荨麻，但其实跟荨麻没有亲属关系，也不蜇人（这就是它叫"死荨麻"的由来）[1]，这让它们带上了点欢快的气质，是那些会蜇人的相似者不可能拥有的气质。

白色带绿晕（这配色在什么花上都好看）的花长成了花瓣拉夫领，层层有序地往上生长，花朵下方的下唇瓣悬垂着，这是熊蜂和其他授粉者的悬停平台。授粉者们从花的基部吮吸花蜜，一朵接一朵，深深钻入内部。我还记得孩童时期，姐姐带我看过这一幕，她还信誓旦旦地告诉我能尝到香甜的花蜜，事实上就只有一丝淡淡的花的味道。虽然我不想，但还是让告诉我这个秘密的姐姐失望了。

跟异株荨麻一样，短柄野芝麻的花和叶也都可以食用。但不一样的是，短柄野芝麻既可以拌沙拉生吃，也可以煮熟了吃。

还有一种开红色花的叫大苞野芝麻，其实是柔粉色而不是红色的。它在旷野里长得更多，更具杂草属性，而短柄野芝麻则是一种真正的林缘植物。

---

[1]短柄野芝麻的英文俗名是 white dead-nettle，直译即"白色的死荨麻"。——译者注

四月

# 蒲苇莺

通常，当天气温暖到能把天竺葵放到室外时，我们就停止给鸟儿投喂了。虽然还会有一些霜冻风险，但已经足够温暖了，4月初（复活节前后）正合适。这个转变并不是由时间决定的，而是空间。后院放天竺葵的石桌在冬天是鸟食台。4月，我们把鸟食台上的原木桩和被风吹日晒雨打过的树枝全部扫到地上清理掉，就像饱餐一顿后抖抖桌布把碎屑抖掉，然后重新摆上准备下一餐。

但今年我们推迟了这个转变。这就意味着各种各样我们此前从没见过的夏季候鸟都来觅食了，比如黑顶林莺、鸱类，而今天来了一只蒲苇莺。

我们立即发现了这只不寻常的鸟，但没有立刻认出来。粗粗一看就是只棕色的小东西，身体是漂亮的栗色，翅膀和背羽有黑色纹理（像芦鹀），浅色的头部，细细的鸟喙，每只眼睛上方有一道非常显眼的浅报春花黄的条纹。它的下腹是浅米色的，尾巴长长的，边缘有醒目的白色条纹，有点像云雀。

从另一方面来说，蒲苇莺和云雀很像，喜欢边鸣唱边飞翔，笔直飞高，然后鸣叫着飞远，再展开双翼盘旋而下。它的歌声，不管是在飞行中还是在芦苇荡里（这是它名字的由来），都非常嘹亮、丰富多变，似乎是在炫技。其中很多变化源于它能模仿其他鸟类的叫声，并将之糅合改编后变成自己的。这样的混编曲子从来不是一个个音符的简单重复，每次它开口，呈现的都是即兴的、独一无二的、从不重复的曲调。它的歌曲只是为了吸引配偶，并没有宣告捍卫领地的功能。所以一旦成功获得一位配偶（歌曲越长、变化越多，它作为潜在繁衍对象的魅力也就越大），雄鸟就彻底停止歌唱。少数想多结交一位配偶的雄鸟，一般会在第一位配偶开始在巢中下蛋之后继续歌唱。蒲苇莺的巢是由草、花茎、毛发和蛛网编织而成，通常搭在芦苇上靠近地面的地方。

这种迷你小鸟体重约 7 克，几乎是从撒哈拉以南的非洲径直飞到了我的花园——全程 3000 多千米，它们不眠不休地飞了 3 天半到 4 天。

其实这只蒲苇莺并不是来花园的，而是去花园篱笆后那个潮湿、洪水泛滥的低地。夏天的几个月里，那里像干旱的农田，但其实是池塘。附近当然有河流、小溪和沟渠，足够让蒲苇莺在干旱的夏季也有宾至如归的感觉。

# 朱　草[①]

冬沫草有着非常可爱、明快的亮蓝色小花朵，星星点点的。但它总被当作候补选手或暖场演员——一个摇摆在野花和杂草之间的角色。

在某些地方，它无疑越了界，变得很有侵略性，即便齐根割断，它那深深的主根依然能重新萌发，这就让它变得很难控制。

虽然我十分欢迎它来到我的花园，但它却只是倚着墙或篱笆零星地冒出来。我希望它能再扩张些，但它更喜欢偏干的碱性土。

其实它不是本土植物，而是来自西班牙，主要是作为一种染料作物引进的。虽说它有着深绿的叶片和深蓝色的花，但让人惊讶的是，从它的根里提取出来的染料是红色的。它过去经常被种在修道院里，如今还能偶尔在修道院遗址发现它们，如同从宗教改革前的时代游荡至今的幽灵。朱草（alkanet）这个名字来自阿拉伯语 henna（al-hannat），而冬沫草的红色比散沫草的要淡一些。

---

①朱草是散沫草属、冬沫草属、牛舌草属等几个属的植物的统称，它们的外
　形相似。——译者注

冬沫草有点像聚合草属植物，又有点像肺草属植物。它是紫草科的一员，跟牛舌草属也有亲缘关系，冬沫草的花跟牛舌草属一样是钴蓝色的。冬沫草的叶子是猩红虎纹丽灯蛾的食物，花则深受独行蜂和食蚜蝇等授粉者的喜爱。

## 绿 啄 木 鸟

人们通常容易听到绿啄木鸟的声音，而不是看到它们。但跟大斑啄木鸟的咚咚声不一样的是，绿啄木鸟的叫声独特，是一种尖锐的、鬣狗笑声般的声音，单调的音节重复着，越来越响，而且能传得很远。绿啄木鸟还有一种"克鲁、克鲁、克鲁"的叫声，有点像红隼，但它的叫声更悠扬，而且每个音调前没有浊辅音。

它们出现在人们的视野里时，可能有两种情况：要么正从旷野往有遮挡的地方飞，就像是空中有一条看不见的橡皮筋，它们在上面弹跳着，俯冲又掠起；要么就是正在地上觅食。它是颜色最五彩缤纷的鸟儿之一，背羽和翅膀是鲜艳的绿色，头部是鲜红的，戴了条"黑眼罩"（雄鸟的"眼罩"上还有一条鲜红的小胡子形状的条纹），腹部是一片鲜亮的黄色。绿啄木鸟的喙看起来比大斑啄木鸟的更大、更坚固，但其实它要娇弱一点，也就是说它更偏向于在已经损坏或腐烂的树上筑巢，通常会选择橡树。它们的配偶是终身制的，但日常分居，关系稳定的一对鸟儿会终生占据同一片相邻的领地，每年到了春天便以鸣叫声相互呼和着重新建立关系。

我们从没在花园里看到过它们，主要是因为花园里没有草坪。不过我们经常在农场里看到它们，听到它们的动静。它们尤其爱吃农场里的黄墩蚁。黄墩蚁聚居在未经开垦但经常放牧的牧场上筑造大土丘（在我们这里叫作"小岗"），绿啄木鸟用它那有力的喙戳进土丘里去，带有黏性的舌头卷起暴露的蚂蚁吞掉。

我还记得 1963 年的冬天给绿啄木鸟的数量造成了灾难性的影响，导致我好几年都看不到它们。2010 年的冬天也是破坏力巨大，暴雪还有封冻的土地使得它们因为无法找到食物而饿死。

# 水　薄　荷

我在农场的田野里散步，走到了山坡高处，这里有界沟和小块湿地。我一脚踩过去突然闻到一股强烈的薄荷味，脚底下是长在湿地水流中的植物——野生的水薄荷，叶片表面粗糙，极像豆瓣菜，叶片背部是紫色的。它长在特别潮湿的地方，湿土里一拔就是一大把。跟其他薄荷一样，它是靠地下茎繁殖扩张的，即便很小的一段茎都能扩张开来。

它的花是毛茸茸的，淡紫红色，顶生在酒红色花茎上。把它做成小花束插在瓶子里很可爱，能给厨房增添一股来自山野的薄荷味。

# 钝 叶 酸 模

我是最后一代 11 岁前几乎全年穿短裤的孩子之一，所以小腿的上半部、膝盖以及大腿下半部经常被异株荨麻蜇到，尤其是那种很老的、长得特别高的和特别凶残的异株荨麻。我们整天都在外面跑啊玩啊，这就意味着经常会蹿过一丛荨麻。我总是一边冲一边想着这次，就这次，肯定不会被蜇。然而我从来没成功过。每一次被蜇的后果都是一大片疹子和好一阵子的痛痒。

还好我们有药——钝叶酸模，关于它治疗荨麻蜇伤的用法在本书"三月"这章里讲到过。钝叶酸模是蓼科大家族的一员。它有很深的主根，能长成草地里的优势杂草，尤其是在那种放牧马群的草地，因为跟牛和羊不一样的是，马不吃钝叶酸模。不过钝叶酸模的叶子是飞蛾幼虫钟爱的食物，理查德·梅比（Richard Mabey）在他的《杂草的故事》（*Weeds*）一书中列举了一长串酸模种类的名称，总计 33 种，据说都在飞蛾幼虫的食谱中。

割掉或是"砍头"只能阻止它们结籽，但它们能很快反应过来，长出更多叶子，并且一有机会就会长出花茎。我有一个酸模凿，外观像凿子又像笔直狭长的长柄手持锄头。周日早上去教堂前，农民们会人手一个酸模凿，在田里巡视一番，用凿子戳进地里切断几十厘米深处酸模的主根，这才是杜绝它再次生长的必杀招。

要是放任酸模开花的话，它就会抽出非常强壮的茎，结出籽，变成深锈红色，竖立的种穗让夏末小牧场看起来如同一片犬牙交错的金属废料场。跟虞美人一样，酸模的种子受到外界的刺激后才会萌芽，比如耕耘土地，在萌芽之前它甚至能休眠半个多世纪。

## 白花酢浆草

复活节期间，农场里幽谷岸边覆盖了一片小白花花毯，迷你的小白花开在合拢的亮色小叶片间，叶片悬垂着像三翅的蝴蝶，又像羞怯的车轴草，颔首低眉。这就是白花酢浆草，跟车轴草毫无亲缘关系。它长在木桩的苔藓上，或是石头缝、落叶堆里，似乎完全不需要泥土。这种草虽说已经有大量园艺杂交品种，但我们花园里一棵也没有，反而在农场里到处都是酸性土的山坡上、低洼处和沟渠里非常常见。它的叶片会根据光线和天气变化开合：在夜晚或下雨天，叶片会闭合起来；在阳光下则舒展开来。它在林地里斑驳的光影下长得最好。

它的叶片可食用，微微带一点柠檬味，跟菠菜、厚皮菜和大黄一样富含草酸，适量食用不会有害，但过量的话就会导致肚子疼。

白花酢浆草春季开的花很少结籽，但通常会二次开花，在夏季还有一次不太引人注意的花期，这一次会结籽。虽说不能作为唯一的绝对证据，但林地里如果有白花酢浆草存在的话，那么这片林地很可能是半自然的古林地。事实上，这说明我们农场的幽谷正是这种林地，也许从上一个冰期之后就是了。后来这片林地不断被砍伐，但一直都还是林地状态。虽然它变化着、演进着，但一直保持着本来的面貌，就跟那条穿越幽谷的溪流一样。

# 大　杜　鹃

总有那么一个阀门，打开它记忆便喷涌而出。而大杜鹃（俗名布谷鸟）的第一声"布谷"就是这样的一个阀门。"布谷"声跟花开、雪落一样，它是一声真实的鸟鸣，也是一种象征。它带给我们一个共同的感觉："布谷"声之于春天，就像槲寄生或欧亚鸲之于圣诞节，都变得越来越稀罕了。自1980 年以来，大杜鹃数量下降了 65%，而且还在持续下降。

翻看过去 10 年的日记，我发现第一声"布谷"总是在4 月的最后一周出现，前后相差不会超过 5 天。考虑到这可怜的鸟儿是从刚果飞来的，这时间实在是惊人地一致。

那萦绕不去、悠扬的双音节鸣叫如同号角穿透日光，意味着夏天即将来临。通常是雄鸟先到达，它们经过了一段漫长的旅程，几乎都是在夜晚飞行，飞行高度大约为 4570 米。雄鸟比雌鸟约早一周到达这里。雌鸟几乎年复一年、一成不变地回到同一个地方，产下与宿主相似到令人惊异的蛋，而且为了适应不同种类的"养父母"，大杜鹃能产下一系列不同纹理和颜色的鸟蛋。

大杜鹃雌鸟的叫声不是经典的"布谷"声，而是一种逐渐升高的嘚啾声，像一段急速的渐强音，如同潜水员从水底冲出水面。一旦到达目的地，雌鸟便会倾尽全力，为它的蛋寻找一个适合的宿主——在我们这里，大概率会是农场里的鹨和花园外围田野里的林岩鹨。

雄鸟则完全不参与这些事务，只对跟尽可能多的雌鸟交配、威慑其他所有雄鸟这两件事感兴趣。事实上，考虑到大杜鹃的领地范围，很多雌鸟产下的蛋可能有多达4个"父亲"，而雄鸟有机会的话也会跟多达4只雌鸟交配。

人们很容易听到大杜鹃的"布谷"声，而不太容易看到它们，不过我看应过它们在花园上空和农场山坡的坡面上飞过。它们的脑袋像鸽子，身体像雀鹰。雄鸟极易辨认，有时候它们会绕着孵化区飞20多分钟，其间会鸣叫数百声。它们跟雀鹰的相似之处不仅在于外形、飞行模式，还有羽毛颜色。大杜鹃胸部有黑灰条纹，看起来应该是演化出来的伪装，既能保护它们免受鹰和隼的攻击，又能把宿主鸟从巢穴里吓跑，以便它们靠近巢穴。事实上，大杜鹃既没有防御攻击的能力，也不会伤害其他鸟类，其他鸟类只会落入它们的欺诈陷阱。

它们最爱的食物包括长毛的毛毛虫，它们是唯一会捕食长毛毛毛虫的鸟类。这种毛毛虫一般生活在树上，林地和果园里特别多。大杜鹃会飞到很远的地方——最远能飞约25千米——去找食物充足的地方。对其他鸟类来说刺激性极强的毛毛虫的长毛，能被大杜鹃的嗉囊过滤，再变成球丸被反刍吐出来。我注意到，在农场里观察到的大杜鹃活动痕迹要比花园周围多得多，可能跟那里林地和旷野的比例高有关。

大杜鹃进食或往返进食地时都不鸣叫，它们只在繁殖区域附近鸣叫（我本想说筑巢点，但这种鸟根本就不筑巢）。它们用鸣叫声界定繁殖领域，这个区域相对较小，大概为30万平方米，约40个足球场那么大。它们是边飞边叫的，独特之处是它们叫的时候会甩头，这就相当于把声音投射出去了。

飞行中的鸟，加上抛射的声音，使得大杜鹃非常难定位，也让它那本就略显伤感缥缈的鸣叫声更加扑朔迷离。但要是你碰巧听到大杜鹃从头顶飞过，那声音一定洪亮得吓人一跳。

等到6月末或7月中，这里就听不到大杜鹃的鸣叫声了。它们飞走了，先是前往地中海地区觅食，然后再飞回刚果。它们加入同样从英国迁徙过去的雨燕，大概会在11月到达那边。

这里有一点发人深省。我一直觉得大杜鹃回到我们这里是回乡，它们跟橡树叶一样是我们这里夏天的一部分。但事实是它们一生中70%的时间都是在非洲度过的。我们这里只是度假地而已，跟它们那身影下盘踞在雨林山区里的大猩猩一样，它们都是非洲的原生物种。

# 蓝 铃 花

奇怪的是，我们会觉得有些花就像是注定要在一年中某个特定时节为我们而开，就好像它们在提供一项公众服务。1 月的雪滴花，3 月的洋水仙，4—5 月的蓝铃花。

在农场那边，蓝铃花已经成为一种惊人的馈赠，年年春天重焕新生、备受称赞。我们到农场的第一个 5 月，萨拉和我走遍了农场的每一寸土地，不仅数清了蓝铃花的数目，还在农场地图上标注了每一株生长的位置。统计结束时，地图上足足有 9 个叉，代表 9 株孤零零的小花。有几株分散在几片频繁放牧的林中空地上，更多的则是各自孤独地长在山坡上，但那里很快就会被茂密的欧洲蕨覆盖。通常来说蓝铃花不是一种草甸野花，所以当它们出现在旷野时，就意味着这里可能在不久之前是某类林地。我把 1880 年的全国地形测绘详图叠在那份画了叉的规划图上时，就发现每一个标了叉的地方都曾是林地。

蓝铃花属于耐阴植物，但在过于浓密的树荫处也长不好。人工管理的萌生林很适合它们生长，混着水青冈的榛树萌生林（这是我童年时代家乡汉普郡的典型乡村风貌）对它们来说简直完美。萌生林的优点在于，一轮砍伐（比如榛树林每 8 ～ 12 年一次）后，几年内林中地面都会被阳光普照。蓝铃花、报春花、欧银莲属植物和堇菜，跟那些在萌生林波谷期里休眠的植物一起得以迅速萌发，结出更多种子，迅速扩张。

有时候这种等待会非常漫长。比如说扁桃叶大戟在受到光线刺激萌发生长前，能妥妥地休眠100多年。同时，从常规乔木和被砍伐过的木桩上迅猛抽出来的新枝形成了足够的树荫，抑制着欧洲蕨等草本植物的生长，阻止它们占领整片林地。

然后，随着新生榛树的生长加速，冠层逐渐遮天蔽日，地面的光线强度日渐下降，在这一轮的尾声，榛树下的植物在这个过于荫蔽的环境里苦苦坚守。随后榛树被砍伐，新一轮循环开始。如此循环往复，千年如一。

一年又一年，最初的9株慢慢地翻倍。蓝铃花的种子长成球根需要大概5年，不管现有的花长得多么繁茂，授粉有多成功，它们的扩张总归需要一段时间。

但现在，画下那9个叉的15年之后，蓝铃花在我们的幽谷和林地里长成了花毯。原本的9株变成了至少9000株。

100株蓝铃花里面会有1株是纯白色的，这是一种白化现象，该个体缺失了让蓝铃花变蓝的色素。好吧，偏蓝的。当你从稍远处看那上千朵蓝铃花时，它们呈现出来的视觉效果基本上就是蓝色的。但仔细观察单朵蓝铃花的话，你就会发现大部分英国本土的蓝铃花是偏粉或偏紫的蓝（英国蓝铃花的花通常是略往一边斜垂的，而西班牙蓝铃花则比较挺，不会往一边倒）。考虑到让蓝铃花变蓝的色素——花青素——其实是红色的，就不奇怪了。细看蓝铃花，你就会发现花瓣中隐约闪现着偏红的粉调。

我带着狗子们穿过蓝铃花地，循着獾的踪迹爬上坡，穿过林地，沿溪流堤岸走着，感觉全程都被幸运包围着。在这一天，在这样的光线中，能拥有这一切，是种无法计量的财富。

五月

# 山　楂

不管是在花园里，还是在乡村田野上，山楂是此处风景面貌里恒定不变的一个组成部分。不仅仅是我们这里，英国任何一处乡村郊野，只要有树篱的地方，山楂都是占压倒性优势的主树篱植物。在18—19世纪大规模圈地运动期间，山楂作为首选植物构成了超过3万千米的边界树篱。用来分割土地的直线型树篱几乎全是山楂。比较蜿蜒曲折的树篱往往是由一系列不同种类的植物构成，历史更为悠久，通常是千年古树林的遗留物。我也在花园里用了山楂树篱，它们长得越来越不规则了，不过修剪得紧凑的话，冬天里会是轮廓线规整的交错纠缠的树枝团，而4—10月它们则形成了一团团柔和的绿意。

农场高处的山坡上，在树木零星生长的原野林地（这些树木稀疏的林地位于山坡低处的牧场上，开阔的长满帚石南的高地荒原下）里，单独生长的低矮的山楂树虽饱经风吹雨打，但以它们强大的适应能力长得一片繁盛。这里的林地曾经繁茂过，如今只遗留它们。花期到来时，目力所及之处，如同团团奶泡顺着山谷铺开。

然而，海拔高度决定花期，这个现象在相距约50千米的花园和农场间表现得非常明显。古语说的"Ne'er cast a

clout till the may is out", 意思是 "may" 结束前万万不要收起冬衣。这里的 "may" 指的并不是 5 月[①]的结束, 而是指山楂树（又名 may tree）的花期。到 6 月 1 日, 花园里的山楂花都开完了, 但在海拔约 300 米的农场上花开得正盛, 海拔约 480 米处的林线上, 白花点缀着山坡, 一直能持续到 6 月的第 2 周。

山楂树开花后便会结果, 年景好的时候（2019 年是绝好的年景）小小的红果子能把整棵树的树枝压弯。鸟儿们钟爱这些果子, 鸫科鸟类, 尤其是欧歌鸫、槲鸫、乌鸫、白眉歌鸫和田鸫, 都会落到树上大快朵颐。但它们并不是等果子一成熟就会去吃。山楂果一般 9 月成熟, 但直到第一波寒潮来临时（通常是在 11 月）果子才会很快被吃光。鸟儿们似乎知道它们能在枝头上完好地保存到圣诞节之后。因此当其他种类的食物供给充足时, 鸟儿们就把它们就地留作存粮。

山楂树上长满了凶残的尖刺（在英国的乔木中不算是武装得最厉害的, 赢得 "最强武装" 这项桂冠的是黑刺李）, 每一次跟山楂接触我都会负伤——它的尖刺戳进我的肉里。它那带尖刺的枝条茂密交错, 不管是在夏天筑巢时还是在冬天, 都是小型鸟儿的完美庇护所。

---

①英文中的 "5 月" 为 "May"。——译者注

常见的山楂——构成那数万千米篱笆的那种——是单柱山楂。它被用来做篱笆，但讽刺的是，其实在旷野里它能自然长成树，而不是密集地丛生或是在大树底下长成茂密的下层灌木丛。在我很小的时候，篱笆大部分都是靠手工修剪和编篱的。编篱就是把每一根山楂主干砍断，只留一小片带木质结构的树皮连着，然后往一边成45°倾斜压倒并绑好。这样10来年没修剪过的、已经长乱了的篱笆就能编成约90厘米高的茂密防畜线。然后，这个篱笆仍可以不修剪，直到下次编篱，能继续撑10年左右。不过现在链式篱笆修剪机能把所有篱笆都修得四四方方、轮廓整齐、线条规整。这样的修剪最终能形成非常茂密的篱笆，也是很棒的小型鸟类庇护所。而对大部分野生生物来说，最好是高篱笆和矮篱笆混杂，边上再来点儿树，但链式篱笆修剪机只会一路无情猛割，把一切都剪得一板一眼的。

山楂是英国少数几种能在人们频繁放牧的同时，还能结籽、生长、成树的树木之一，它也是荒草地，甚至是荒原里的先锋树之一。它们形成荆棘灌木丛，保护那些不那么有优势的占领者，比如橡树，避免它们被穴兔或鹿吃掉。

这种低调、无处不在的英国乡村篱笆植物是一种真正的荒原树。在上个冰期，辽阔的稀树田野上，成群的食草动物游荡在林间，山楂从那时起就已经是这里的特色植物了。

不过，钝裂叶山楂，又叫林地山楂或中部山楂，则不那么常见，但在大规模种植树篱之前，这个种和单柱山楂是同等普及的。它是半自然林地的主要标志之一，也就是说，长有钝裂叶山楂的篱笆或是小片灌木丛的地方，很有可能自有人类历史以来就一直都是真正的林地，比天主教大教堂古老，也比古罗马遗迹古老。在盎格鲁－撒克逊人统治的时代，山楂树（几乎都是钝裂叶山楂）经常是界址点的标志，换句话说，若篱笆边上或田野界线上有一棵醒目且令人印象深刻的树，那就是界址点。

区分以上两种山楂最简单的方式是等它们开花。单柱山楂一贯开白花，而钝裂叶山楂的花带深深浅浅的粉色，而且开花相当早。大部分的园艺品种也是通过它培育出来的，比如著名的'保罗红'（'Paul Scarlet'）。

这两种山楂的枝干都是绝佳的柴火，茂密且质地较硬，烧起来很暖和。所以，如果有相当大的老树被风吹倒，我会把它砍个干净，用来做柴火。但我绝不会为了柴火而去砍伐。我非常喜欢它们。花园里仅存的 2 棵山楂树从 1991 年我们搬来时就在了，其中一棵在萌生林里，歪歪斜斜的，过去的 29 年里几乎没有长高。但有些老树又直得令人惊讶，像模像样的。在农场里有几棵我特别喜欢的，树干笔直，树皮坑坑洼洼，扭曲得像纠缠的绳索，但它们自有其庄严与尊贵。

# 异株蝇子草

异株蝇子草是这个花园里海量存在的杂草。只要有一点机会它就会从小径边、花境边、篱笆边，以及不少花境里面冒出来。它那简单的粉色小花像玩具风车似的，从 4 月中旬开始出现，持续到 6 月。简单、易停驻的花形让它成了各种授粉昆虫都十分钟爱的花。我们每年整车整车地拔了推去做堆肥，但它们的数量依然保持着稳定的增长。

它能在浓荫蔽日的地方生长，但不会开花，而一旦暴露在阳光下，就会触发开花机制，因此人们常常能在砍伐树木后看到它们。它也是古林地的标志植物之一，要是你发现它生长在某片林地里，不管那些树看上去有多年轻，有它就意味着很久以前这个地方就已经是林地了。它是雌雄异株的，这一棵植物要么是雄性，要么是雌性，所以你得 2 种都种上才能结出可育的种子。

广布蝇子草与之外形相似，但并不会自然地出现在花园里，25 年前我们在围墙花园里孤植了一棵，现在花园里成片成片生长的都是它的后代。我曾将它成捆地砍掉放在花境边，天真地以为它不会再长了，但它早已根深蒂固，成了实打实的杂草。它又是一种特别可爱的杂草，张开的白色花瓣缀在粉色球状或者说泡泡般的花萼边缘，这个花萼形状就是它得名的由来①。广布蝇子草一般自然分布在草地，那里不比花境的土壤肥沃，它得努力奋斗为自己搏得生存机会。我最近正挖出花境里的广布蝇子草并进行分株，重新散种到环境更为艰难的茂草地。这活儿可不太容易，因为虽说花是很漂亮，但它的根木质化速度很快，最后会硬得让人难以置信，简直就像一块块焊在一起的木头。

蝇子草在夜间会散发出类似丁香的香味，以吸引长舌的飞蛾来授粉，还有会分泌泡沫的沫蝉。蝇子草的叶子是可食用的，可以用来拌沙拉。它们的木质根含有皂角苷，可以用来制作肥皂。

# 喜鹊凶杀案

5月11日。从卧室窗户望出去，我看到一只喜鹊从篱笆丛中钻出来，嘴上叼了一只雏鸟。它俯冲离开，飞去了围墙花园。几分钟后它又回来了，停到了篱笆边的同一棵欧楂树上，然后偷偷侧身溜进去。一阵骚乱后，它又出来了，一

---

①广布蝇子草的英文名 bladder campion 中的 bladder 意为"膀胱"，指花萼的形状像膀胱。——译者注

个还没长毛的小小尸身在它嘴下晃荡着。

被谋杀的雏鸟可能是家麻雀、乌鸫、其他鸫科鸟类或别的鸟。在这个谋杀式的捕猎圈里并没有什么高低贵贱之分。这事令人深忧，但在每一条、每一道篱笆里发生着。自然界是无情的。


# 峨　参


峨参具有偷心的魔力，年复一年。柔云般的白花浮在米色伞形花序上，被高高的花茎撑立于柔羽般的叶丛之上，如此妙景由万千峨参铺陈。它们沿着小径、田野、篱笆倾泻铺开，在英国乡村田野蔓延千里。此景每每令我欢喜到头晕目眩。

5 月的傍晚，未经修剪的山楂树篱开满了花，篱笆下长满峨参，世界上再没有比这更美妙的景色了。除了爱人的怀抱，再没有比这更充分的活着的理由了。

峨参是一种十分顽强的杂草。只一株也能长得好好的，但单株效果跟成片的完全没法比。有些植物茂盛得铺天盖地时像一幕歌剧，而峨参则像唱诗班的合唱，对我来说就像花儿版的巴赫《b 小调弥撒曲》，激越奔放，令人沉醉。

大概 30 年前的一个春天，我快被市政机构砍伐路缘植被的行为逼得发疯了，非常沮丧且脆弱，数千米正在开花的峨参被粗暴扫荡。这简直是种折磨。即便在我精神状态最好时，仍觉得十分可怕，那是一种任务式的市政恶行。幸运的是，本地市政预算缩减，人们日渐认识到路缘植被对野生生物的重要性，于是这样的砍伐减少了，得以保留下来的峨参终于有机会结籽并成熟。但这样的恶行已经造成了严重的伤害。

峨参是伞形科的一员，尽管市政机构曾对路缘植被野蛮破坏，但它们并没有濒危。峨参是生存能手，其实从某种意义上来说，它们也是暴徒，很多更为脆弱的植物在它们的阴影下消亡。它们不会在特别潮湿的地方生长，却彻底入侵了我们的春园，那里冬天的时候总是洪水泛滥，每年的洪水都会带来新鲜的峨参种子。它们乐得其所。

峨参在过去的40年里扩散开来，一则由于它的生存能力，二则由于氮肥在农田里的大量使用。市政机构摧毁路缘植被时，把残枝败叶都留在了它们倒下的地方，它们腐烂在泥土里肥沃了土壤。对很多花卉来说这样是很不利的，但峨参却是在这肥沃的土壤里长得最好。这也是为什么它们会喜欢我们春园里可爱的黏性壤土，我每年都会通过覆根把那里的土壤养得更肥沃。还有农民们撒在田里的氮肥和其他化肥药丸随雨水渗到了路缘。这些都间接促进了峨参（还有荨麻、原拉拉藤、欧独活和莓果类植物）这类"暴徒"的生长，进而阻碍了很多更为精致的路缘野花的生长。

有得必有失。持续短短数周的、壮观的峨参美景是一种精美的单一栽培景观，但这美景的代价是多样性的缺失。高分贝奏响的圣歌淹没了独唱者的歌声。

# 河　乌

我过去常在幽谷中横跨溪流的那条路上看到河乌，水中的石块上它那黑白两色的身体忽上忽下，尾巴竖起时像鹪鹩。但在我写下这些的时候，这样的际会转瞬即逝，今年我还没碰见过。它是如此特别又可爱的鸟儿，习性也非常特别，以至于它在农场的出现像是一幕神奇的魔法施展出的场景。它飞起时急速振翅，胖墩墩的身体贴近水面，顺着溪流飞往下一块石头，或是栖息到低矮的树枝上。

幽谷中的湍流翻腾过岩石，有时候变成回旋的激流拍打河岸，不过河乌似乎对这激越的水流无动于衷。它一般站在一块半浸在水中的石头上，弹簧般地探进水中又冒出来，这便是它得名的由来。[1]然后，它像三趾鸥或鲣鸟一样冲进水

---

[1]河乌的英文名 dipper 一词的词源有"蘸水"的意思。——译者注

里，在水底潜行，抓到一只昆虫幼虫或淡水虾后冒出水面。河乌用脚趾抓住水底的地面保持平衡、对抗湍流，它们显然是世界上唯一能够做到这一点的鸟儿。雌鸟还有一项罕见的技能——它们会鸣唱，经常加入黎明合唱团。欧亚鸲和紫翅椋鸟也是两种少有的其雌鸟会加入清晨咏唱的鸟类。

# 布 里 昂 妮

我六年级时，有个女同学头发特别长且浓密，几乎及腰。在那个年代几乎每个女孩都是长发披肩，但那个女孩因为发量丰盈而让我印象特别深刻。她的名字叫布里昂妮（Bryony），50 年过去了，每当我在围墙花园的欧洲红豆杉树篱上看到偷偷缠绕上来的泻根（bryony）那卷须和宽阔的掌状叶片时，还会想起那个女孩。这是异株泻根，英国唯一一种本土葫芦科植物。它应当在南方比较常见，但在威尔士边境的乡村也很常见。

在仲夏前，我们会修剪它们以保证欧洲红豆杉绿篱墙的纯粹干净，但房子边田野篱笆上的泻根就是一团乱麻了。卷须呈螺旋状卷曲，小小的花白中带绿、绿中透白。它们雌雄异株，雄株比雌株高大。花后会结出毒性很大的亮红色浆果。

泻根全株都有毒，根的毒性最强，偶尔会有牲畜因误食而死。

浆果薯蓣跟泻根没有亲缘关系，尽管名称很相似。[1]不过跟异株泻根一样特别的是，浆果薯蓣作为薯蓣科植物，是英国唯一一种属于热带植物的成员。它得名便是跟薯蓣有关系，因为它名字中的"黑"[2]源于地下块茎的颜色。它也是攀缘性的（总是顺时针盘绕），但没有异株泻根那样的卷须，叶片是心形革质的，花是深黄色的，会结出长串的珠子般的亮红色浆果。这些浆果也都是有毒的，是一种烈性泻药，但前来进食的白眉歌鸫和田鸫狼吞虎咽地吃下这两种植物的浆果后，完全没有明显的症状。

# 红 尾 鸲

我走出门口时总能看到一只小鸟从马厩里突然飞出来。每次都是这样，交错而过就差打个招呼了，就像每周都在同一家店里买《周日新闻》报纸的两个人。其实我怀疑它早在我到门口前就察觉了，对可能的干扰或更糟的情况早就警惕

---

①浆果薯蓣的英文名是 black bryony，泻根的英文名是 bryony。——译者注
②浆果薯蓣的英文名是 black bryony，直译为"黑布里昂妮"。——译者注

着，直到最后一刻才仓促"鸣金撤兵"。那是一只红尾鸲，它在一堵厚石墙的窟窿里筑了巢。来农场前我从没见过这种鸟，它跟欧亚鸲差不多大小，身上有欧亚鸲的那种红羽，只是它的红羽不是在胸口而是在尾巴上，是一种独特的锈红栗色，而不是红胸欧亚鸲的那种橙色。

我知道它是一只雌鸟，因为除了它那独特的锈红色腹部，上半部身体是棕色的，而胸部的羽毛（如果能看到的话）是浅棕色的。另外，它的配偶确实更有热带风情，头顶是灰色的，脸和喉部都是乌黑的，这片黑色一直延伸到背部，胸部和尾巴是锈红偏橙的颜色。雄鸟的歌声尽管十分短促，但清澈甜美，我常常听到，反倒不太看得到它的身影。雄鸟和雌鸟都会一种简单的"唯特"叫声，我在幽谷树林里散步时经常听到。

注意到红尾鸲之后，我发觉它在本地很常见，它的英文名 redstart 源于盎格鲁－撒克逊语中 steort（意为"尾巴"）一词的变体。我沿着田间小路驾车时，能看到它的红尾巴每隔约 50 米从树篱里冒出来一下。它是一种夏季候鸟，总是在特定范围内活动。它们特别迷恋威尔士的原野林地，这种林地一般分布在海拔 400 ~ 460 米高的地区。雄鸟会在空中捕捉昆虫，还会在叶尖位置悬停，从叶片间抓出虫子。也许是因为它们跟鹟科、霸鹟科鸟类有亲缘关系。

# 黄 墩 蚁

有一块地我们叫它"蚁冢地"，我承认这名字不怎么浪漫，但名副其实。这里一半地面都是小丘，小丘相互间隔约50厘米，高度、宽度也有50厘米，每一个蚁冢都杂草丛生、乱糟糟的，显得整片地面崎岖不平。这些是黄墩蚁的蚁冢，每个蚁冢里居住的蚂蚁数量多达10 000只。

其中有些蚁冢可能已经超过了一个世纪，它们的存在也是一种标志，意味着这片草地已经多年未经耕作。年复一年，这些小丘越来越大，有些高度和宽度可能都达到了100厘米。相比普通草地，这样的环境里存活的植物种类更为多样，一则是由于表面凹凸不平，二则是由于蚂蚁的活动彻底改善了排水状况。

黄墩蚁是绿啄木鸟的食物之一，绿啄木鸟会闯入蚁冢，用它那长长的舌头舔光暴露在外的蚂蚁。因此我们的蚁冢地里很多小丘都被弄乱或破坏了，就像是有只狗子漫不经心地瞎刨过。然而，要是农民为了"改善"荒草地而把蚁冢推平了，那么绿啄木鸟就会失去重要的食物来源。

克里顿眼灰蝶在很大程度上依赖于蚂蚁的工作，因为蚂蚁会把灰蝶的幼虫埋起来，直到它们羽化成蝶飞走，这样就可以保护灰蝶的幼虫免遭天敌捕杀。

# 第一只燕隼

一个灿烂明朗的 5 月的早晨，我正给珠宝花园里的盆栽浇水，抬头看见湛蓝的天空下一只燕隼笔直地从我头顶上低空掠过，低到我都能看到它尾巴上的黑白条纹。狭长的双翼、长长的尾巴都是珠灰色的。它们划破天穹，流线型的体形利于加速。这是今年我看到的第一只燕隼。这一天值了！

# 黄　花　茅

上周，农场里的两片草甸首先覆上了一层古怪的巧克力棕色的"薄雾"，宛如标识了潮湿区域的地质图。那是黄花茅的一簇簇花序，它是这里最早开花的草类之一。我穿行其间，脚下是踩倒的草茎，空气中弥漫着新割的干草香，没有一种草能像它这样在收割前 3 个多月，甚至 4 个月就能有如此芬芳。

黄花茅的茎又细又短，叶片稀疏，因为有"改良"草甸上丰茂到狂野的黑麦以及一年生草甸草类做对比，草食动物和割草人都不爱搭理它们。但它是草甸上规律的"拼布"之一，它是一种确凿的信号，意味着光裸了一个冬天、泥泞荒芜的草甸从此进入了充满魔法的月份，从山坡上平平无奇的牧场变身为繁花盛开的草甸。

# 菜 粉 蝶

在我的花园里，唯一能导致浩劫的毛毛虫是菜粉蝶幼虫。其实它们有两种："大白"和"小白"。"大白"是欧洲粉蝶，它会在各种十字花科植物（结球甘蓝、蔓菁、萝卜、桂竹香、两节荠属和豆瓣菜属植物）的叶子上产卵，孵化出上百条黄黑双色的毛毛虫，这些毛毛虫会爬满整株植物，把幼苗啃得光秃秃的只剩个架子。欧洲粉蝶被十字花科植物的芥子气味吸引，芥子气味是植物为防御害虫而产生的。而欧洲粉蝶体内获得这种芥子气味后，能够有效防御鸟类天敌的捕食。

欧洲粉蝶的雄蝶是奶白色的，翅尖深灰，雌蝶翅膀前端有一对独特的斑点。雌蝶每年产 2 次卵，有时候 1 年 3 次，第 1 次产卵在 5 月，第 2 次在 7 月。几周后幼虫孵化出来，开始吃宿主植物的外围叶片，所以通常非常容易被发现。

"小白"是菜粉蝶，它在植株深处产卵，毛毛虫是纯绿色的，伪装相当到位，干坏事没那么明目张胆，但给植物造成的后果一样糟糕。要想对付它们，在植物上喷盐水会有用，但最好的解决方案是预防，从植物种下的那一刻起就盖上细网，一直盖到 10 月。

否则，你就得每天仔细检查每一株植物，徒手抓毛毛虫，并用你认为恰当的方法处理掉它们。

在春天看到的大部分欧洲粉蝶是从南欧迁徙过来的，而菜粉蝶更耐寒些，它们能够熬过北方比较温和的冬天。它们从卵长到成虫大概需要 30 天，成虫能够再活 3 周左右。它们以蓝铃花、蒲公英、车轴草、蓟等一系列本土植物的花蜜为食，并同时授粉，所以它们并不单纯是为了摧毁园丁们的结球甘蓝而存在的。

# 豕　草

50 年前相对常见的大豕草（巨独活）现在已经被禁了，原因是有害健康。这是因为它的汁液接触皮肤会引发一种植物光敏性皮炎，会起水疱，这些水疱即便在温和的光照下也会引起疼痛。不过我们小时候曾用其幼苗中空的茎或成株带白色伞形花的侧枝做成吹管，还用惊人的长达约 4.5 米的主茎互抽，都没有引发疾患。也许变数来自臭氧层，而非植物中的化学物质。它曾是，现在也是一种壮观的植物，气宇不凡，高挑颀长，如果不接触裸露的皮肤，完全无害。尽管如此，它现在已被明令禁止种植了。

不过，它的"小外甥"——欧独活，又叫小豕草，在我的花园里欣欣向荣地生长着，且在过去的 5 年里数量猛增。它虽然是一种杂草，但很可爱。在 5 月的几周里，它那跟峨参一样灿烂的白色伞形花序亭亭玉立，但它的花序更紧凑密集。它的根系扎得很深，种子成千上万地散播，在野花草甸上它会挤走竞争者，最终成为不受欢迎的入侵者。解决方案是见一株砍一株，阻止其结籽，削弱其长势。

值得一提的是，虽说巨独活一力承担了导致人们患光敏性皮炎的所有罪责，但其实欧独活也一样有问题。经常听到有人抱怨说，因为光腿割欧独活，所以腿上都是红肿的伤痕，那是被割的欧独活临终"复仇"喷出一波呋喃香豆素导致的。这是我不穿短裤干园艺活的原因之一。


# 深 色 黄 堇

深色黄堇又名黄紫堇，叶片是纤巧的羽状复叶，能很快开出拉旗般的亮黄色花朵，长在遮阴下的房子和花园围墙的砖石缝间、铺石小径两侧的鹅卵石镶边处。在一座大型啤酒花干燥炉的北侧，我们种了 64 棵很大的修剪成球形的黄杨，大部分处于荫蔽处，它们之间是砂浆浇筑的鹅卵石地面，深色黄堇在那里长成一片，这些修剪整齐的绿球看起来就像是落在一片黄色奶泡花上。

严酷的天气经常把它摧残成稀烂一堆，但它总能恢复生机。它的花是由蜜蜂授粉的，在我们这里能从仲春到夏末盛开好几个月，在南方的荫蔽处能开得更久。它不是直接从砖石里面长出来的，而是从砖石间的砂浆中长出来的，作为喜碱性的植物，它尤其喜爱极好的排水环境，因此经常出现在旧墙上。这些墙直到 20 世纪都是用石灰砂浆砌的。

深色黄堇不是英国本土植物，它原生于阿尔卑斯山脉南部，可能是由罗马人引进英国的。它虽然酷爱老旧建筑的墙，但在自然岩石表面上不会蔓延太远。我们农场里也完全看不到它，也许是因为干砌石墙酸性太强，太潮湿，又太冷。

它唯一的缺点是叶片会形成一层柔和的软垫，蜗牛在底下过得十分快活，当然这点完全可以控制住。我会时不时抓蜗牛，在摇曳的深色黄堇丛下到处翻找。家人说那样子让人不由得想起在沙发背后寻找掉落的硬币时的样子。

# 心 叶 椴

沿公路往上约 800 米，然后穿过农田，这条路线是我和狗子们向一棵特别的树致敬的路线。说实话，它其实算不上是一棵树，它只是道路拐弯处的农田边上一丛长疯了的树篱，但意义重大。

这是一棵心叶椴，小巧圆润的心形叶片一端尖尖的。酷暑时节是很好吃的美食，有点黏黏的，但很清爽。

我记得自己是在奥利弗·拉克姆（Oliver Rackham）的著作《乡村史》（ *The History of the Countryside* ）中第一次读到有关心叶椴的内容，然后过了没几天，我就偶遇了这棵掩藏在赫里福德郡一条僻静小道上的树，简直是天降的缘分。

心叶椴，又名欧洲小叶椴，是树林里的常见乔木，曾经在整个英国都很常见，从南方到英格兰中部，一直到威尔士边境，它在树林中是优势树木。其实我们这里正好处于心叶椴分布区域的边缘地带，也是其他很多动植物分布以及各种政策的边缘地带。这棵枝叶凌乱的树也许是冰后期[①]本地野

---

①冰后期，地质学术语，又称间冰期，指两个冰期之间，全球气温较高，大陆冰盖退缩的一段地质时期。全新世的冰后期从 1.14 万年前的更新世末开始，一直延续至今。——编者注

生林边缘的残留物，这些野生林在 5000 ~ 8000 年前的某段时间里被清理并开垦为农田，只在外围留了一条林带作为树篱。尽管如此，赫里福德郡心叶椴的数量还是让人吃惊，但它们并不张扬，常常被人忽视。

椴树不是好的开拓者，因为它的种子不容易萌发，而且需要足够炎热的夏天才能孕育出可育的种子。6000 年前，得益于气候、栖息地和数千年时间的稳扎稳打，它们分布广泛，但在大约 700 年前，这些野生林开始被砍伐，它们就很难再次兴盛了。

若放任椴树自由生长的话，那它能长成一棵树形规整的大型乔木，并开出散发着浓香的花，吸引蜜蜂为它癫狂，为它授粉，并酿出口味绝佳的椴树蜜。它的花也可制成有镇静效果的茶。包括钩翅天蛾在内的多种飞蛾幼虫以椴叶为食。蚜虫也爱椴叶，这也就吸引了捕食蚜虫的鸟类和以椴树的蜜露为食的蚂蚁。

萌生林里的椴树根株可以存活 1000 年甚至更久，这种树桩还能抽出新的枝条，并长得愈来愈繁茂。它的树枝可用来制作把手、用作柴火，一些大块的枝干因为柔韧性好可以用来雕刻。其中最著名的例子是格里林·吉本斯（Grinling Gibbons）的作品，他那些细节丰富的巴洛克风格垂花饰和丰饶角正是用椴木雕刻的。椴木还有一个鲜为人知的用途，那就是鞍具匠和手套制作者用它做切割垫，因为椴木木材的柔韧性不容易使工具变钝，另外女帽头饰商还将它们垫在下面给帽子塑形。

椴树树皮也被广泛地用来制作各种纤维制品，做成绳子、垫子甚至是衣物，而园丁们用它们做成麻绳绑扫帚，绑得好的扫帚是非常漂亮的工艺品。

# 百合负泥虫

百合负泥虫已经成了园丁们心中的大反派，10年前它刚出现的时候还是一种罕见而陌生的生物，现在已经无所不在。它以百合属和贝母属植物为食，尤其是幼虫，春天的时候从茎基部一团团橙色的卵里冒出来，把植物啃得形销骨立，不复昔日荣光。

它不是英国本地原生的，而是来自亚洲，20世纪30年代晚期经由美国传入英国。它在英国南方扩散得很慢，但从2000年开始在全国范围内扩散，大概在10年前来到了这座花园。

到目前为止，百合负泥虫没有天敌，不过随着它们越来越普遍，情况也许会有变化。而园丁们保护百合的唯一方法是徒手捉掉这些虫子。虽说这事乏味无聊，倒也不难，因为它们的背部是明亮的朱红色，在绿叶丛中非常醒目。然而它们的腹部是土棕色的，当受到惊扰时它们会四脚朝天落到地上，这样腹部的颜色一下子就成了保护色。因此，你得在植株上把它们抓获。据说这种甲虫被捉时会发出一种独特的短促而尖锐的人耳可以听到的声音，但我从没听到过，也许是我听力退化了，说不定它们的尖叫声在整个花园萦绕不散呢。

# 稠　　李

5月中旬，山谷里缀满白花。这个时节是各种白花绽放的季节，但有一种植物开的花不太一样，它比山楂花开得早。这种植物比其他任何开白花的植物都分布广泛，遍布山坡，其花像画笔的涂抹，而不像山楂花那样恣意地泼洒。花园里、任何一块田地里以及篱笆边都没有它们的身影，但我们的农场里有4棵，沿山谷往下十五六千米就全是它们的身影。

这些白花是稠李开的花。稠李通常在北方比较多见，但在威尔士边境地带数量更为可观，而我们的山谷正处于这个地带。它喜欢潮湿和酸性的土壤，常跟欧洲桤木相伴生长，因为它们的习性偏好一致。

它的花是总状花序，简朴的单花从主枝上垂下来，花量丰盈异常，姿态疏朗优雅。它有种略刺鼻的水果香味，使得昆虫们蜂拥而至。授粉后，花变成了黑色的小果子，被鸟儿们（尤其是鸫科鸟类）吃掉。很多种飞蛾的幼虫都以它们的叶子为食，这是件好事，但苹果巢蛾则过于疯狂，会把它的叶子吃个精光。不过它们的叶子对牲畜有毒。我们的稠李树斜长在幽谷溪流的上方，因此除非羊群跑出来（这是它们惯会干的事），否则它们没法接近这些树。

桃李类植物的名字经常让人很困扰。稠李的拉丁学名是 *Prunus padus*，英文名 bird cherry（"鸟樱桃"）；而欧洲甜樱桃，又叫大樱桃，我在花园里的萌生林里种了，比稠李要大得多，果子可食用（如果鸟儿们没有抢先吃光它们的话），拉丁学名是 *Prunus avium*，直译过来也是"鸟樱桃"。不过你也不太可能把欧洲甜樱桃种在稠李边上或附近，而且欧洲甜樱桃的花是完全不一样的，海量小花缀满整棵大树，然后如下雪般落到地上。

# 鹨

4月中旬，鹨开始出现了，一伙伙（对这种瞻前顾后、低调温顺的鸟儿来说，"群"这个有"组织"含义的词过于大气了）冲过来，又犹豫不决，匆匆忙忙，像是飞得十分费劲似的。到了 5 月中旬，每一块田地、每一寸天空都有它们的身影。

鹨有 3 种：草地鹨、林鹨和石鹨。这些是草地鹨，小小的，每一只都很不起眼，羽毛是沉闷的棕色。然而一整个夏天，每次我穿过任何一块梯田都会遇到一打草地鹨，这些梯田每一块都在海拔 300 米以上，田里杂草丛生，并且可能很快会被蕨类植物和杂木灌木占领，草地鹨在我面前一只接一只地从藏身的草丛里冒出来，跟婚礼上喷的彩屑似的四散纷飞，它们纤巧又脆弱，其力气只够飞一小段，很快又落下来藏起来。

然而这些小鸟又很强悍，能够熬过高地严寒凛冽的冬天。在山地的生态系统里，它们绝对是生态大厦里很重要的一块砖，它们那没什么特色的羽毛和消失在草丛中的本领，在它们的生存中起到了重要的作用。

草地鹨是灰背隼和白尾鹞钟爱的食物，也有很多被鵟、游隼、雀鹰和猫头鹰捕食。它们在地面上筑巢，雏鸟常被狐狸、白鼬和伶鼬捕食。此外，它们还是大杜鹃下蛋时钟爱的宿主，这些小小的鹨卖力地抚养着庞大的异族幼雏，而且这幼雏还曾谋杀了它们自己的雏鸟，因此它们稀里糊涂地在英国大杜鹃数目锐减的现状里起到了力挽狂澜的作用。

5—6月，每当我在后面的山林里听到大杜鹃的叫声时，就知道它们正飞过那里，于是我都会向那些从草丛中惊掠飞起的滑稽小鸟致敬，也许正是它们中的某一对抚养了这光鲜亮丽、备受瞩目的过客。

# 开白花的漂亮杂草

有好几种伞形科植物（我也不想假装每次都能辨认出它们）都很漂亮，但它们要么很容易变成杂草，要么已被归类为杂草，不管是农民还是园丁都不会特地去种。峨参是其中最受人欢迎的，而毒参是最臭名昭著的——如果不算巨独活的话。巨独活如今已经很少见了，而且无论如何也没人会觉得它漂亮。

但在农场周围山坡高处的田野中和花园里，伞形花序盘中雅致的微小白花开得璀璨而美好。

羊角芹是每一位园丁的噩梦。但开花时它是迷人的，要是它没有那么丧心病狂的侵略性的话，我们是会种的，但要很小心地种。我们这里种了，不过局限在前院的一个角落里，就在圆锥形欧洲红豆杉造型树所在的院子里。每周都会给它修剪一波，因此它从未有机会扩张，只是郁郁寡欢地待在那里，在冬青树篱底下韬光养晦，等候良机。

栗根芹在农场周围酸性土壤的山坡上成片成片地生长着。到了 5 月末，它们冒出了缕缕"白纱"，犹如烟雾般低低地笼罩在草丛上方。我还在寄宿学校时，学校离我家大约才 27 千米，但那里的土壤是完全不同的酸性很强的沙质土，我们会在栗根芹底下深挖寻找"栗子"，也就是它的根茎。"栗子"吃起来有淡淡的板栗味，味道不错，但比起它们的食用价值，对我们来说更重要的是找到食物的成就感。

野胡萝卜是另外一种能开出灿烂花朵的伞形科植物。它是原生胡萝卜，由它培育出了我们菜园里的各种胡萝卜，虽说相比之下原生胡萝卜长长的锥形根过于苗条纤细。橙色的胡萝卜是 17 世纪才培育出来的，最原始的胡萝卜根的颜色是白色或紫色的。花开在 60～90 厘米高的茎秆顶端，虽说基本上是白色的，还略带点粉晕，但往往那中央有一朵孤零零的粉色花。它刚开的时候是独特的圆顶状伞形花序，然后随着花凋谢、结籽，伞形花序慢慢地内陷，最后结出的种穗是碟形的。它是真正的"安妮皇后的蕾丝"[1]，虽然峨参也经常被叫这个名字。据说这个名字源于中央的那一朵粉花，

---

[1] 安妮皇后的蕾丝（Queen Anne's lace）是野胡萝卜的别名。——译者注

它象征着安妮皇后戳破手指时滴下的鲜血。这是一种能够在荒原生存的植物，喜欢良好的排水环境，更偏爱碱性土。我的野胡萝卜是播种培育起来的，种在了我们的花境里，因为它既不喜欢我们花园里潮湿黏重的土壤，也不爱农场里天然的酸性土。

我的茉莉芹也是播种培育起来的，不管是在围墙的阴影中还是在萌生林里，它都长得很欢。它虽然是一种本土野花，但原生栖息地要更偏北一点，我也从未在本地的林子里见过它。它的羽状复叶尤其繁复柔软，花开在精致低调的伞形花序上，在每一株植物顶端铺陈开来。整株植物闻起来有股浓郁的甘草味，味道也挺美妙的，对消化系统有安抚镇静效果。一旦花谢、结籽后，就可以对其进行重剪，因为它会再长出来，重新开花。

毒欧芹深绿色的叶片和茉莉芹很像，但碾碎叶片会散发出一种令人不太愉悦的气味，像毒参的气味，但它的茎秆上没有毒参的那种紫斑。不过毒欧芹也是有毒的，虽然毒性不像毒参那么强，但处置时还是应当戴上手套。此外，任何种了可食用植物的地方都应当除掉它。不过它依然不失为一种漂亮的植物，也是仲夏时节开白色伞形花序的植物之一。

# 蟾　　蜍

在盆栽棚院子里，育苗温室的边上，有一片突出的区域，那是我们炼苗的地方。那些已经可以定植但定植位置还没空出来的苗，还有不可避免地多出来的一大堆根本不知道能种到哪里去的苗，都放在这个地方。我随便拿起一盆苗，不管是盆器、育苗穴盘，还是播种盘，都有机会看到一只因被打扰而膨胀得鼓鼓的蟾蜍。在天气暖和的时候，它们会爬出去，很聪明；但天气冷凉的时候，它们就蹲在那里，鼓鼓囊囊的，棕色的疣上会喷射出刺激性物质。

青蛙总是广受好评，蟾蜍却一直名声都不太好。它们惯于爬行而非跳跃，皮肤比较干燥且带疣，不像青蛙那样柔滑有光泽。而且人们一致认为蟾蜍是有毒的。其实，那些疣是腺体，会分泌抵御潜在捕食者的毒液，除非你想吃它，普通的蟾蜍是不会伤害到人的。

看到它们我总是很开心，因为它们会捕食那些吃植物的小型蛞蝓、蜗牛和爬虫。尽管蟾蜍丑兮兮的，又惘然无神，但它们是贪婪的捕食者，能吞食小型的水游蛇，甚至小家鼠。

我们的花园里到处都是蟾蜍。要是晚上拿个手电筒出门，必然会在小径中央遭遇一只正盯着我看的蟾蜍。狗子们一听到下层灌木丛里的拖步声，就会蹦跶过去，然后发现又是一只蟾蜍，便一脸嫌弃地掉头跑开。

蟾蜍会隐藏在花境的洞穴里或温室里，受到打扰时，会后退并露出明显的暴躁情绪。除了繁殖季，我们不太容易在水边见到它们。

英国有 2 种蟾蜍：普通蟾蜍和黄条背蟾蜍。

黄条背蟾蜍的眼睛是偏黄色的，普通蟾蜍则是淡棕色、近乎铜棕色。成年以后，普通蟾蜍的体形要比黄条背蟾蜍大50%。疾跑的一般是黄条背蟾蜍，要是听到很响、很粗犷的叫声，那是雄性黄条背蟾蜍的叫声，在夏天繁殖季里它们的嗓门要比普通蟾蜍大得多。黄条背蟾蜍在洞穴里冬眠，沙地是最理想的藏身之处。而普通蟾蜍冬眠时会藏身在木桩、树枝堆、落叶、空洞穴以及它们偏爱的冷床的黑暗角落里。

听说蟾蜍能活到 50 岁，着实令我震惊了一番，但这得要万分幸运才能实现，比如被圈养起来。不过成年蟾蜍通常能活到 10 多岁。春天的时候它们要从干燥的地方转移到潮湿的繁殖地，这可能会是挺漫长的一段旅程，很多蟾蜍会在途中被碾死于公路上。

蟾蜍卵跟青蛙卵是有区别的，青蛙卵是成团的，而蟾蜍卵是一排排的，黑色的卵排列在一股股胶状物中。蟾蜍卵可长达 3 米，而且时常缠在水草上。8 月，没有被蝾螈、划蝽或龙虱吃掉的小蟾蜍会从水里出来，小小的身上布满斑点，正好成为水游蛇、鹭、刺猬、白鼬、伶鼬、褐家鼠或乌鸦一口就能吞下的美食。这些捕食者不受蟾蜍白色分泌物的影响，而正是这种白色分泌物帮助小蟾蜍抵御了其他大部分潜在的捕食者。

# 原 拉 拉 藤

　　我还记得小时候的玩伴洛娜·伍顿小心翼翼地把原拉拉藤挂到阿德里安·古尔德身上，前前后后都挂满了，他细白的腿从挂满原拉拉藤的短裤里露出来，头发上盖了一顶狂野的原拉拉藤斗篷帽。他就像是森林之神、林中精灵、潘神[①]、塞努诺斯[②]——只不过那时的阿德里安·古尔德还不到 7 岁，洛娜比他大 1 岁，而我是最小的一个。

　　那是 60 年前的事了，那时候的世界简单、绿意盎然、无忧无虑。我们的很多游戏都是在一条路上玩的，那条路上一天也就能看到 3 辆车，而且司机我们都认识。原拉拉藤会粘到或钩到衣物和其他植物上，够到哪儿就粘到哪儿，因此

---

[①]潘神，古希腊神话中的牧神。——译者注
[②]塞努诺斯，凯尔特神话中的神祇，掌管动物、繁殖和狩猎等。——译者注

到了 5 月中旬，篱笆外围、灌木上甚至树枝高处都裹上了一层毛茸茸的原拉拉藤。

原拉拉藤，又名锯锯草，这是它众多的本地俗名之一，拉丁学名是 *Galium aparine*，跟香猪殃殃和蓬子菜有亲缘关系。它是一种生长异常蓬勃的一年生杂草，一个生长季能长到约 3 米长。整株植物长满细密的倒刺，能钩住任何物体的表面。显然，由于数百年来人们持续除草，耕地里长出来的原拉拉藤已经演化出更大的种子，能在不同的时期萌芽，匍匐生长而非攀缘生长。这是植物演化的一个缩影，根据人类的行为进行调适和应变，实在有趣。

原拉拉藤也被叫作鹅草，因为鹅和小鸡都特别爱吃它，偶尔也有人会吃，当然热衷程度跟鹅和小鸡没法比。它的刺毛跟异株荨麻很像，烹饪后会变软。我不太确定有没有尝一尝的必要性，不过我确定它是一种绝佳的堆肥材料。

## 鸽　　子

我所生活的时代里，鸽子已经从和平的象征、温柔友爱的典范，几乎变成了花园的害鸟。这就是一定程度的"熟生蔑"吧。

但这不好归责于任何一种鸽子。在历史上，欧斑鸠一直象征着专一、忠贞和真爱，而如今在英国已经是濒危物种之一。自 1970 年以来，欧斑鸠的数量已经下降了不止 90%，而且还在继续下降，据可靠预计，这种鸟未来在英国确实有可能会灭绝。

欧斑鸠是一种候鸟，一年中大部分时间都在非洲撒哈拉沙漠以南，春天才来这里繁殖。但我从没在这里看到过一只，而且也没期待能够看到。我能在照片里辨认它，它有着不太像鸽子的棕色翅膀和苗条得几乎可以说娇小的身材，据我所知它的体型几乎只有斑尾林鸽的一半大。

坦白说，鸽和鸠都是鸠鸽科的成员，只是我们强行把它们区分开了。甚至在这个科里，那些本质上一样的鸟儿，只是被简单地根据颜色和生存环境进行了分类。在春日阳光里拍拍纯白色的翅膀从鸽舍的顶部飞起的象征和平的白鸽，跟连锁快餐店门口在掉落的薯条和垃圾间跳来跳去的鸟儿，是同一种鸟。

欧斑鸠数目锐减的原因有四：一是它们去非洲过冬时来回路途上所遭受的迫害，单是马耳他人一次就会射杀成百上千只；二是它们赖以生存的适合食用的杂草种子变得匮乏，这影响了半数雏鸟的哺育；三是气候变化导致的一些栖息地沙漠化；四是受滴虫病的影响，很多鸟类都会罹患滴虫病，但欧斑鸠所受的影响似乎尤为严重。

但生物种群的平衡又该怎么说呢？60年前，英国乡村欧斑鸠的数量是现在的10倍，而灰斑鸠要少得多。而现在灰斑鸠无所不在。据悉，英国第一对灰斑鸠是在我出生的那年，也就是1955年，被繁育出来的；到了1964年，大概有18 000对配对繁殖；而现在，2020年，估计有1 000 000对。

灰斑鸠原生于印度北方平原，直到17世纪中期它们差不多都还定居在那里。没人知道为什么突然之间（从演化角度来讲也是非常近的时间）它们开始遍布全世界了，而且目前还在扩张中。此外，作为个体的灰斑鸠却非常奇异地倾向于定居，从来不会离开它们长大的地方太远，而且不像欧斑鸠每年都会跋涉大约600千米进行迁徙，因为它们不太擅长长途飞行。

灰斑鸠是漂亮的鸟儿，要是它们稀少的话，我们必然会万分珍惜。它们小小的，虽然比欧斑鸠大一点，羽毛是可爱的灰粉色，颈上一圈细细的黑色，叫声是温柔的咕咕声。显然，这咕咕声是有力的性信号，一只一嗓子能咕咕3声的雄鸟，相比只能咕咕2声的，对雌鸟来说更有吸引力。

它们的繁殖效率特别高，最多一年能孵6窝以上，不过常规是2~3窝，通常在3—10月之间，有时候一年中的每个月都可以。有时候一次孵1窝以上，每窝有1~2只雏鸟，在非常粗糙的、满是枝丫的巢中孵化和养育。

这就意味着它们在养育雏鸟上投入了大量的精力，大多数配偶一年大概能养活 3 只健康的后代。由于它们大概能活 3 年，因此每一对配偶能养出约 10 只雏鸟，这就解释了它们数量的增长。它们以谷物、种子以及我的豌豆苗为食，它们在我的豌豆苗刚刚冒出地面时就将其啄走。但我对它们也生不起气来，因为它们非常漂亮，而且卧室窗外它们那柔和的咕咕声大大补偿了我失去豌豆的遗憾。

# 欧　椋

不管是在花园里还是在农场所在的山谷里，欧椋都是风景里的一大特色，和其他林木融为一道一成不变的风景线。随着白蜡鞘孢菌（即白蜡树枯梢病）的侵袭，病害威胁并横扫了整个国家的所有欧椋，就像 20 世纪 70 年代中期，榆树荷兰病几乎给所有榆树造成灭顶之灾时一样。这一切使人们在惊恐中注意到欧椋的重要性，它们对景观风貌、社会、文化的重要意义。失去欧椋就像失去月季或猫一样令人惊恐。

如果说白蜡树枯梢病威胁性还不够大的话，那么白蜡窄吉丁所带来的灾难性后果堪比荷兰榆树象鼻虫。英国欧椋的前景凄惨。

欧梣树形典雅又优美，而作为木材，从很多方面来说都是最坚韧、最耐用的。虽然在农场里，很多虬结扭曲的老树上几乎所有分枝都是横向伸展的，但这些分枝总是无一例外地在梢头向上翘起，美化了整个树形。

欧梣的木材纹理是直纹的，硬度高、韧性好，是制作各种把手的理想原料，比如铲子、曲棍球球杆，以及那些容易颠簸需要吸收震动物件，像手推车、拉货车、巴士和轿车的底座。举例来说，摩根汽车的底座、名爵迷你旅行车的半露木结构都是欧梣木材的，第二次世界大战期间还被用来制作蚊式轰炸机的机体。欧梣的英文名 ash 来源于盎格鲁－撒克逊语中的 aesc，意为"矛"，因为它曾是制作矛、箭和矛杆的最佳木材，能耐受重击而不碎裂。它也被用来制作梯子、桨、三柱门①的柱子、拐杖、车轴、轮缘（车轮的外缘），当然还用来做桌子、椅子和梳妆台。除了用途多样，欧梣也是公认的最佳柴火，即便是新砍伐下来还带着绿意的木材也很容易劈开，并且很好烧。

换句话说，在历史上，欧梣因广泛的用途而获得的赞誉

---

① 三柱门，是棒球运动中位于方球场两端的两套三根木柱和两根横木组合。为防止球击中三柱门，击球手要用球板守护。——译者注

甚至比橡树还高。知道这一切后，树篱里和山坡上那些欧椇的树形之大就不难理解了。几乎所有经过平茬修剪的老树都是从笔直的主干上抽出无数枝条来。这些树的树枝都是从某个高度以下就从主干处被齐整地剪断了，这个高度就是牲畜够不着的高度，不然一旦它们出现在周围就会把抽出来的新枝吃个精光。平茬修剪的欧椇和橡树几乎可以说是篱笆的一部分，在每个农场都价值不菲。每一次橡树大修剪的间隔是30年，而欧椇则每 15～20 年平茬修剪一次，因此大部分农场主都会有几次大丰收的机会。通过错开一些树木的平茬修剪时间，农场主就能源源不断地获得高品质的木材，满足农场里和家里的各种需求。

但这一切都过去了。这些平茬修剪的树木如今已经长势失控，大部分已经超过50年没修剪了。有些树干完全中空了，只剩一层僵化的外皮，长着无比粗壮的树枝，证明着老树的年龄和令人难以置信的韧劲。在农场那边，我们有几十棵长过头的欧椇，很多都长在非常陡峭的斜坡和比较难处理或难以靠近的位置。而在海拔约 365 米的山坡上，那里土层薄，土壤呈酸性，出产的欧椇木材比较差，纹理都不太直。我给其中一棵做了平茬修剪作为试验，过程非常艰难且危险，而把木材从山坡拉到农场的过程更是一波三折。然而，最终我们获得的木材弯曲多结，除了当柴火烧，也做不了什么东西。

诚然，木材的品质差了点，但它还是重要的原料，因此人们愿意在砍伐后把木材一点点地用马和雪橇拉下山去，制成高质量的木炭。直到 19 世纪中期，煤炭才取代了这些山坡林地大量出产的木炭。

我纠结了：是保留余下的那些平茬欧梣，单纯把它们当作壮观优美的树木欣赏，还是继续平茬修剪把木材利用起来？但我们可能得引进马匹才能干这活儿。要是继续平茬修剪，树木和人类之间就能建立起一种实用、可持续的关系，而不用去采买木材或人工材料，甚至有时候还得从海外采购。

另外一个支持平茬修剪的好理由是，如果完全不修剪的话，这些欧梣只能存活 250 年左右。但如果继续平茬修剪或砍伐的话，它们的寿命就能翻倍，有些平茬修剪的欧梣根株寿命超过了 1000 年。要是不管它们，树枝会长得过大，头重脚轻，而后主干和根系难以支撑（即使是像欧梣这么发达的根系也很难支撑），那么大雪或狂风就有可能撕裂树木，甚至把它连根拔起。这事在我们好几棵树身上已经发生过了，是一层厚厚的积雪冻硬以后造成的。

欧梣萌生林是非常漂亮的地方。它们投下来的树荫总是敞亮、通透的，是蓝铃花、雪滴花、丛林银莲花和报春花理想的生长地。欧梣萌生林长势比榛树更猛，主干长到直径 7 ~ 10 厘米时砍成光杆。我们这个地区直到 19 世纪，数以万计的欧梣树干还被用作啤酒花架支柱。但现在绝大部分的啤酒酿造所都消失了，而欧梣萌生林要么生长失控，要么被推平，要么被人工种植的冷杉林取代。

我在花园里种了几棵欧梣，仅仅 30 年，有些就已经长得非常大了，其他的经我平茬修剪后也长回来了，而且长得非常茂盛。2008 年，我在农场里种了 1000 棵欧梣，计划定期砍伐用作房子里的燃料——我那整栋房子只用柴火取暖。然而白蜡树枯梢病来袭，几乎感染了所有欧梣。有意思的是，每棵树对于感染的反应似乎各不相同。有一小部分已经死了，有一些感染严重但挣扎重新生长，还有一些没见到严重感染的迹象。最近的研究表明，那些单独栽种的树木，如种在田野里、篱笆里或混生林里的存活率更高，而绝大部分欧梣都是种在人工林（比如我的欧梣萌生林）里，严重感染就不可避免了。真菌无法在 35℃以上存活，因此炎热的夏季对欧梣来说是好事。但种种迹象表明，小树苗尤其难以熬过反复感染。

还有一个需要应对的问题，虽然它们分布在 4 个不同的人工林，但几乎所有的树都会在某个阶段遭到羊的啃食。那些羊可以从树皮里获得它们在冬季牧草里无法获得的矿物质和微量元素。树干上只要有窄窄的一圈树皮被啃掉，树木就会死亡，不过欧梣常常会在受损位置的下方重新抽出枝条来。

在下雪天或酷寒的天气里，野羊还是会找过来，要么翻过篱笆，要么从篱笆底下钻进来。不管我怎么不断修理，怎么尽可能地竖起坚固的障碍物，它们都能找到进来的路。

竖篱笆比重新购买和种植欧桦还费事费钱，纵然我大部分欧桦是这样种的：割掉4块四方的草皮，把树根平铺在露出的土壤上，然后把草坪填回去盖在根上，踩实，给树做好支撑，固定好。用这个不太专业的土方法种的欧桦没有一棵死掉，除了被白蜡树枯梢病祸害的。尽管我从未给它们浇水除草，更不必说施肥，但大部分树都在茁壮生长。这事儿可就跟《园艺世界》的主旨相去甚远了。

# 灰　鹡　鸰

我常在农场看到灰鹡鸰，但在相距仅约50千米的花园里却从未碰到过。它那亮黄色的胸部就像是灰色晨衣礼服下穿了一件芥末黄色的西装背心，它那长长的灰白色尾巴轻轻翻翘，有节奏地拍打着，就像是我们熟悉的白鹡鸰穿上了一套崭新的服装。它喜欢我们的幽谷，那里安静平稳的水流在雨后会变成一条奔腾咆哮的湍流。它似乎并不在意水流的大小，就站在那中央潮湿的石块上，尾巴拍打翻动着，在暗沉奔腾的水流衬托下一抹亮黄色闪耀醒目。

# 聚 合 草

有时候园艺植物和杂草的区分点很难界定。聚合草装点着花园尽头的河流两岸，层层叠叠的叶丛上点缀着铃铛般的奶油色花朵。

也有长在花园里的聚合草，那些园艺品种有序地成排种植着，花是粉色和紫色的。而杂交品种也有，它们很容易相互杂交，到处自播，不请自来，不受欢迎。但它们来得容易，去得也快。

除了易倒伏、会抑制邻近植物生长，聚合草其实也没那么招人厌。我们需要做的就只是把它们多汁的、黏糊糊的叶片割个干净，在它们带着丝毫不减的活力和热忱长回来之前，这一片地都会是开阔而敞亮的。

总而言之，聚合草是一种很棒的植物。它喜欢潮湿黏重的土壤，它那肥硕的肉质根系就像武装了利齿一样扎得非常深。它的根系在吸收任何可用的营养物质时都特别高效，然后将其输送到叶子以强健自身。它们降解回归土壤的速度也特别快。没有什么植物的叶子蛋白质含量比它更高，也很少有植物能比它更擅长汲取和积聚微量元素。这就使它成为一种极棒的植物液肥，我经常用到它。它的气味因为蛋白质降解的缘故极其可怕，但几周后人就能靠近了。用它做成的液肥极其好用，可以促花促果，而不是只促生出一丛丛鲜嫩柔软的绿叶。它在堆肥方面的表现也非常好。这虽然不是什么让人想要拥有它的特点，但对园丁们来说是应该珍惜的一点。

# 厨房里的喜鹊

5月30日。6点钟，我下楼时，厨房里有一只喜鹊。它似乎并没有受到过多的惊扰，只是从餐具柜跳到了椅背上，随后斜掠到窗户上，带着一种惊慌但又好奇的感觉，就像在二手货商店里寻觅心仪之物的人。窗户整夜都开着，它显然是不请自来的，然后又忘了该怎么出去。我把另一扇窗户打开，然后离开了10分钟。等我再次回来时它已经走了。喜鹊就是这么一种好奇心重的鸟儿，而且聪明得不得了，谋算深沉，厉害得很。尽管它们很是蛮横，但我还是极其欣赏它们。

# 夏

5月是全然的春天，而6月是全然的夏天，但两者一脉相承。进入6月就仿佛是推开一扇门进入一个盛大的夏日沙龙。实际上，夏天分为两个阶段：首先从5月底到7月中旬，这是一个充满希望、蓬勃发展和抵达繁盛的阶段；然后是第二段夏日时节，一直持续到9月，它更丰富、更深邃，并带着一抹行将结束的忧郁。

6月是英国乡村风光最为鼎盛的时候。万物长成，却丝毫不失春天的新鲜感，毫无厌倦疲惫之意。许多小型鸟类正在下第二窝蛋，草甸上的野花正处于最佳状态。这一切都让人有一种非常明显的感觉：自然界正在向深处延伸、繁殖、生长，实现着它存在的唯一目标，那就是繁衍并保持生态位的活力。

直到7月底这一景象开始发生变化。许多草甸野花结了籽，丰收的脚步正在临近，6月初的那股清新的气象已被拨弄殆尽。雨燕和大杜鹃已然离去，夜晚的空气带上了凉意。此时也正值学校放假，在我的脑海里，它永远与儿时在乡村漫游的时光联系在一起：狗子们在前面奔跑，沉浸在田野、灌木树篱、林地与小路的世界里。日子一天天过去，为享受生命的每一刻、每一种形式的需求增添了一抹急切之感。

六

月

# 毛　茛

6月初，结束了连续8天、每天12小时高强度的切尔西花展之旅，我回到家中，脑袋里塞满了各式各样精致的园艺内容。就像是美食评论家每天吃两顿山珍海味并连续吃了很多天，此时此刻只想来一些清粥小菜。我此刻就想观赏一片简简单单的毛茛花田。十分幸运的是，我恰好拥有这么一片花田。

我们那片鲜花、观赏草、香草交织的野花草甸在人工管理下已然初具规模。6月初始，毛茛花的爆发拉开了整个花期的序幕，让整片花田都泛起了金灿灿的光。这就是高毛茛。

这些毛茛与其他很多现代野花草甸里的植物一样，早在50多万年前就盛开在这片大地上，它们是食草的河马可以轻松地大口啃食的植物。然而，似乎直到18世纪，它们才被叫作"奶油杯"（buttercup）。用这个词语来普遍称呼它们的时间，与它们存在的时间相比，不过是短短一瞬，如此想来，颇有意思。

匍枝毛茛的根会像爪子一样扎入土壤，这种毛茛只喜欢潮湿的土壤环境。当土壤潮湿时，它极其难被清除，只要留下一点点匍匐茎和根，就能长成新的植株。再加上它植株低矮，像一层垫子一样铺在树篱和灌木丛中，因此要将它清理出花园是难上加难。它们也喜欢生长在潮湿密实的草坪上，对此在意的园丁十分憎恨它们糟蹋了宝贵的草坪，然而我并不在意。

但是和其他毛茛一样，它们开出的金黄色花朵如潮水般铺满潮湿的田间、路缘与沟渠，这也是晚春初夏的一道风景。它们由蜜蜂授粉，因为蜜蜂短小的舌头可以很轻松地在它平展的花朵上获取花蜜和花粉。

## 敞 开 房 门

夏天，除了狂风暴雨的日子，我通常会一起床就打开所有房门，直到夜色降临。如此一来，家燕可以俯冲而入，在房间里巡游一番，然后毫不费力地回旋飞出。欧亚鸲和鸫鹩也会不时地出现在厨房和客厅里。耐杰尔常常躺在门口，头搁在门外，尾巴在门里，静静地看着外面的世界流转。

## 西洋接骨木

西洋接骨木正开出餐盘大小、由白色小花组成的花球。

我们采摘了满满一篮，准备制作接骨木花露，品尝它那芬芳中泛着微酸的初夏味道。假如西洋接骨木比较稀有，又有如此的夏日表现，那么园丁们肯定会珍惜并精心培育它。但大部分时候，西洋接骨木只被当作"杂木"，仅仅比蒲公英和蓟稍好一点。西洋接骨木在英国，是人们生活的一部分，然而它常常被当作林下植物，处于植物界的底层，但我很喜欢它。西洋接骨木很常见，生长杂乱，人们通常认为它只有经过育种改良后才配得上大多数花园，但我的花园大门永远对它敞开。

西洋接骨木像荨麻一样跟随着人类，生长在垃圾堆、排水沟以及人类和动物出没的任何地方，它缠绕在破败的建筑周围，将细长的枝条不甚雅观地挤进檐槽和残留的屋顶瓦片之间。它是人类不断扩张的印记。

以前，度假游客和村民用它制作各种各样的饮品和药剂。它的树皮是一种通便剂，叶子可以用来制作治疗擦伤和扭伤的药膏。据说它还能除掉疣子，但更实用的功效是，挥动它就可以赶走苍蝇。卖给我们这栋房子的老妇人，之前经常回来采摘谷仓后面一棵长得张牙舞爪的西洋接骨木的花朵，用来制作化妆水和洗发水，她从还是个小女孩的时候就年年做。西洋接骨木的花还可以用来制作香槟、花露和油炸馅饼。

西洋接骨木的木质特别坚硬，染色（极大可能出于不良目的）后可用作象牙和乌木的替代品。西洋接骨木幼嫩的茎干中有柔软的木髓，取出木髓后，就获得了一根空心木管，非常适合用来做豌豆吹管。木髓也可以用来清洁精密的手表零件。

西洋接骨木总是不请自来地出现在树篱中，但它从未成为树篱树种的一员。在英国宪章运动时期，它们更常见于开阔地区，比如丘陵地带，而非林地中。这就说明它们也就比灌木高一点。也许这是因为它们的叶子有毒，牛和兔子都不吃，所以在周围植物被大肆啃食时，它们得以继续生长。

## 云　　雀

我觉得，那些认为自己曾亲耳听过或者在电台听过云雀歌声的人，其中只有不到一成曾亲身站在开阔的田野中，听到这鸟儿真正的歌唱。云雀一边歌唱一边冲上云霄，直至大约 300 米的高空。它的身影消失在人们的视野中，但它的歌声却在耳边久久萦绕。然后，它又缓缓盘旋而下，开始新一轮的表演。

云雀是一种小型鸟类，身披灰色的、没什么个性的羽毛，飞行时会展露出一抹白色的尾羽。除了出众的歌声，它们平平无奇。但若能像它们一样唱出如此动听的歌声，又何须在意华丽的羽毛？

云雀在地面筑巢，和大多数在地面筑巢的鸟类一样，它们的雏鸟成熟得很快。大多数小型鸣禽从筑巢到雏鸟独立需要 5 ~ 7 周的时间，而云雀从产蛋、雏鸟孵化，再到成熟离巢只需要 4 周。因此亲鸟一年内最多可以养育 4 窝雏鸟。

直到 20 世纪下半叶，它们的歌声还回荡在英国广阔的乡村地区的每一个角落。哪里有田野，尤其是草甸，哪里就有云雀。然而每年都有大量云雀被捕食，更有成千上万只成为笼中鸣禽被贩卖。在我童年的田野里，它们曾经无处不在。幸运的是，在花园周围的乡下，它们仍然很常见，只是听到它们婉转歌声的机会越来越少了。

尽管每一对云雀每年有繁殖多达 20 只雏鸟的潜力，但它们的数量还是在急剧减少，在 20 世纪的最后 25 年里，云雀的数量减少了 50% 以上。和农田里其他食虫鸟类一样，它们也承受着人类大量使用杀虫剂带来的威胁，但造成它们种群数量骤降的主要原因还是栖息地的减少。农作物播种期由春季变为秋季，如此一来，冬季田地里就没有了农作物残茬，也没有春播为它们提供食物，这减少了它们成功越冬的机会。而最大的变化则是人们由制作干草饲料转变为制作青贮饲料，20 世纪 80 年代之后青贮饲料的制作量急剧上升。

然而除了多次收割，农民在收割间隙还会给田地施用氮肥和其他各种肥料，甚至会平整土地。地面筑巢的鸟类在这种情况下存活的机会几乎为零。瑞士的一项研究表明，当云雀在青贮饲料田中筑巢时，雏鸟的存活率仅有 14%，也就是说这些鸟儿必须产下 7 窝（这数量相当惊人了），每窝 4～5 个蛋，才能有 1 只幼雏成功存活。

云雀的歌声，与英国乡村的美丽密不可分，是田园牧歌式纯真无邪的象征，如今却被大肆扩张的农业生产和日渐严重的生态破坏给毁了。我们带着怀旧的心情赞颂着录制的云雀之歌，同时为了寻求更便宜、更便捷的食物，我们成了导致云雀衰落的直接因素。如今的乡村风貌就是我们自己种下的恶果。

# 毛 地 黄

毛地黄在我这里就生长于两种截然不同的环境。在花园中，它们随处可见，尤其是在树篱下和小径边。它们在果园花圃和萌生林的斑驳阴影中快乐地生长，也在村舍花园惨遭黄杨枯萎病摧残的黄杨树篱中自播繁殖。它们是出类拔萃的村舍花园植物。当它们靠着树篱生长时，花剑上带着斑点的管状花会悬垂在同一侧；而在开阔地带，其花朵则团团簇簇地围绕着花茎盛开。

在农场里，它们的生长状态大不相同。首先，花期更晚。在花园里，它们在 6 月的前几周就处于最佳状态，有些品种的花期会持续到 7 月，而在海拔 300 米以上的农场里，它们要到 7 月才能开始进入状态，花期会持续到 8 月。其次，农场里的毛地黄颜色明显比它们的低地表亲们更深。花园里的毛地黄，也就是我们在花境中种植的很多园艺杂交品种以及归化了的毛地黄，有一种略显慵懒、高大、优雅与随和的魅力，它们给人一种想要倚靠的感觉。而农场里的毛地黄则生长在开阔的户外，显得直立挺拔，它们的叶子被周围缠绕生长的蕨类植物遮盖，只有紫色和粉红色的花朵脱颖而出。

它们绝不是草甸野花，如果你在田野里看到了它们的身影，那么这意味着不久之前这里是一片林地。蕨类植物遮蔽了阳光，再现了毛地黄原生的林地环境，标记着曾经的林地位置。它们长得最好的一处山坡在 150 年前曾是橡树萌生林。如今，坡上徒留一两个腐烂的树桩，被欧洲蕨层层叠盖，但毛地黄仍在生长，仿佛山坡上仍长满了橡树。

第二次世界大战后，英国林业委员会和商人趁着软木和纸浆的需求增长，在许多原来是萌生林的地方种植了针叶树。那些人造林的树荫非常浓密，树下几乎什么也长不出来。然

前页图：6 月的观赏草花境。

上图：我们可爱的威尔士黑牛听到饲料桶的哗啦声就知道有吃的了。

下左图：我用一根砍伐的栗树干做了这道门，把无核小果区从果园里分隔出来。

下右图：一丛欧百里香长在威尔士山坡高处的一座蚁冢上。

对页图：果园里每一棵苹果树的枝丫上都悬垂着藤本月季的枝条。

对页图：农场里的野花草甸，我们精心照料了 10 年。

上图：耐莉试图将自己伪装成一株野花。

下左图：紫斑掌裂兰。

下右图：这些兰花是自然生长的，而且正稳步扩散开来。如今，草甸上长了 3 种兰花，会在 5 月到 7 月底开放。

**上左图：**农场的山上水流潺潺，沿着幽谷倾泻而下，形成一连串漂亮的小瀑布。

**上右图：**花园里的水系是引进来的，我们借此造就了天堂花园里精细管理的喷泉。

**下图：**野生花园里的小池塘。

**对页图：**盛开的圣母百合。它们由飞蛾授粉，会长可怕的百合负泥虫。

**翻页图：**我们让毛地黄随处自播、随意生长，熊蜂跟我们一样热爱它们。

而随着市场变化，这些茂密的人造林正越来越多地被砍伐。这是 20 世纪 80—90 年代南威尔士采矿业崩溃带来的一个意料之外的间接后果。当时为了获取制作矿井支柱的原材料，人们栽种了大量软木树种。现在，砍伐和处理这些树木的费用甚至高于木材本身的价值。

毛地黄是二年生植物——在第一年微小的种子发芽，并发育成只有叶子的小植株，等到第二年才会抽出高大的花莛。然后，在理论上它们会在散播种子后死去。树木采伐后的第二年，通常会有一大丛毛地黄苗在新一年的阳光下生长。毛地黄每朵花都能结出数以万计的小种子，这些种子可以休眠几十年，以等待萌生林砍伐周期的到来。以榛树为例，这一周期大约是 10 年；而对橡树来说，这一周期甚至可达 30 年之久。如今，人造林被砍伐，它们在阳光下迎来爆发。

毛地黄靠蜜蜂授粉。采蜜时蜜蜂必须爬进花管，在这个过程中它们身上会蹭上花粉。在阳光明媚的日子里，几乎每一朵毛地黄花里都能看到浑身沾满花粉、忙着采蜜的蜜蜂。

毛地黄喜欢酸性环境，所以农场里微酸的土壤是最理想的，但它们似乎在花园里的中性黏土里也生长得非常好。从毛地黄中提取出来的洋地黄苷类化合物是一种重要的治疗心脏病的药物成分。然而，摄取过量会导致中毒，所以最好不要食用毛地黄植株的任何部位。

# 大杜鹃的叫声

6月的一天晚上9点，我坐在外面，喝着一杯威士忌酒，听着大杜鹃的叫声。它绕着农场飞到山坡上，不停歇地整整鸣叫了40分钟，一如我以往听到的那样悠长嘹亮。晚上10点钟，天色暗了下来，在半明半暗的夜空中，轮到蝙蝠们登场了。

# 小 鼻 花

小鼻花的名声毁誉参半。在人类历史的大部分时期，农民都讨厌它，因为它半寄生在牧草里，降低了草场和牧场的产量。它之所以叫这个名字①，是因为结籽并成熟后，种子会在棕色的种荚里发出"嘎啦嘎啦"的声响，然后种荚干燥裂开，种子落到地上。但最近，它开始被视为"草甸制造者"。这种植物能帮助其他不太强健的野花在与野草的竞争中生长、繁盛并结籽。因此，你如果想要培育一片野花草甸，那势必会想要促进小鼻花的生长。

---

① 小鼻花的英文俗名是 yellow rattle，直译为"黄色的嘎啦声"。——译者注

## 六月

当我们接手这座农场时，它已经被用于放牧很多年了，几乎被榨干了，那是一个物尽其用的农场。这意味着无论是在树林、山谷、草甸还是牧草场，羊群都可以自由地啃食任何东西。所以除了杂草，植物多样性并不显著。但在我们接手后的第二年6月初，我们在田地里看到了一株小鼻花。它笔直的花梗上开着黄色的兜帽状小花，长着小小的荨麻似的叶子。

第二年它消失了，但在旁边的田地里又长出了3株。然后，我们开始在严格的干草生产制度下管理这片土地，这意味着在5月初至8月中旬期间，不修剪、不放牧，放任植物生长、等种子成熟。通过制作干草，我们榨干了这片土地，随着小鼻花的散播，牧草很快变得不那么茂密，产量也下降了。第一年农场产出了100大捆干草，但在随后的3年里，这个数字下降到了30大捆出头。理想情况是，非牧草类植物（即非禾本阔叶植物）比牧草多，比例达到约80：20，但实现这一目标需要一段时间。即使达成了，每年的情况也会有所不同。

现在，这片草甸上有了成片数以千计的小鼻花。7月末，当我行走其间，确实能听到它们嘎啦作响，如同一支喧闹的沙槌乐队。然而，它们并没有长得到处都是，也不会固守一地。在这片约1.2万平方米的土地上，有些地方从未长出过小鼻花，有些地方长满了小鼻花，有些地方则是今年有明年没有，每年都不同。

然而，仅是制作干草是不够的，因为小鼻花种子的萌发条件非常特殊。这种植物来得快，消失得也快。它是一年生植物，所以如果在种子成熟之前，花朵就被牲畜啃食或随同干草一起被收割，那它第二年就长不出来了。最重要的是，种子没有休眠期，需要立即播种。当种荚被碰掉或者收割后落到地里，播种便自然而然地完成了。然而种子还需要与土壤直接接触才能发芽。但是，即便在夏末就播种在裸露的土壤上，它也要到第二年春天才会发芽。并且，满足以上这些条件还不够，春天必须要有足够的雨水来促使种子萌发。干燥的晚冬和早春对小鼻花可能是灾难性的。

耕作管理意味着牧草会被割得很短，制成干草，土地会暴露出来。接着，当牧草"春风吹又生"时，牲畜会被赶到地里，在秋天以及天气允许的冬日里啃食牧草。在这个过程中，土壤会露出，牲畜的蹄子会把种子踩进泥土里。原本可爱的牧场被踩成了泥沼，然而被严重"践踏"的田地对野花来说从来都不是灾难。春天，人们用耙子把最糟糕的地方耙平，种子也会享受暴露在泥土中的乐趣。当荨麻状的叶子开始出现，第一朵黄花探出脑袋，你就知道新的循环开始了。

制作干草需要至少连续 3 天的干爽天气，但威尔士山区夏季潮湿，这样的天气条件十分稀有。有一年，因为太潮湿，我们一直等到 10 月底才能收割牧草。事情弄得一团糟，但第二年小鼻花依旧长得很好。还有两年，也是因为天气太潮湿，根本没法割草，所以我们就用围栏放牧法放牧牛群，当牛把牧草吃到只剩茬子时，我们就根据情况移动电子围栏的位置。第二年，小鼻花和其他野花再次出现。但理想的情况是，在经过了一个冬天的拼命放牧之后，5 月 1 日之前，山坡上的场地就不再向牲畜开放（若是地势较低的地方，应在 4 月 1 日之前），然后在 8 月的某个时段就可以收割牧草了。

我们已经把从野花草甸里收来的绿色干草撒到了邻近的田地里，这意味着小鼻花的种子也撒播下去了。就在我写作的当下，有数百株幼苗正在生长，正在形成神奇的野花国度。

## 欧　洲　蕨

到目前为止，耗费我人生中最多时间、精力和金钱的杂草是欧洲蕨，也就是众所周知的野蕨。

我的花园及附近区域都没有欧洲蕨，在我们接手农场之前，我的日常生活中根本没有欧洲蕨。但欧洲蕨遍布农场，也遍布整座山谷。事实上，欧洲蕨覆盖了英国陆地总面积的

3%，也就是超过 9000 平方千米。另外还有 90 000 多平方千米的地下茎和根系，因为这种植物只有 10% 的部分露在地面之上为人所见。

这些黑色的根状茎，具有奇怪的黏性，它肆无忌惮地蔓延着，一边爬一边舒展叶片。沿途大多数植物都被遮盖，被抑制了生长，只有那些在蕨叶遮天蔽日前就能完成生长、开花和结籽的植物才能存活，对我们这里而言，就是 6 月中旬之前。欧洲蕨有益的一面是，一些植物如蓝铃花、堇菜和丛林银莲花，在这片区域还是林地时就在此处生长，欧洲蕨提供了它们需要的夏季阴凉，让它们能够持续生长。但总的来说，在欧洲蕨密集生长的地方，其他的植物就很少了。

但它们并非在所有地方都密集生长。当我们初到农场时，有些田地被"感染"了，但并没有被彻底占领。所以我每年修剪 3 次，分别在 6 月底、8 月、9 月底或 10 月初，以此压制欧洲蕨的生长，让牧草有机会长得更好。我动用了装备库里的所有"武器"。首先是一辆带连枷的高山拖拉机，它可以应付陡峭的山坡，然后我在这四轮大家伙后面挂上"欧洲蕨毁灭者"——滚轮就可以开干了。我还用上了割草机、屠草棍以及我的大镰刀。最近，我甚至动用了全自动的远程遥控拖拉机和连枷来处理那些极为陡峭的区域——至今我和我的镰刀都够不到。欧洲蕨也许冷酷无情，但我也不遑多让。

这样做了几年之后，我把修剪次数减少到每年 2 次，分别在 7 月初和 9 月，第二次修剪，我能做到既有效又尽可能地美观。如今这些土地上牧草繁荣生长。15 年前这里的欧洲蕨超过 1.8 米高，而现在已经很少了，即便有一些，也只是零零散散的几株，约 30 厘米高。但如果我放任不管，或者因为天气太潮湿无法处理，它们会慢慢长回来，不出 5 年就会变得跟以前一样糟糕。你永远无法彻底击败欧洲蕨，只能暂时遏制它。

有证据表明，在过去的 200 年里，欧洲蕨曾大规模蔓延扩张。在 16 世纪中期至 19 世纪之间，有一个小冰河时期，持续的寒冷冬天使得欧洲蕨根茎生存艰难。除此之外，养在山区里的食草动物中，牛的饲养数量比羊更多。人们通常小规模圈养羊，以获取羊毛和羊奶，而非羊肉，所以羊的踩踏范围小。而牛的踩踏更重且范围广，会将欧洲蕨根茎暴露在寒冷的空气中。但逐渐变化的气候和耕作方式让欧洲蕨得以大规模繁殖，并且人为造成的气候变化很可能会助长这种扩张趋势。

在过去，人们会收割并碾压欧洲蕨以抑制它们的生长或减少其数量。当欧洲蕨被割断时，受损的植株会慢慢流出汁液，带出根茎中储存的养分，从而让植株的生长放缓。用滚轴碾压叶片，无论是方齿的还是带多片厚"刀片"的，用适当的角度在欧洲蕨上滚动，以此挫伤、压扁欧洲蕨，虽然不能带来与直接清除欧洲蕨一样的满足感，但实际上同样有效。这就是为什么用棍子击打蕨叶也会有用。即便仅仅是驾驶四轮摩托车轧过它们，明年车辙处的欧洲蕨长势也会放缓。在欧洲蕨生长的地方放牛也很有效，尤其是在冬天，因为牛会翻搅出欧洲蕨的根系，根系一旦暴露在霜冻中，它们就会死亡。对牲畜来说，在春天食用欧洲蕨会中毒。我们有一些小母牛就死于欧洲蕨中毒，所以必须小心，不要让它们在年初过早地接触欧洲蕨。欧洲蕨孢子对人类也有致癌性，所以割草时，我会戴上医用口罩。

砍掉欧洲蕨会带来一个意想不到的结果——特别是在田地之外曾经是树林的地方——绿荫小径、石墙、阶梯，甚至是完全隐藏在欧洲蕨丛中的建筑都会重见天日。

欧洲蕨并不是在所有地方都能生长。它需要排水良好、肥沃的酸性土壤。它无法生长在海拔 450 米以上的地方。这意味着到了一些地方欧洲蕨就会突然停止扩张，所以在山坡上有一条清晰的欧洲蕨生长线，再往上就是蓝沼草和帚石南的地盘了。

欧洲蕨曾经是重要的作物，政府曾明令禁止在盛夏时节进行收割以保障供应。它可以用作动物过冬的垫料、茅草屋屋顶铺料和引火材料，因为它比木材含有更多的木质素，燃烧起来更热更猛烈。它的钾含量也很高，所以灰烬可以做肥皂的基料。我用它来制作酸性堆肥土。在容器中种植杜鹃花、山茶花或蓝莓等植物时，它是泥炭的替代品之一。

欧洲蕨对野生动物来说也很重要。灿福蛱蝶和卵宝蛱蝶几乎只生活在欧洲蕨丛中，在那里可以找到它们赖以为生的堇菜。在没有欧洲蕨遮蔽的地方，堇菜无法生存。欧洲蕨也为地面筑巢的鸟类提供庇护，如灰背隼、云雀、凤头麦鸡、欧夜鹰、鹨、环颈鸻、草原石鹏等。狐狸、獾和其他较小的哺乳动物会利用欧洲蕨做掩护，极北蝰也会在它的掩护下出来晒太阳。欧洲蕨本身也十分美丽。它的作用太多太多了。

# 虻

当你将它们忘于脑后时，这些小浑蛋就会冷不丁地给你来一口。在 5 月至 6 月初阳光明媚的日子里，我通常会卷起袖子，偶尔还穿着短裤，完全忘了虻能多么轻易地毁掉你的一天。每年的第一次叮咬几乎都在 6 月中旬左右，那时我要么正开着拖拉机翻越棘手、陡峭的斜坡，双手无法脱离方向盘，要么正在割草，愉快地在茂盛的杂草和欧洲蕨丛中开辟小径。

当虻咬破你的皮肤开始吸血时，你首先感觉到的是尖锐的刺痛。如果你真的看到了它，并且你的手有空，那你可以拍它，但必须要快，因为它是飞行速度最快的昆虫之一，时速可达约 145 千米。

它们已经演化到可以刺穿马皮和牛皮吸食血液，从任何意义上来说，人的血液对它来说更是唾手可得的"肥肉"。虻叮咬带来的不适仅次于蜜蜂或胡蜂。最轻的症状是持续疼痛 1 个小时左右，然后被叮咬的部位非常痒、非常肿，会给人留下非常深刻的印象。

唯一的解决办法是系好袖子和领口，戴上帽子，把裤腿塞进袜子里，并保持警惕。因为它们特别喜欢关节、手指和脖子后面这些难以保护的地方。它们也喜欢深色的衣服和汗水。由于我喜欢穿深蓝色的衣服，而且总是在户外的阳光下工作，不可避免地会出汗，这让我显得特别有吸引力。

英国有 30 种虻，据说都有着五颜六色的漂亮眼睛。然而我和它们的关系是它们试图叮咬我，而我试图杀死它们，绝非四目相对地脉脉凝望。去年夏天的某一天，我们在花园里拍摄，所有人都被鹿虻叮了。它们比农场里的高额麻虻或普通虻要小一些，翅膀上有黑白色花纹，但咬起人来一样疼，有些人还会有非常不舒服的过敏反应。

只有雌虻才会叮咬、吸血，因为它们需要蛋白质来产卵。

雄虻的口器很弱，无法切开皮肉，所以它们是以花蜜为食的优秀传粉者。叮咬的疼痛源于皮肤被割开的过程。它们的口器不像蚊子那样精细，所以只能粗暴地锯开你的皮肤，直至扎进血管，注入抗凝血剂，然后像迷你吸血鬼一样喝个够。

它们喜欢水，喜欢潮湿的地方，而且它们很有可能出现在任何有马群、牛群或羊群的地方，尤其是在仲夏时节和天气温暖的时候。通常到8月份它们就消失了。不过，在连续几天没有看到它们或被叮咬后，我总是会放松警惕，卷起袖子，然后便会立刻再次遭到攻击。

它们的幼虫孵化后会找到潮湿的土壤，在那里存活一年，以蚯蚓、蜗牛和蠕虫为食。成虫只能存活几天，雌虻产完卵后就死了，谢天谢地。

# 野 蔷 薇

犬蔷薇浅粉色的花朵分散地点缀在弯曲的枝条间，它们可以在树篱和山坡上轻松地生长。在花园里，它是一种树篱植物，能勾画出条条小道，在连枷够不到的地方开花，在其他够得到的地方它就会跟所有现代树篱一样被无情地修剪掉。但在农场的山坡上，它们就是欢腾的、蔓生的、凌乱的、任性的、可爱的灌木，是一切有条不紊、规整修剪的园艺成果的对立面。但犬蔷薇和园艺也是有关联的，因为犬蔷薇常被用作大多数园艺月季的砧木，以增加植株的耐寒性、健康度以及色彩浓烈度，直到后来疏花蔷薇取代了它。犬蔷薇也有出根蘖的习性，在我花园的角落里就有这么一株，很早之前长出了根蘖苗，吞噬了嫁接的园艺月季。

和很多其他植物一样，我们能观赏到两次盛开的蔷薇，第一次是在6月初的花园里，然后是几周后，从仲夏前后到7月，在农场的山坡上。两处蔷薇都能结出鸟类和哺乳动物喜欢的红色蔷薇果。这些蔷薇果富含维生素C，在第二次世界大战期间，人们为了保障健康，把大量的蔷薇果收集起来制成糖浆服用。

相比之下，还有一种不那么健康但更有趣的用法。在我小时候，我们这些孩子会收集蔷薇果，然后小心翼翼地把它们掰开，取出肉和种子之间的细小茸毛。这是一种绝妙的痒痒粉，把它抹到好朋友或兄弟姐妹的脖子上，顷刻间到处都充满了欢笑。

法国野蔷薇和犬蔷薇长得非常相似，但花期要晚上几周，花色趋于纯白色。两者确实让人分辨不清，因为犬蔷薇的花也有白色的。法国野蔷薇是属于林地和林地边缘的蔷薇，而非田野里的蔷薇，比起空旷的田野，它更喜欢有一些荫蔽的幽谷。

法国野蔷薇更像是一种攀缘植物或匍匐植物，而不像灌木，它的枝条通常呈深红色。犬蔷薇的刺是直的，而法国野蔷薇的刺是弯曲的，尤其擅长在你拨开蔷薇丛挤进去时钩破你的衣服和皮肉。但它的姿态是如此轻盈迷人，让你可以原谅这偶尔的"血祭"。

# 田　鼠

我儿子的牧羊犬梅格在茂盛的草丛里到处用鼻子拱土，然后突然猛扑过去，再抬头时嘴里叼着一只小动物。然后，她毫不犹豫地把它整个吞了下去，舔舔嘴巴，继续寻找更多猎物。

我经常看到我们的狗，不论什么品种，在野草丛中嗅来嗅去，不时地会有一只得意扬扬地抓住田鼠然后吃掉。我着实觉得有点恶心。毕竟，我们的狗主要吃存放在厨房里的干狗粮和一些小零食，此番行为着实过于野性了。但是，在你腿上打着呼噜的猫也会欢快地咬断鸣禽美丽的头，乌鸦会在小羊刚出生时把它们的眼睛挖出来。大自然没有道德规范，所以狗捕食田鼠，正如它们捕食兔子一样正常。田鼠，尤其是黑田鼠，显然很美味。田鼠是猫头鹰、红隼、伶鼬和鸳的营养宝塔中的重要基石。没有它们，这些动物的数量几乎就会立刻锐减。

据说英国有 7500 万只田鼠，它们在野草丛中繁衍生息。它们有繁荣的时候，当种群数量上升到顶点后大约 3 年，会突然下降，大概是因为它们把自己吃得倾家荡产了吧。然而，这种种群数量的激增有时会导致田鼠"瘟疫"，它们会吃掉牧草的根和种子，还会吃庄稼，偶尔还会吃我们所珍爱的花园植物的根。

考虑到田鼠的平均寿命只有 1 年，在这段时间内它们发育成熟，并生育幼崽多达 6 窝，每窝 6 ~ 7 只，种群数量激增的原因显而易见。捕食者，尤其是仓鸮的数量，与田鼠数量的变化直接相关。当田鼠数量上升时，捕食者会哺育出更多、更健康的后代；在田鼠数量恢复期，捕食者需要艰难生存一两年。

田鼠喜欢野草丛。一两年内未割过的牧场是最理想的，而任何粗放管理的草地或荒原，还有耕地边缘犁不到的岬角带，或者大型花园里的野花草甸，对它们来说都是不错的栖息地。田鼠快乐地生长，使得那些更为罕见的捕食者有了食物，而狗子也有了非常规的小零嘴。

# 狮 牙 苣

在草甸、河岸和未收割的草场上，金黄色的雏菊状花朵相继盛开，一片灿烂，让人难以察觉它们的不同。其中有人人都认识的蒲公英以及 5 月底开遍湿地的毛茛花，其实还有很多别的植物。实际上是相当多，它们长相相似，非常好看，值得欣赏，虽然大部分名不见经传。

但狮牙苣值得更深入的了解。6 月里，黄色的花朵星星点点地点缀在草甸上，花朵数量虽然成千上万，但相互间疏朗有致，不显拥挤，犹如给田地铺上一层巨大的金黄色毯子。这种黄色与兰花的紫色、粉色和红车轴草的酒红色形成了鲜明的对比，它们同时盛开在铺满绿色的草丛中。而此时我们这里的大草甸草丛已经很矮、很稀疏了，现代商业化生产的农场主可能会对它不屑一顾。

虽然狮牙苣的花看起来简简单单的，花瓣从中央膨大的花托上绽出来，但实际上这些"花瓣"是独立的小花，每片"花瓣"都会结出种荚。它喜欢我们这里的酸性土壤，但实际上它几乎能在任何地方生长，所以我觉得它无可挑剔。它就像树篱里的麻雀一样常见，也一样为我的生活增添了乐趣。

# 松　鸦

在所有鸦科鸟类中，松鸦最让人难以捉摸。它们在花园里出现时就好像在玩躲猫猫似的，整天躲在绿篱和树后，不轻易让人看见。但当我还是孩童时，它们似乎更常见一些，尤其是在我寄宿学校里的橡树林和松树林中，每天都能听到它们从一棵树飞到另一棵树时发出的独特的尖叫声。它们非常善于模仿：人工饲养时，它们可以学会电话铃声和门铃这种预期之中的全套"曲目"；在野外时，它们会模仿其他鸟类的叫声，而且经常这么做，尤其是当它们感受到威胁时。

与秃鼻乌鸦和乌鸦不同，松鸦是林地鸟类，在开阔地带难得一见，但你如果看到它，马上就能认出它，因为它的身体是粉红色的，翅膀的羽毛上有明亮的蓝色条纹。当它以独特的啄木鸟式的俯冲飞行时，你会看到它背部那非常显眼的白色。

和所有的鸦科鸟类一样，它们食性广泛，其中还包括其他鸟类，尤其是鸣禽，比如乌鸫和其他鸦科鸟类的雏鸟，另外还包括小型哺乳动物和各种蛋。但它们给自己的雏鸟喂的大部分食物是甲虫和以橡树叶为食的蛾类幼虫，它们与橡树的关系会一直维持到秋天，因为橡果是它们最喜欢的食物。它们会直接从树上摘下橡果，也会从地上拾取橡果，每只鸟能贮藏多达 5000 颗橡果。在农场里，我们发现橡果出现的地方与我们仅有的 2 棵橡树相距甚远。它们被贮藏在潮湿的土壤里或落叶下（橡果干得很快，只有一直保持水分才能发芽）。松鸦被认为是橡果的主要散播者。也许，我 25 年前在花园里种下的 2 棵橡树长得更为成熟后，前来拜访的松鸦才会更大胆、更忙碌地收集橡果，并将它们藏到花园各处。

# 兰

我还记得拜访以收藏兰花闻名的新加坡植物园的经历。这是我参与录制的《环游世界 80 座花园》（*Around the World in 80 Gardens*）系列节目的一部分，所以我带来了一个摄制组。节目导演是一位兰花专家，也是一位兰花迷，他认为最好的录制方法就是跟着我，记录下我对这座兰花宝藏园的反应。但我显然不为所动。这些兰花无疑是极具异国情调、卓尔不凡的，但数以百计的花盆——陈列摆放，每一盆里都是不同的俗艳兰花，我感觉就像是吃了 3 道菜品都是棉花糖的大餐一样。

还有一次，我参观了一家位于汉普郡的苗圃，它相当于是一座兰花工厂，每周生产数千盆兰花供超市出售。我觉得，要不是因为它们与生俱来的神秘感和诱惑力，还不如把它们做成塑料花呢。

　　所以，我和兰花的关系只能说是一直很复杂。但是后来我在农场的一块田地里发现了一株兰花，我对它一见钟情。这朵粉红色的小花，孤零零地开在广阔的田地里，几乎被淹没在草丛中。它本身十分美丽，也是大自然尚未被破坏污染的标志。现代农业可以生产出大量的食物，但在这过程中也大大破坏了英国乡村的自然环境。

　　野生兰花其实并不那么罕见，但它们非常特别，并且很容易死亡。在发现第一株兰花的 15 年后的今天，农场里已经有了 3 种兰花，我希望有一天它们也会在花园里的果园和"板球场"里生长。

　　我最初看到的那株兰花是一种常见的紫斑掌裂兰，它们的数量每年都在增长，慢慢地在野花草甸上蔓延开来。它们的颜色从非常浅的粉红色变化成相当浓郁的紫红色，但都长成一簇簇花剑，叶子上点缀着深色斑点。总体来说，它在碱性土壤中生长得最好，但就像所有的花卉概述一样，有符合这个规律的，也有例外。

　　斑点掌裂兰看起来和紫斑掌裂兰非常相似，但更喜欢酸性环境。我花了几个小时研究两者之间的细微差别，试图准确地分辨它们，然而兰花极其混乱的杂交关系给每个品种带来的影响让我徒劳无功。

5月，最先在草甸上盛开的兰花是沼泽掌根兰，它更矮一些，花朵是更深的紫色，叶子上没有斑点。在撰写本文时，农场里一共有30来株，但它们的繁殖速度非常缓慢。它们的种子微如尘埃，随风播散，所以新植株可能会出现在离母株很远的地方。雨水将这些微小的种子冲刷到土壤之下。在林地中，它们会被一层落叶覆盖。然后它们依靠土壤中的真菌来发芽和生长。一旦它们长出了叶子，就可以进行光合作用自给自足了。有些兰花会长出假鳞茎来储存营养，供自己存活数年；而另一些兰花则长出根状茎，这意味着它们可以在地下蔓延并长成巨大的群落。

最近，就在2020年，我们发现了一丛先紫红门兰，它生长在一条绿荫小径的边缘，这里曾经是茂密的树林，现在我们又为了孙辈重新种下了一片树林。它的花序没有生长在草甸上的同族那么紧凑。

由于因疫情而实施的封控，今年我一直没能亲眼看到先紫红门兰，虽然我儿子在农场工作时给我发了照片。我非常想念它们，想念在草甸上发现它们时的那种兴奋。它们出现在不同的地方，数量又多了一点点，不时还能发现新的品种。如果在新加坡的那一天能有这样一半的兴奋，我就能满足导演的所有期望，甚至更多。

# 螅

在蜻蜓出现之前，与之十分相似的螅先出现了，它们扇动彩色玻璃似的翅膀绕着池塘呈"之"字形飞舞。蜻蜓是强壮的飞行者，它们会出现在花园的各个角落，在空中悬停，直角转弯，就像以安非他明①为燃料的直升机。而体形较小的螅飞得更贴近水面，飞行能力也远不及蜻蜓。螅的 4 片翅膀大小相同，栖息时总是贴着长而细的胸部向后折叠。如果你有机会靠近观察，就会发现螅的两只眼睛是分开的，而蜻蜓的眼睛是紧挨在一起的。两者的视力都非常好。

和蜻蜓一样，螅 95% 的生命周期都是在水下度过的。卵产在水下，孵化出来的稚虫以及随后发育成的亚成虫完全生活在水中。稚虫会在水中蜕好几次皮，直到准备就绪进入羽化阶段，它们会在夜幕的掩护下爬出池塘，四散而去，各自进行羽化，随后翅膀会在阳光下变得硬挺。

羽化后的螅仅能存活数周，在这段时间里它们会完成交配，雌性产下虫卵。

在极其短暂的离开水后的生命阶段，螅每天的消耗量占

①安非他明，化学名为苯丙胺，是一种中枢神经刺激剂，可使人产生欢欣感。——译者注

体重的约 20%，以蚊、蠓、蝇等小虫为食，但常常会挨饿，尤其是在天气糟糕的时候。不幸的话，蟋还会成为白鹡鸰、灰鹡鸰、蜘蛛、青蛙，甚至大蜻蜓的一顿美餐。然而，在数亿年的时间里，它们一直遵循着这种简短、高效而奇异的生命模式，没有变异，也没有断代。这是适合它们的生存模式。

# 车 轴 草

6 月是我们的野花草甸最为繁盛的时候。但它并没有那种拉开序幕，进入高潮，然后在一两周之后渐渐退场的表演，而是一波又一波花交错重叠，此消彼长，直到观赏草的花穗把一切都遮盖在一波波棕褐色的涟漪下，唯有黑矢车菊高高挺立。这是一支在田野中穿行的游行队伍，游行从 5 月初树木刚刚抽芽冒叶的时候开始，到黄花茅抽出巧克力色的花穗，再到 8 月甚至 9 月，田地里收割下来的第一垄牧草结束。

6 月就是这场游行中最好的时候。6 月，海拔约 300 米的潮湿的威尔士山坡上，仍然保持着春天的鲜嫩，却也渲染了夏天的浓郁色彩。6 月是兰花、毛茛、小鼻花、滨菊以及最后不得不提的车轴草一起盛开的月份。车轴草是一种不起眼的植物，它太普通了，以至于不太适合与兰花相提并论。

但它到处都是，红车轴草那一簇簇毛茸茸的紫色、酒红色和粉红色花球点缀在田野间，十分漂亮。

红车轴草是牛吃的优质牧草，套种在牧场上可以提高牧草质量。但牧民们通常使用的是一种杂交培育的品种，旨在最大限度地造福于牛。原生红车轴草株型更小，也被牛喜欢，而且它对各种蜜蜂来说很有好处。一片车轴草田地既确保了优质的蜂蜜产出，又能养出肥壮的牛。

红车轴草不喜欢太干燥的土壤，而且在草甸上比在牧场上生长得更好，在牧场上通常在结出种子之前就被吃掉了。红车轴草是多年生植物，繁殖扩张能力不强，这就是为什么它被当作"轮作牧草地"（短期牧草地，通常播种牧草作为耕地的一期轮作物进行播种）草种而特意播种，但如果允许它结出种子，它将会年复一年生机勃勃地生长。

白车轴草株型更小，在普通草坪上更常见，比较少见于牧草草甸。它的植株更矮，在割得比较短的草坪上表现更好，也能在土壤贫瘠板结但阳光充足的地方生长良好。

各种颜色的车轴草都是豆科植物，因此具有固氮作用——从空气中吸收氮，并通过根节留存在土壤中。它也能遮蔽和抑制其他杂草，所以是很好的地被植物。但在草甸中，它周围的茂草和其他草本植物会阻止它长得过于茂盛。

车轴草可以承受无数次的踩踏摧残，无论是人还是动物的踩踏。它的种子可以在土壤中保存很长时间，所以任何此前是牧草地的地方都可能会重新长出车轴草。它可以承受大肆修剪、放牧和踩踏的原因是，它的匍匐茎可长达约45厘米，每个结点都能长出根，叶和花则从蔓生的茎上生出。也就是说，在经常被踩踏的情况下，比起只种了普通草种的草坪或草坪小径，有车轴草的草坪能更长久地保持绿色。然而，你会经常看到或读到车轴草是草坪上的一个"麻烦"，以及杀死它的各种方法。我无法理解为什么栽培单一品种的草坪会更好看。我认为车轴草不仅在野花草甸上受欢迎，而且在任何草坪上都很有价值。

在最早的英语散文故事《马比诺吉昂》（Mabinogion）中，巨人伊斯巴登·本卡沃尔（Ysbaddaden Benkawr）的女儿、美丽的奥尔文（Olwen），凡她足迹所到之处都会留下一条纯白色的车轴草花径，这花径也许会让希望草坪保持完美的人陷入无穷的烦恼中。

# 灰 背 隼

我当时正在田边修理围栏，围栏柱子底部腐烂了，铁丝也松了。这是一项需要不断进行的工作，因为既要把贪吃牧草的野山羊挡在栏外，又要把我们自己养的羊圈在里面。当我弯下身去固定底部的铁丝时，在我颠倒的视野中，看到一只巧克力色的鸟沿着狭长地块另一边的森林线飞了下来。它只在我的视野中出现了一两秒钟，但它拥有让人无法忽视的猛禽闪电般的迅猛和猎杀能力。

即便我颠倒着，还叼着一嘴钉子，但我大脑中识别鸟类的程序还是自动启动了。那是深棕色、小体形的鸟。说是鸳的话，体形太小，速度太快；说是雄性雀鹰的话，棕色太深；说是雌性雀鹰的话，翅膀太尖，尾巴太短；说是游隼的话，体形绝对太小了；说是红隼的话，整体过于袖珍，颜色也太深，而且这也不是它们捕猎的方式。那就只剩下灰背隼了，会是它吗？我之前从来没有见过，所以不确定，但它符合所有的条件，想到这一点，修理围栏的苦差事都变得愉快起来。

第二天，我和儿子在另一块田里干同样的活儿，我们都看到（这次没有颠倒着）同样的一只鸟穿过田野，越过山谷，飞到了对面的高地上。那无疑是一只雌性灰背隼。自那以后，有一次我走在高高的哈特拉尔山上的时候，看到了另一只（同一只？）雌鸟，还有一只雄性灰背隼从一块田地的角落里呼啸而过，它是蓝灰色的，非常小，非常快。只要在山坡上，我都会顺带扫视一圈。但是到目前为止，我再也没有见到灰背隼了。

在鹰猎活动中，灰背隼被认为是"女士的鹰"，因为它太小了，不适合捕猎竞赛。灰背隼主要以体重不足 4 盎司（约 113 克）的小鸟为食，它们以惊人的速度追逐这些小鸟，追逐着它们每一次的闪转腾移。实际上，灰背隼曾经确实会出现在捕猎云雀的娱乐活动中，却不参加竞技性比赛。鉴于云雀的歌声是那么优美婉转、扣人心弦，这种娱乐活动以现代观念来看似乎是惊人地残忍和恣意妄为，但中世纪的人并不以为然。无论如何，云雀显然经常会在一次次惊心动魄的追逐后成功逃脱。也许这也表明，与现在相比，以前的云雀是多么常见，以至于可以随意捕猎。

观察到灰背隼是我生命中值得炫耀的一件事，就像许多猛禽一样，它们的数量已经从鸟蛋采集者（它们的蛋呈漂亮的红色）、猎场看守人以及更具毁灭性的杀虫剂的严重侵害中恢复过来，尽管数量仍然十分稀少。而且，它们由于偏爱夏季的高地荒原和冬季的海岸，因此比游隼或燕隼更不容易看到。但它们的种群数量正在恢复。当我在山坡上修理围栏或清理沟渠时，我总是期待可以再次看到它们。

# 香 忍 冬

香忍冬或称香金银花，是一种林地植物，它会顺着树木趋光向上攀缘生长。但在花园小径附近，我一看到这种植物，就会联想到夏日的树篱，如果它们没有被过分热心的承包商修整成细碎但整齐的短茬，那肯定会有香忍冬在其间攀爬。6—7月，我驾车往返于农场和花园时，一股股香忍冬的水果芳香从敞开的车窗涌入。莎士比亚在《仲夏夜之梦》中描述其香气为"馥郁的"，它拥有的那种充盈感以及一丝充满异国情调的放纵感，与仲夏夜天鹅绒般的温暖完美地结合在一起。

香忍冬已经演化到在夜间由温度激发释放香气，吸引飞蛾成为它的主要传粉者。这种气味很强烈，它会溜进车里，和我们一起沿着道路前行。红天蛾，一种艳丽的粉色和金色相间的蛾子，特别喜欢这种喇叭状的、敞开的花朵，它们能在约400米外闻到这种香味。

隐线蛱蝶有着深巧克力色的翅膀，翅膀上有一道白色的条纹，它们的幼虫完全以香忍冬的叶子为食，尤其是那些生长在林地边缘或阴凉、未修剪的小路边的香忍冬。它们的栖息地边缘紧挨着我们的住处，大约就在我们南边和东边，我们确实看到过它们。虫卵产在叶子上，幼虫孵化后啃食香忍冬叶尖，一直吃到夏末，然后它们开始建造"丝绸庇护所"，以备过冬。次年春天，当新鲜的叶子生长出来时，它们再次出现并继续进食，然后成蛹，最终在6月中旬羽化成蝶。

香忍冬盘旋缠绕的藤蔓为鸟类提供了很好的掩护所，我们在花园的一扇门外种了一棵，尽管我们总是进进出出，但那里还是住着欧亚鸲、乌鸫，偶尔也会有其他鸫科鸟类。除了为筑巢的鸟类提供庇护，它们还会结出大量的浆果，这些浆果是秋天天气变冷后最早供应的一批食物。

## 浴室里的猫头鹰

一只灰林鸮落在我们卧室的椅背上，它看上去很生气。它好像是从浴室的烟囱里下来的，也许是落在了烟囱边上，然后一不小心掉了进去，又或者它认为烟囱是个值得好好探索一番的洞窟。不管怎样，它已经出现在这里了，并且对此不是很高兴。我不知道它是雌是雄，但它那被冒犯的神情中有股阳刚之气。

窗台上有一个被打碎的花瓶，还有不少粪便，所以很明显它是想跑到亮处去。我打开窗户，但它飞进了浴室，停在水箱的顶部，闷闷不乐地站在低矮的天花板下。

和往常一样，当你接近一只灰林鸮时，它的美丽与个头会让你大吃一惊。我怀疑它蓬起羽毛是为了让自己看起来大而吓人，效果还不错。它几乎和鸳一样大，并且有着紫色、棕色和茶色混杂的漂亮羽毛。

我们让它独自待着，等天完全黑了，我们再回到房间时已是晚上11点多了，它已经离开了。

# 蚊蚋

我爱苏格兰。我有一半苏格兰血统，在那里我感觉极其自在。但我的血液里似乎有某种东西，也许是英格兰血统，让蚊蚋无法抗拒，这使得盛夏的苏格兰对我来说就是人间地狱。我可不是随便用这个词。我们曾两次与朋友在胡恩湖度假，那里是诺伊德特半岛以北远离海边的内陆地区。和西海岸的其他地方一样，那里美得难以形容。但盖尔语中"胡恩"的意思是"地狱"，它之所以被称为地狱湖，是因为那里成群的蚊蚋会让生活变得难以忍受。我总是在脸上，尤其是耳朵和眼皮上胡乱地抓挠，绝望地、徒劳地试图缓解蚊蚋叮咬后产生的灼痒，除了这个，其他事啥也干不了。

尽管如此，我们还是度过了愉快的假期，感谢我们的朋友。但是，任何外出活动，即便只是几分钟，我们也必须放下袖子，扣好袖扣和衬衫扣子，竖起衣领，戴上帽子，将裤腿塞进袜子里。在过去30多年里，这是我唯一一次一有机会就抽烟斗，因为烟会让蚊蚋避而远之。好在蚊蚋不敢远离湖岸，所以我们大部分时间都乘坐小船在湖上度过，终是有了些愉快的时光。

我说蚊蚋追着我的血而来只是随口一说，事实上它们是被气味吸引来的，尤其是被我们释放的二氧化碳所吸引。如果蚊蚋喜欢你，那是因为它们觉得你的气味特别好闻。

蚊蚋个体虽小，但会成群出现。泥炭沼泽上的一个小水坑里，大约不到1平方米的地方可以容纳25万只蚊蚋。它们对所有猎物都一视同仁，人、牛和鹿对它们来说具有同样的吸引力。据推测，蚊蚋是导致鹿在夏季迁往高地的原因。

蚊蚋也是导致苏格兰林业工人在一天中1/5的时间无法进行工作的主要原因。

幸运的是，尽管总会有成团的小飞虫在阳光下飞舞，但花园里很少有蚊蚋。这些小飞虫都是不咬人的。虽然有些晚上，我的头皮会严重发痒，迫使我心不甘情不愿地提前返回室内。如果不是蚊蚋，那一定是另一种类似蚊蚋的小虫子在叮咬我。

但总的来说，在许多不同种类的蚊蚋中，唯有高地蚊蚋赢得了可怕的名声。其实它们还是做了一些好事的。它们的幼虫虽然很小，但数量庞大，它们的掘穴活动对生态分解起到了重要的作用。它们的存在也确实使苏格兰高地的大片土地或多或少地免于被人类霸占，因而保留了野性。

# 无梗花栎

我们的农场上只有 2 棵大栎树，外加 6 棵小树苗，但这片山坡上曾经长满了栎树。这 2 棵栎树中有一棵非常高大，简直是树中航母，它的枝干横向伸展，略微倾斜，没有支撑却能伸展到约 9 米、12 米甚至 15 米之远，每一根分枝都有大树主干那么粗。

这是无梗花栎，在山坡上较薄的酸性土壤中比它的低地表亲夏栎生长得更好。它名字中的"无梗"源于它结出的果子没有柄。这些果子会被喜鹊、寒鸦和松鸦吃掉，然后剩下的核会被埋在或扔在旷野里。栎树果子有时会在那里发芽，长成幼苗，尤其是在地面潮湿的情况下。但是幼苗很少能存活较长时间，因为栎树幼苗是所有反刍动物（从兔子到羊和鹿）都喜欢的食物。这就是为什么我们很难在野外看到栎树幼苗，除非它从一开始就受到保护。

无梗花栎的高度往往略低于其表亲，也不常用来做成巨大粗壮的横梁，这种横梁一般用于建造大型建筑物。但它的冠幅更宽，分枝更多，通常长到成熟期——300 ~ 600 岁时，单株看起来就非常壮观，就像我们看到的这棵一样。我们买下农场时，前主人告诉我们，他们曾经考虑砍掉它，因为它挡住了风景，但它本身就是一道风景呀。

这 2 棵栎树幸存下来的原因是它们滑稽地生长在近乎垂直的幽谷边坡上，河水在其下方约 9 米的地方奔流。这就意味着，要上去砍伐它们太难了，而它们没法像其他栎树原木那样成为实木木材。

所有早前的栎树（如今欧洲蕨下残存的树桩）都是人们根据土壤和环境的不同，以 20 ~ 30 年的间隔进行砍伐的，现代人的生活不太容易适应这样的砍伐节奏。但是对萌生林砍伐来说，榛树 8 ~ 12 年一次，欧梣 15 ~ 20 年一次，栗树 20 ~ 30 年一次，栎树 30 ~ 40 年一次，这样的节奏与乡村里人们的生活步调和谐一致。

我的花园周围田野里的栎树树篱会定期进行平茬修剪。这意味着每隔 30 多年人们就会把树上所有的枝条都砍掉，只留下主干，这样一来树枝能长到足以让最高大的牛都够不着的高度，牛也就吃不到它们的嫩叶或嫩枝。随着时间的推移，这些树的主干变得异常粗壮和虬结，尽管从顶部萌发的大量分枝的直径从来没有超过 30 厘米。据说，在 20 世纪，平茬栎树是农场最宝贵的资产，每一代人都在此传承基础上继续扩大生产。它们产出的木料，可供各种用途，从栅栏搭建到建筑修缮等。

平茬修剪还能延长树的寿命，如果不进行定期修剪，树枝过多、过重可能会压裂树干。很多看起来极漂亮的平茬老树，更需要定期修剪以保持状态。

萌生林砍伐则更为极端，它是将现存的枝干全部砍掉，只余树桩，之后树桩上会萌发出大量的新芽，然后让它们继续生长，对栎树来说这个周期就是20 ~ 30年。像这样处理后，一个萌生林树桩或"母株"可以维持数百年，甚至数千年。

农场上方山坡上的栎树萌生林有 3 种产出。第一种也是最重要的一种，是木炭。在 19 世纪铁路和廉价煤炭出现之前，这种木炭在全国范围内大规模生产，为冶炼、家庭供暖和烹饪提供了最好的燃料。它很轻，很便宜，很容易运输，几乎可以无限期地储存，而且燃烧起来比木柴要热得多，不管木柴是多么干燥。

除了木炭和木材，人们从萌生林中获取的另一种重要的副产品是树皮，可用于制革。树皮经由航运被大捆大捆地送到制革工厂。制革工人将树皮碾碎，浸泡在盛有尿液的小坑中，同时浸入皮革。树皮只能从砍下来的树上剥取，因为即使是环剥掉很薄的一层树皮也会杀死一棵活树。因此，树皮供应是不稳定的，然而需求是稳定的，所以树皮价格总是好的，特别是品质最好的萌生林栎树皮。据估计，在1830年，制革工人使用了超过6万吨的国产树皮，当时进口的树皮量差不多是这数量的一半。

春末之时，我们全家都会去山坡上干活，这短短几周是树液的含量最高的时候，也是最容易剥取树皮的时候。人们会使用一种特殊的剥树皮工具，或者叫"剥皮刀"，插入树皮下面，划开并撬起大块的树皮，然后把树皮堆起来，经风吹日晒晾干。丹宁酸会把手弄黑，好几周都洗不干净，但收入还不错，剥完树皮的木头可以制成木炭，成为另外一种能带来现金流的东西。

时机尤其重要。我曾试过在树液不充盈的时候剥树皮，树皮紧紧地贴在木材上，剥落时都碎裂了，不但极其耗时，最后得到的还是一堆碎茬子。

所以在过去，这片山坡会被定期进行砍伐，农场每年会处理大约2000平方米的树。但在19世纪40年代中期，制革厂开始使用化学药剂替代尿液和树皮混合物，树皮的需求量骤降。深矿井开采和铁路运输意味着煤炭变得便宜和容易获得，因此对木炭的需求几乎消失了。到了19世纪60年代，栎树萌生林逐渐消失。待到20世纪60年代，大多数古老的萌生林不是砍伐掉用于放牧了，就是用推土机铲平了。

　　但也有一些树林留存了下来，附近最好的例子是在阿伯加文尼，通往面包山的路上会穿过一片低矮丛生的无梗花栎树林。它们最近一次砍伐大约是在第一次世界大战期间，这里每棵树都像是雕塑，优雅中又透着点邪恶。山坡上随处可见小平台，宽约 2 米，长 3.6 ~ 3.9 米，树皮就是在这里堆放和晾干的，等树皮被运走，人们就会在这里烧制木炭。

　　这片树林很美，是那种废弃建筑一般的美感。虽然这是残留的遗迹，但有规律砍伐的萌生林充满着活力，物种丰富、生机勃勃。阳光在刚被砍伐一空的萌生林里倾泻而下，促使花朵一波波绽放，然后树木的枝叶生长到遮天蔽日时，就又迎来下一个收获的周期。

　　今年冬天，我们将为我的孙子乔治栽种一片无梗花栎萌生林。栽种地点曾经是一片树林，50 年前被推土机铲平，变成了一小块陡峭的坡地，放牧条件很差。有生之年，我应该是看不到这片新树林的收获了。但也许有一天，乔治的手会被这片萌生林中树木的树皮里的丹宁酸弄黑，夜莺会在这未被砍伐的树枝上筑巢，在温暖的夏夜里，在寂静的山谷中歌唱。

七

月

# 百 脉 根

大约 7 月初的时候，草丛中开始成片地出现一种明黄色的下层植被，而在海拔约 460 米高的地方，它们出现的时间会比温暖的低海拔地区晚许多，此时牧草开始结籽，并逐渐褪色成泛白的茶色波浪。

这是百脉根，它还拥有"鸟爪三叶草""鸡蛋培根""母鸡和小鸡""老奶奶的脚指甲"等几十个乡土别名。众多的别名说明它非常常见，但它仍能让人见之心喜。它亮眼又可爱，值得让人珍惜。它喜欢放牧过的低矮草地，尽管它更喜欢干燥一些、酸性不太强的土壤，但也会随机地成片出现在草甸中。陡坡耕种的优势之一就是排水良好，尽管我们这里降雨量非常大，可能这一周土地潮湿得犹如沼泽，走在上面总是免不了打滑，但是下一周就会干燥到能开车通过，所以这里植物的种类仍然很多。

百脉根的花是蛋黄色的，花蕾红色中透着粉，开花高度离地只有约 2.5 厘米。它们会结出鸟爪形状的细长种荚，这正是它们俗名的由来。种荚成熟后里面的种子会喷射出去。它们能够产出大量的花蜜，所以很受蝴蝶和蜜蜂的喜爱。有些蝴蝶的幼虫，比如伊眼灰蝶和珠弄蝶，就以它为食。

# 雨　燕

雨燕不再居住于此，它们只是匆匆访客，并不属于这里的天空。然而，雨燕是空中的王者，无出其右。它们与如今仍到处都是的家燕和毛脚燕十分相似，但它们的飞行速度可能会超过音速，而且飞行时的身姿流畅优美。它们曾住在这里，令我们这里蓬荜生辉。但在过去的 20 年里，它们出现的次数越来越少，时间越来越短，种群数量也越来越少。它们曾经十几只成群结队地鸣叫着，以惊人的灵活性盘旋升空。或者在晴朗的夜晚，它们捕食的昆虫被气流带到对流层中去了，于是这些黑色的小月牙儿们在天空中划出漂亮的弧线，在我们头顶上方高飞。

它们曾在村子里教堂的尖顶上搭窝筑巢，那里距离田野大约 800 米，但至少从 10 年前开始就不再在那里筑巢了。现在，相比乡村，你更有可能在镇中心甚至城市中看到雨燕。1995—2015 年这 20 年间，英国雨燕的数量减少了一半以上，并且减少的速度还在加快。这主要是由于食物（飞虫，有点令人惊讶的是还有悬在蛛网上的蜘蛛）的减少、杀虫剂的使用和栖息地的丧失。这并不意外，徒留令人难以接受的必然性和悲伤。

雨燕、家燕、黑顶林莺、大杜鹃和红尾鸲等鸟类，被这里昆虫的种类和数量吸引，夏季它们会迁徙到这里来繁殖。同理，冬季昆虫数量减少，它们就飞走了。迁徙所需的能量以及面临的危险都是巨大的，更不用说这种难以想象的规模和勇气。如果昆虫数量下降到临界点以下，那么旅途中的所有投入就不值得了，鸟儿就不会再来。人类用杀虫剂重创昆虫和无脊椎动物的数量，以增加农业产量和利润，尽管有着种种道貌岸然的理由，但最重要的驱动因素是商业利润，这实际上与蝗虫或真菌破坏农作物没有什么不同。这是破坏性的、一边倒的，从根本上缺乏智慧和大局观。

但人们仍然可以看到雨燕并为此欢欣鼓舞，尤其是在城镇里。它们的故事是所有非凡的鸟类故事中的一个。除了筑巢和生 2 ~ 3 个蛋外，它们一生都在飞翔。它们需要一个平坦的表面来筑巢，通常是在屋檐下或墙上的洞里。尽管昆虫减少是导致它们数量下降的关键因素，但筑巢地点的减少也造成了一定影响。谷仓被改造，老房子被修缮，新建造的房子没有屋檐，必然也不会刚好缺了一块砖可以供它们筑巢。

筑巢的材料都是雨燕飞到各处收集来的，由羽毛、野草、小束稻草和其他轻质的零碎杂物构成，再由唾液粘在一起。然后它们会年复一年地回到同一个巢穴，根据需要进行修缮。雏鸟会在巢中待很长一段时间，可达 2 个月。如果英国某一年夏天天气糟糕，雏鸟的死亡率就会很高。这也意味着亲鸟必须长途跋涉才能获得足够的食物，每天往返可达约 800 千米，但如果食物不足，羽翼未丰的雏鸟就会进入一种"休眠"状态，从而减少能量消耗，甚至蛋里的胚胎，也会在亲鸟无法回巢孵蛋保持温度时，减缓发育以节省能量。

一旦雏鸟成熟到足以离巢，它们只需花一两天时间学习飞行和捕食，然后就可以在 8 月中旬前与所有家人一起离开我们这里，踏上漫长的南迁之旅。事实上，它们是极少数没有因为气候变化而延长夏季在英国的停留时间的候鸟之一。

它们飞越西班牙到达北非，然后穿越西撒哈拉，接着向东飞抵中非过冬。它们大部分的生活仍然是个谜。幸存下来的鸟会回到它们筑巢或长大的地方，虽然它们的寿命可长达 8 年，甚至 10 年，但在前 4 年内无法达到性成熟，所以无法交配或哺育后代。然而，尽管不会产下任何后代，它们却会在第一年夏天就结对，甚至筑巢，有点像是在玩过家家的游戏。它们是一夫一妻制，每年都会回到同一筑巢地点。许多没有进行筑巢演练的亚成鸟可能在生命的前 3 年完全是在飞翔中度过的，想想就觉得惊人。

# 麝 香 锦 葵

临近 7 月底，农舍后面陡峭的斜坡上，离早花百里香生长地不远的地方总会冒出一小簇花。粉红色的纸质花瓣开在长长的花茎上，叶子和周围的草融为一体，乍一看就像是没有长叶子。未开放的花蕾是苹果绿色的，呈圆簇状，丝毫看不出即将开放的花朵所具有的那种脆弱感。它是麝香锦葵。

奇怪的是，在我们来到这里的 15 年里，它只在这一小块地方生长，并没有蔓延开来，周围几百米之内再无别株。麝香锦葵喜欢开阔的、排水良好的位置，因此它的习性与百里香相近，但它相对常见一些。在农场这里却是例外，这是一个典型的物以稀为贵的例子。我想，对于许多常见的野花来说也是如此，虽然人们不至于很快"熟生蔑"，但也产生了一定程度的"不稀罕"。

我知道很多人都认为麝香锦葵是一种杂草，它会不请自来地出现在分配地和路肩上，但这一小片是我们的宝贝。不管是长在河岸上，还是摘取几段枝条带回室内，麝香味会弥漫整个空间。

# 潘非珍眼蝶

草甸上覆盖着数百只潘非珍眼蝶。它们几乎无视了所有的花，只立在禾草（主要是羊茅属禾草）的花茎上。它们收起的翅膀上有一抹偏锈色的橙色，其中有一个黑色的斑点。似乎只有在快速掠向另一株禾草时，它们才会展开翅膀。有着完美伪装的绿毛虫只以羊茅属和剪股颖属的优质细草为食，然而现代农业密集管理的草场里没有这些种类的禾草。

# 毒　参

我父亲在我就读的预科学校当科学老师时，曾经豢养沙鼠用于教学。他养了好几十只，有时会在客厅里把它们放出来活动。于是，在所难免地，有一些逃跑了，并且再也没有回来，有一些住到了家具里，还有一些游荡在地板之下。这是另外一个漫长而奇妙的故事，但此时此刻，我只要深吸一口气，就能闻到未清理的沙鼠笼的味道。如果你养过褐家鼠、宠物鼠、豚鼠或仓鼠，那么你会很熟悉这种味道。

1992年仲春时分，我第一次割这里的杂草，当我来到现在的果园的远端角落时，我闻到了那股不会被认错的气味，发霉、陈腐、一股耗子味，它只可能属于一种穴居的哺乳动物。但事实证明，罪魁祸首是一种高大的伞形科植物，外形像是巨大的峨参或欧独活，但它粗壮的茎上有明显的紫斑，这是毒参，高大、挺拔，还臭烘烘的。

而且，它有致命的毒性。毒参含有一种神经毒素，可以麻痹人的呼吸神经，并导致窒息死亡。它吸收的阳光越多，毒性就越强。整株植物都含有这种毒素，尤以种子里的浓度最高。

毒参的叶子很像蕨叶，花是可爱的白色伞形花序，与峨参的花类似。你不可能认错它，因为它不仅散发着恶臭，而且株型巨大，高度可以超过 1.8 米，而且还有紫斑。

如今毒参仍在那个角落里生长，而我这个干活几乎从来不戴手套的人，也会记得戴上手套后再去修剪或拔掉它。毒参是二年生植物，所以在第一个生长季它只是长出莲座状的深裂叶片，然后经过一个冬天，它会长出中空的、表面看起来很光滑的花茎。

毒参在这附近很常见，它喜欢这里潮湿、黏重的土壤。虽然我自己对它一直都漫不经心，但让我惊讶的是，它竟也没惹出什么麻烦，毕竟它是真的能毒死人，而且动物要是吃了它也会死，不过它的气味足以劝退一切来犯者。

# 蝙　蝠

说到野生动物，每个人都有死穴。有些人无法忍受蜘蛛，有些人无法忍受蛇，有些人不爱猫，而有些人则因为被误导而不喜欢狗，还有人体会不到猪的魅力。

总的来说，我喜欢几乎所有的动物，不会被蛇吓到，能看到老鼠的优点，也不会在温暖的9月夜晚躺在床上看书时，因胡蜂、黄边胡蜂或飞蛾撞向我而受到惊吓。但我有蝙蝠恐惧症，我厌恶蝙蝠。

好吧，也算不上是厌恶。只要它们离我远远的，我就对它们完全没意见。我真的很讨厌黄昏时分在花园里工作或散步时，它们在我周围"狂轰滥炸"，我也讨厌它们在房子外面俯冲飞掠，并且非常非常讨厌它们偶尔飞进房子。

我以前很讨厌鸟在室内到处扑腾，但现在已经基本适应了。主要是因为我养了几只鸡，而且整个夏天都有家燕在屋里飞来飞去，它们实在是太可爱了。所以，我怀疑自己恐惧的是蝙蝠古怪的飞行和振翅方式，而不是因为它们如同长着恶心的皮质翅膀的丑陋老鼠。

但我知道蝙蝠很迷人，应该予以赞赏。我衷心认可它们，但如果往后余生再也不用看到它们，我会更开心。然而，我们的花园和农场里有很多蝙蝠，所以我确信在余生中，每年

4—10月，我每天都会看到它们。

它们也是被捕猎的对象，燕隼和灰林鸮可以而且确实会捕捉它们，任何养过猫的人都知道它迟早有一天会给你献上一只蝙蝠。但对蝙蝠来说，真正使它们数量减少的是栖息地的丧失和食物（昆虫）的缺乏，而不是天敌。然而，只有大冠蝾螈得到了蝙蝠同样应该得到的声援与保护。

众所周知，蝙蝠会捕食大量的昆虫。一些蝙蝠捕捉像蚊蠓那样的小昆虫，而另一些蝙蝠则以飞蛾、甲虫、大蚊甚至飞蚁为食。扶翼蝙蝠是我们本土最小、最常见的蝙蝠，据说它每晚能吃掉的蠓多达 3000 只。

许多蝙蝠能在空中捕猎，但有些蝙蝠，如小马蹄菊头蝠或纳氏鼠耳蝠，能在飞掠经过枝叶时直接从上面抓捕猎物。有些蝙蝠，比如褐山蝠，可以飞得很高；而另一些蝙蝠，比如菊头蝠，可以贴地飞行，甚至可以在栖木上捕食。

我知道这些，倒也不是说特地去观察过它们，除了一个有点梦幻的夜晚，我和大卫·贝拉米（现已去世）在白金汉宫的庭院里观察过蝙蝠。但我确实很喜欢在夏天的夜晚，看着褐山蝠像雨燕一样在高空飞行，它们飞得出奇地直、出奇地快。而普通的扶翼蝙蝠在我们的生活中非常常见，它们的飞行轨迹如同黑暗中孩子们手中随意挥舞的仙女棒，它们是黄昏时分的固定一景。尽管我会本能地避开它们，但还是在花园里看了超过 25 年的扶翼蝙蝠。我不由得注意到它们会圈定特定的狩猎区，一只蝙蝠，有时候是两只，一次会狩猎20 分钟左右。啤酒花干燥炉周围是一处狩猎区，台地花园也是一处，通往天堂花园的小路是第三处。显然，这些地方昆虫数量众多。但有趣的是，这些猎场的范围是特定的。

英国共有 18 种蝙蝠。我在花园里见过扶翼蝙蝠和褐山蝠，在农场里见过扶翼蝙蝠和一只欧洲宽耳蝠，后者非常罕见。我们发现的这只欧洲宽耳蝠当时正在一棵老树的一片树皮下休息，我们惊扰了它。扶翼蝙蝠喜欢靠近水源的林地，只在南威尔士、萨塞克斯和德文郡有发现。我的一个朋友家的地窖里有菊头蝠，还有一个朋友的阁楼里也住着菊头蝠，他的阁楼上有一个特制的天窗供蝙蝠出入。

9 月的一个可爱的早晨，破晓时分，我从卧室的窗户探出身子，这时两只蝙蝠扑面飞来，离我大概就 2.5 厘米的距离，然后便消失在窗框的缝隙里。考虑到我对蝙蝠的感觉，你可以想象我对此并不那么开心，但我接受和它们共享我们家及附属建筑的事实，我们大概率还共享了树林。有它们在花园中完全是一件好事，而吸引它们前来最可靠的方法就是让花园中的昆虫过上好日子。此外，蝙蝠会被水源吸引。同样，水源也会吸引昆虫。所以花园中有池塘的话，会更容易吸引它们前来。

记得在拍摄《环游世界80座花园》时，我乘着机动独木舟在暮色四合时沿着亚马孙河的一条支流下行。这条支流相较于亚马孙河很窄，但其实宽度和泰晤士河的威斯敏斯特河段差不多。突然间，从河两岸的树林中飞出成千上万只蝙蝠，它们涌上水面，来回穿梭觅食。它们有着大大的、尖尖的翅膀，比英国的蝙蝠都要大，在我们四周飞来飞去，大约持续了40分钟。一方面，这是我最糟糕的噩梦；但另一方面，这场景又让我感叹，很不可思议。我别无选择，只能放弃挣扎，试着享受它。

如果你不确定粪便是来自老鼠还是蝙蝠，因为两者看起来几乎一模一样，那么有一个可靠的确认之法——拿一粒捏一捏。如果它有黏性或一捏成形，那么它来自老鼠；如果它碎了，那就是来自蝙蝠，因为蝙蝠的粪便完全由猎物的翅膀和骨头组成，几乎不含一点水分。

## 马鞭鼠尾草

花园里，除了药用鼠尾草外，其他具有热带风情的鼠尾草属植物似乎很难在我们潮湿、黏重的土壤中快乐地生长。但在农场炎热、向阳的土坡上，那里的薄土层下就是砂岩，有一种鼠尾草能在这里恣意生长，那就是马鞭鼠尾草。

现在我面前的厨房桌子上的一个白色小牛奶罐里就插着一束马鞭鼠尾草。它不引人注目，也不出色，但自有一种简单而鲜明的风格，很可爱。它的茎很有特色，是方形的，侧枝呈45°角对称分布，间距均匀但间隔很宽，而紫色的花也是均匀分布的，就像是装点在茎上的拉夫领一样。

它给人的感觉像是来到威尔士山坡上避暑的游客，就像家燕和大杜鹃飞到北边，花几个月繁殖后代，然后再南下过冬一样。但实际上，无论暴雪、寒风还是无尽的冬雨，它都在这里安居，就跟我一样。

# 红　　隼

今天早上，我看到一只红隼飞过花园，它棕色的身体（我觉得这是一只雌性红隼，因为通体没有一丝灰色）像穿着一套完美剪裁的西装一样整洁利落。我是在汉普郡长大的，直到20世纪90年代之前，红隼一直是一种常见的猛禽，我几乎每天都能看到它们。我开车行驶在高速公路上，不出10分钟，便至少能看到一只红隼在路边盘旋着捕捉田鼠。在这片连绵起伏的白垩土农田上，它们短促尖利的"叽叽叽叽"

的叫声，曾和鸳的"喵喵"声一样常见。我过去常常想，我们将它们的存在当作理所当然，将它们视作一个象征，一种相当普通的猛禽，而非游隼和燕隼这样真正的明星，但如果红隼是稀有的，我们可能会认为它们是最美丽的鸟类，与其他生物一样有着流线身形与高超的飞行技巧。

如今它已然是稀有动物了。

大概每月一次，我确实会在农场山顶上看到一只正在狩猎的红隼，它在一览无余的、簇绒般的草地上方轻松地盘旋。我从望远镜中可以看到它几乎每一秒都在扭转、移动地进行调整，但远远望去，它却像是在地平线上静止不动。不过这只雌性红隼是一年来我在花园上空看到的第一只红隼。事实上，花园并不是红隼的领地。它们喜欢路缘、树篱边和杂草丛生的田地，花园这里太像林地了。

红隼是英国唯一一种真正会高空悬停的猛禽。鸳属、鸢属和鹞属猛禽也能在风中悬停，但需要适合的上升气流。而红隼可以随心所欲地在空中悬停，它也经常这样做，它会逐级下降，直至落到它发现的老鼠或田鼠身上。杰勒德·曼利·霍普金斯的《红隼》是英语诗歌中描写鸟类的佳作，其文如下。


今晨我遇见了清晨的宠儿

日光国度的皇太子 / 追逐黎明的斑斓隼

*在它驾驭之下 / 滚滚气流 / 化为平稳*

*疾驰高翔 / 起伏的翅膀是它的缰绳*

*它沉醉其中 / 倏尔荡身而下*

*如同冰刃划过弯道般丝滑*

*那俯冲与滑翔*

*漠视了狂风*

曾经有一对红隼在我岳父那边的谷仓没铺楼板的阁楼空间里筑了巢，它们在宽梁上养育雏鸟，通过山墙上的一个大通风口飞进飞出。我们可以从楼上的窗户看到它们来来回回忙着哺育雏鸟，直到 3 只羽翼丰满、胆子越来越大的雏鸟出现在出入口，准备离巢。从统计数据上看，这 3 只中有 2 只不太可能活到 1 岁。只有 20% 的雏鸟能活到 2 岁，也就是繁殖年龄，一想到这就让人不由得严肃起来。然而，尽管死亡率如此之高，红隼的数量却能保持稳定，甚至还在增加。但这也是将近 30 年前的事了。

英国环境食品和乡村事务部于 2019 年发布的最新报告显示，自 1970 年以来，红隼的数量几乎减少了一半。红隼在这里已经变得像以前的游隼一样稀少了。谁能想到这种情况呢？

红隼种群数量减少的原因有很多。毫无疑问，现代农业的影响是其中之一。与我童年时在汉普郡随处可见的春播大麦相比，现代农业更青睐秋播小麦。这种差异可能看起来难以理解，但它意味着现在留茬的时间仅有几天，而过去收割后残留的植株短茬会一直保留到来年4月，为红隼冬天捕食的哺乳动物提供了庇护。它们除了喜欢捕食田鼠和小家鼠，还有一种独特的地面猎物就是鼩鼱，这很罕见，因为大多数猛禽觉得鼩鼱恶心，会避开它们。然而红隼会捕食任何能获得的猎物，从蠕虫、甲虫到小兔子和褐家鼠，偶尔还有蜥蜴和蛇蜥。

它们能够而且确实会捕捉飞行中的鸟类，但很少这么做。这似乎很奇怪，鉴于红隼飞行时如此优雅又流畅，但它们似乎不擅长捕捉鸟类。有记录显示，红隼在石油钻井平台上捕捉蝙蝠、雨燕、鸽子、凤头麦鸡和海燕，也是因为这些是它们唾手可得的飞行猎物。

在我们周围，大多数农田都被犁到与树篱只余大约2.5厘米的距离，没有留下"地头"。"地头"是指一条2～10米宽的荒地，最初是为了让马匹和拖拉机在犁地时可以掉头而保留的。现在，拖拉机的动力要大得多，牵引四铧犁的速度是原来的3倍，有块硬币大小的距离就能掉头。结果便是田鼠的栖息地减少，红隼的食物也就随之减少了。

或许，本地苍鹰、游隼和鵟数量大幅增加也是以红隼为代价的，因为这些较大的猛禽，尤其是苍鹰，会攻击和捕食红隼。这些猛禽起码能吓跑红隼。

不管怎样，我怀念曾经熟识的这种最利落、优雅的鸟儿。

# 瓢 虫

现代生活有一个奇怪之处，不过或许只是我的现代生活，冬天我在卧室里看到的瓢虫数量和夏天在花园里看到的一样多。它们在这座大部分建于都铎时代的木结构建筑中过冬，这里有无数的角落和缝隙供它们藏身，然后当暖气打开时，它们会飞出来，常常在我看书的时候飞到床上，然后非常缓慢、非常轻柔地在我身上爬来爬去。

每个园丁都知道瓢虫是益虫，因为它们吃蚜虫（每天每只瓢虫可以吃多达60只），而蚜虫是公认的害虫。这可能与人们的知识水平有关，而不是因为我们对瓢虫有一种深切的亲近感，我们很少会对别的甲虫产生这样的情感。

我们深感亲切的瓢虫可是有不少种类。最常见的是7星的，但你也可以看到2星、4星、10星、16星、22星和24星的。因为某些原因，爱尔兰没有4星的瓢虫。英国总共有42种瓢虫，但无论从哪方面来看——我意识到这会冒犯所有鞘翅目昆虫学家——它们都只是点缀着不同数量黑点的闪亮的红色瓢虫。

但是，不管身上有多少颗星，瓢虫都极具魅力。一部分与它们的红背和黑点的强烈对比有关，也与它们圆圆的、几乎是半球形的外形有关。这让它们看上去像是衣着鲜亮的乡村牧师，开着一辆莫里斯迈纳老轿车，颤颤巍巍地前行，然后它们打开甲壳，亮出翅膀，像詹姆斯·邦德的戏法一样，和其他昆虫一样急速升空。

不仅成虫会吃蚜虫，幼虫也会吃蚜虫，但幼虫并不引人注目。它们从卵中孵化出来大约需要 1 周时间，然后立即开始进食。1 个月后，它们在一个坚硬的、深色的，看起来像鸟粪的外壳中成蛹，2 周后完成变态就拥有了正常的瓢虫颜色。成虫的寿命约为 1 年，雌虫在早春和仲夏之间产 2 ~ 3 组卵。

除了蚜虫，它们还吃花粉，特别是欧白芷、秋英、万寿菊、百里香和薰衣草的花粉。

瓢虫的数量有时会激增，这个时候它们就算不得益虫了。这种情况每 20 年左右就有一次记录，但英国上一次发生这种情况是在 1976 年。我记得很清楚，据（英国昆虫学和自然历史学会）估计，截至那年 7 月下旬，英格兰南部郡共有236.5 亿只瓢虫，人们抱怨遭到了它们的攻击，尽管看起来更像是口渴的瓢虫试图吮吸他们的汗水，而不是叮咬他们的皮肤。

瓢虫数量爆炸似乎是因为温暖的春天致使蚜虫数量激增。但夏季植物干枯意味着蚜虫几乎没有鲜嫩的食物，于是它们的数量急剧下降，与此同时，与蚜虫数量同步增长的瓢虫突然间就没有食物了，于是它们便成群结队地寻找其他食物来源。

# 蓟

对于花园和农场中两种截然不同的土壤、气候和地形，很多植物只喜欢其中的一种，蓟属植物却不会对此区别对待。它们是祸害，在我的所有土地上横行霸道。然而，它们也可以很漂亮，毕竟我种植并精心培育了许多观赏蓟，比如河岸蓟、大翅蓟、蓝刺头、刺芹和美丽的刺苞菜蓟。跟其他所有物种一样，我说的就是字面上意义上的所有物种，它们只是错综复杂的生命网络中的一缕线而已。

蓟的种子占了红额金翅雀全部食物的1/3。其他鸟类包括欧金翅雀、赤胸朱顶雀和黄雀也都会吃蓟的种子。孔雀蛱蝶和莽眼蝶会取食蓟的花蜜。小红蛱蝶幼虫则以蓟叶，尤其是丝路蓟的叶子为食。越冬的昆虫通常把各种蓟的中空茎当作安全的庇护所。

在花园里，多刺的蓟是典型的"错误的植物长在错误的地方"。在农场里，它们会给羊带来严重的问题，因为羊吃草的时候，这些蓟上的刺会刺破它们的嘴唇，从而可能会让羊感染一种在土壤中传播的病毒，患上羊口疮。这种病毒会使羊口周长痘生疮，进而导致进食障碍，尤其是羊羔，这会使得它们无法茁壮成长。任何养过羊的人都很清楚，一只无法茁壮成长的羊羔极可能会很快夭折。

所以我们试着用打顶法来对付蓟。（"打顶"指的是修剪掉蓟和酸模的种穗以及牧草的上半部分，使整块地的植株高度降低到 10 厘米左右。）在牧场上，我挥舞长柄大镰刀干了好几个小时。这里有很多黄墩蚁的蚁丘，这意味着拖拉机和割草机无法在不损伤蚁丘和机器的情况下前进，所以，我还是得用甩刀式打草机来处理。这并不困难，而且是农耕作业的其中一个环节。然而，打顶的时机至关重要。有首民谣唱得好："5 月去割蓟，一天就长起；6 月去割蓟，还是太心急；7 月去割蓟，蓟草灭无疑。" 如果将它们留到 8 月份，那么白色的、毛茸茸的种子会像河雾一样飘散，数以百计的种子会在花园里以及农场的田地里散播。

但蓟有一个奇怪之处，当我们认为它们造成了严重问题，似乎会越长越多时，它们会突然骤减。一部分原因是气候。尽管蓟在肥沃的土壤中生长良好，但它们不喜欢潮湿的草地，我们发现排水更好的田地里总能长出更多的蓟。所以雨水丰沛的年份对它们来说并不友好。

英国至少有 14 种本土蓟，我们田里最常见的是翼蓟。它是一种大而多刺的植物，有着淡紫红色的头状花序。最糟糕的是丝路蓟。这家伙可以长得像多刺的灌木丛，不仅能通过种子传播，还长有匍匐根，如果根断了，还会长出新的植株。它有着淡蓝紫色的头状花序，虽然茎很光滑，但叶子上的刺多得吓人。除了以惊人的效率传播外，它还会释放出抑制大多数谷物生长的激素。

我们的花园里还长了很多续断菊和苦菊菜，在精耕细作的土壤中，它们生长得鲜嫩多汁，很容易拔出来，可以拿去制作堆肥。

另一种入侵这个花园的蓟类植物是牛蒡。在我们肥沃的土壤上，它至少能长到 1.8 米高，它的毛刺能在运动衫和狗的皮毛上挂上一整个冬天，这会让人很硌硬。解决方案是一看到它就齐地剪光，并且持续这么做，直到它死亡。和其他一些植物一样，它巨大的叶子可以被用来包裹黄油，根被用来制作蒲公英牛蒡啤酒。50 年前，这种啤酒和姜汁啤酒、可乐都是每家报刊亭和乡村商店里必售的商品。

# 绿 榛 子

　　此时，榛树上已经挂满了淡绿色的榛子，像煮熟的鸡蛋包在它们那带饰边的外壳中。今年是坚果丰收年，榛树上结满了坚果，欧洲水青冈和橡树也是如此。但令人深感沮丧的是，这些榛子要么在还是青绿色的时候就早早掉落了，要么在还没成熟到可以采收的时候，就被松鼠捷足先登了。

# 茄 属 植 物

　　茄属植物缠绕在我们厨房窗外的树篱上，并从围墙花园的一面围墙上抽出枝来，自有一派蔓延之美，并非所有茄属植物都是致命的。我们这里长的是欧白英（woody nightshade），名字中带"木"（woody），也爱缠着树木。

　　欧白英也叫欧洲苦茄，开紫色的土耳其帽形状的花，花瓣向后弯曲，露出锥状的亮橙色的雄蕊。它们会结出绿色和红色的浆果，因饱含汁液且营养丰富，夏末时欧歌鸫、乌鸫和欧亚鸲等鸣禽会取食。

　　欧白英也许不致命，但也是有毒的，因此不能食用。它缠绕在树篱中，长得很像一种晚花铁线莲，但与它亲缘关系最近的花园植物不是铁线莲，而是马铃薯和番茄。它喜欢潮湿的地方，甚至可以在浅水中生长，但我们这里黏重的土壤让它一年四季都很自在。另一方面，致命的颠茄则更喜欢白垩土和石灰岩土壤，尽管它也会在其他地方生长。

# 极 北 蝰

我从未在花园里见过极北蝰，当然我也不期望看到。花园这里天气太潮湿，地势太低，农耕化程度很高。但我在农场里见过两次，还有一次在拍一部关于北约克沼泽国家公园的纪录片时，我差点儿踩到一条。幸运的是，它并没有攻击我，而是直接爬走了。

极北蝰是英国唯一的毒蛇。如果你身体健康，那么不太可能死于极北蝰咬伤，但是有很多狗在嗅闻时被极北蝰咬伤而死。它们通过咬住猎物（通常是田鼠、小家鼠或在地面筑巢的鸟）的方式进行捕猎，猎物会试图逃脱，但挣脱的动作会加速对毒液的吸收，因此极北蝰可以从容地跟随，然后吃掉猎物。毒液还会分解肌肉组织，使猎物更容易被消化。

当我还在上学时，同学之间流传着极北蝰咬伤造成可怕后果的传闻。我们确信，我们玩耍的沙地针叶林里到处都是极北蝰（尽管没有人亲眼见过），被咬伤的肢体会变得跟焦炭一样黑，可怕的死亡会接踵而至。唯一的补救办法是拿起一把刀，在咬伤处划出两道深深的伤口（我一直不明白为什么需要两道伤口，但又不想表现出无知而未询问），接着勇敢地把毒液吸出来，然后吐掉。很难知道哪一种情况更糟糕，是被咬，还是不得不从某人身上吸出毒液。幸运的是，我从来没有遇到这两种情况。郑重声明，这种处理方法显然是下下之策。如果你确实被极北蝰咬了，那就保持冷静，减少活动以减缓毒液扩散，然后直接去急诊室。

极北蝰的体形比水游蛇小，长度很少超过 0.6 米，而成熟的雌性水游蛇可以达到它 2 倍的长度。极北蝰身上有非常独特的黑色"之"字形花纹，雌性背部的底色呈橄榄绿色，而雄性是灰色。冬天它们会挑选兔子洞或者在岩石或树根下冬眠。与卵生的水游蛇不同，它们在夏末能直接产下多达 20 条的小蛇。

极北蝰的幼蛇也是有毒的，从出生开始就是半独立状态，但它们倾向于以家庭为单位待在一起，最终在冬眠结束后散去。极北蝰寿命可达 10 年，但许多幼蛇在生命的最初几周就会被猛禽、乌鸦甚至雉鸡吃掉。

极北蝰喜欢荒野、高地荒原和长满野草的山坡，在那里可以看到它们晒太阳的场景。它们这样做是为了提高自己的体温，从而变得活跃起来，尽管在温暖的夏天，温度高到足以让它们狩猎一整天。我在农场见过两次极北蝰，都是在晚春时分，它们在朝南的山坡上晒太阳。

# 蜗　牛

曾经有一段时间，如果在一个温暖潮湿的夜晚，我走出前门，就会踩碎1000多只蜗牛。就着手电筒的灯光，我能看到它们布满路面，无处不在。这些都是散大蜗牛，身体很长，背着鹅卵石一样的壳，看起来像陆龟的甲片。白天，它们躲藏在欧洲红豆杉造型树和树篱里的隐蔽干燥之处，因为它们不啃食欧洲红豆杉和草坪，所以我看不到它们活动的痕迹。当夜晚它们都爬出来时，那场景真让人毛骨悚然。

蜗牛曾经是这里的一个大问题，给花园造成了所有常见的蜗牛灾害。过去我们常把它们抓起来，倒入盐水桶里，数以百计地灭杀。但完全无效，因为蜗牛会根据种群密度用一种复杂的机制来控制生长速率。它们遇到的黏液越多，生长就越慢。因此，清除了容易看到、易于捕捉的成年蜗牛——它们产生的黏液最多——只是加快了目前体形更小、生长更慢的蜗牛的生长速度。换言之，我灭得越多，增援部队就补得越快。

先不论道德问题，不管我怎么做，若杀死的蜗牛越多，来的也就越多。所以，杀死蜗牛或蛞蝓表现出了人们完全不了解它们在花园和整个生态系统中的角色和地位。首先，白费工夫，这样做并没有成功救助任何植物，也没有做成任何好事，还贯彻了"人类掌控自然"这一不合时宜的理念。

蜗牛和蛞蝓一样，以腐烂的植物组织为食。然而，散大蜗牛和一些蛞蝓发现，植物幼苗和一些花园植物挺像腐烂组织，非常适合食用。

在自然环境下，它们很少会遇到这些植物，或者说像玉簪这样的引进植物，从来不会遇到蜗牛。我们为其奉上了一场珍馐盛宴，这可不是蜗牛的错。换句话说，如果你发现欧歌鸫酷爱郁金香，并且会吃掉刚长出来的花苞，你会有计划地杀死看到的每一只欧歌鸫吗？

事实上，欧歌鸫会捕食蜗牛，而且它是唯一一种演化出敲碎蜗牛壳技术的鸟类。鸭也会吃蜗牛（尤其是印度跑鸭和康贝尔鸭），青蛙、蟾蜍、刺猬、步甲、蜈蚣和蛇蜥也会吃。实际上，蜗牛几乎处于食物链的最底层，这意味着如果你使用除蜗牛药，就会伤害到很多野生动物。

寒冷是散大蜗牛的最大敌人，在寒冷的北方，蜗牛出奇地少，但气候变化正在扭转这一现状。当年我在美国费城参观花园时，曾惊讶于大量的玉簪未被啃食，然后我意识到这里的冬天对散大蜗牛来说还是太严酷了。

当然，它们是可以吃的。法式蜗牛用的就是散大蜗牛。食用之前它们需要被"清洗"，所以要把它们抓起来，放在一个封闭、潮湿的环境中7～10天，给它们喂食磨碎的胡萝卜和水，然后再禁食2天，就可以拿去烹饪食用了。我没有尝试过，也不打算这么做。

## 螯　　虾

我在草地上看见了一只很大的螯虾，在离河差不多有90米远的地方。

它跟迷你海螯虾的相似程度让我大受震惊。在我原本的想象中，螯虾应该跟虾长得差不多。但它有12～15厘米长，通体银灰色，钳子略带红色。当耐莉上前探究它时，它试图夹住她的鼻子。

这是一只太平螯虾，源自美国，自从在20世纪70年代中期被引进以来，它就一直在我们附近的河流和小溪这样的水体中肆虐。这是因为它什么都吃，从本地螯虾到青蛙、鱼和蝌蚪，还会传播疾病。它与我们本地螯虾相比，后者体形小得多，最好的类比是灰松鼠和红松鼠。水獭和欧洲鼬会捕食螯虾，所以螯虾的繁盛想必有助于增加水獭的数量。

把螯虾直接放回河里是违法的，所以我把它带回家，放进一个水罐里，然后进屋喝了杯茶，思考如何处理它。当我再次出来，它已经不见了。所以它要么长途跋涉穿过花园，越过田野回到河边；要么在池塘里安了家，即将对青蛙造成威胁。


# 菊　蒿

菊蒿已经成为我们旱地花园里的主要杂草了。夏末的时候，抓着茎秆将它从土里拔出来可以带出一大团根系，让人颇有成就感。但如果留到冬天，它们会变得像钢铁一样强韧，当我试图剪断它们时，剪刀都会变钝。虽然它们生命力强健，并且不管我怎么拔，来年又会长回来，但是它们几乎不会扩散。它们只生长在旱地花园的两个花境中，还有一些生长在我们大门口的停车位，至于花园的其他地方，25 年来我从未见过。

菊蒿并不缺乏吸引力，我之所以要除掉它，只是因为它是"暴徒"，会排挤那些需要留出空间好好欣赏的植物。菊蒿的花是明亮的蛋黄色，像一个个小扣子似的松松散散地水平挨着开放。叶子类似蕨叶，有一种特殊的苦涩气味，据说可以杀死肠道寄生虫，但我个人不能保证这一点。如果它们的味道和闻起来一样，那么我不会去尝试。

它们生长在旱地花园和停车位的部分原因是，它们在贫瘠夯实的土壤里更自在。花园里其他地方厚实且富有营养的壤土对它们来说过于肥沃了。

旱地花园背靠围墙花园，而围墙花园是这座房子的蔬菜和草药园，至少有 400 年的历史。我猜测，和过去的每一座农场一样，菊蒿曾经作为草药宝库的一部分种在那里。它曾被普遍地当作一种广谱消毒剂用来清洁身体。以前复活节的传统是要烘烤一个菊蒿蛋糕，做法是将菊蒿嫩叶和鸡蛋混合起来，人们认为它可以在大斋节斋戒后净化血液。菊蒿汁液还会被涂抹在肉类表面以驱赶苍蝇，一捆捆的菊蒿花和叶子会被摆放在窗台上阻止昆虫进出厨房。伊丽莎白时代的人会把菊蒿混在铺床的稻草中，认为它能赶走臭虫。

所以这种强势入侵我们精心布局的花境的杂草，很可能是 500 多年前都铎时期的遗物，曾经是生长在这座花园里的迷人的药草。

# 野　兔

我面前的路上有 2 只野兔，长耳朵的尖端是黑色的，与穴兔相比，它们的身体和腿长得出奇。当我放慢速度前进时，一只溜进了田里，另一只向前跑了几百米，然后从大门下闪身躲进了一片尚未收割的麦田里。

这值得关注是因为我遛狗时，很少在花园周围的田野里看到野兔。这里不是野兔之乡，但我确实在山路上看到过它们。野兔是独居的，属于更荒凉、更严酷的地方。

但 50 年前，在北汉普郡白垩土大麦田里遛狗的时候，我几乎每次出门都能看到至少一只野兔，有时候甚至更多。它们"之"字形的迅猛冲刺能避开狗子们拼命的追赶。我曾拥有一只特别的狗，名叫格蕾特的拉布拉多犬，她训练有素，非常听话，除非遇到野兔。40 年前，我在北约克郡湿地国家公园的松鸡狩猎场当狩猎助手时，带着她一起去了。一周里，她的"火力"之猛，让一众受过价格不菲的专业训练的狗自惭形秽。但在最后一次狩猎时，一只野兔突然出现在她面前，她追逐起来，并以一种令人尴尬的方式吠叫着，此后 4 个小时里再也不见踪影。

当穴兔只能成为可爱的代名词时，野兔一直是神秘的生物，在许多文化中被赋予了象征意义。与穴兔一样，它们也不是英国的本土动物，而是大概在铁器时代从亚洲被带到这里的。与穴兔不同的是，它们不挖洞，也不群居，它们在地上随便刨个坑就能当个窝了，它们大部分时间都趴在地上，耳朵紧贴在身体上，伪装起来能跟裸土融为一体。空间越开阔，它们就越能在迅速转弯和折返跑时跑出传奇般的速度，只有速度最快、最敏捷的掠食者才有机会抓住它们。它们主要在夜间进食，只吃草和谷类作物的青苗。

小野兔出生时眼睛是睁着的，在第一个月里每天由母亲喂养一次，其他时间里它们需要自己照顾自己。它们是狐狸和猛禽的主要捕食对象。雌兔在2—9月可以生3窝甚至4窝，每窝2～4只幼崽。

虽然野兔基本上是独居的，但在春天和交配季节，你可以在田野里遇到成群结队的野兔，它们总是靠后腿站立进行"拳击"（通常是雌兔正在拒绝雄兔过于执着的关注），并且表现出神经质的特性。

在过去100年中，它们的数量大幅下降，主要是由于农业耕作习惯和操作方式的改变，如在秋季而不是春季播种谷物作物，使用除草剂，以及大规模地种植单一作物。但它们并不是保护动物，据估计，每年大约有40万只野兔被射杀，部分是狩猎活动，但也有农民捕杀它们以免更多青苗被啃食。许多年前，我会很高兴地猎兔子，并享受美味的炖兔肉，但现在看来捕杀野兔是错误的，而且会招来厄运。

# 牧　　草

　　野花草甸听起来都是花，仿佛一片花境挣脱了花园的束缚，如同打翻的美酒般泼洒在草地上，但它实际上是一种作物。种植它是为了制作干草，冬天和早春时节，田野里没有新鲜牧草时，这些干草就会被用作牛羊的饲料。农民，尤其是奶农，痴迷于研究牧草的确切营养价值，并对它进行了外行人难以想象的详细研究。简单来说，牧草在生长最快的时候，通常是从仲春至初夏，那时它所含的营养最多。

　　牧草中的水分含量超过 80%，对牲畜来说有益的营养大部分都在叶子里，而不是茎。所以在过去的 100 年里，农民们主要种植多年生黑麦草，而不是其他茎秆更多的草种。黑麦草会在春天萌发出大量叶子，因此为了获得最大营养价值，现代农民会在春天将其收割，做成青贮饲料或半干青贮饲料，然后让它再次生长，并在秋天之前重复这一过程一次甚至两次。秋天时，黑麦草会长出更多的茎秆，因此食用价值降低。然后，随着天气变冷并降至 5℃ 以下，它会完全停止生长。事实上，最适合牧草生长的温度范围非常小，最理想的生长温度就是 10℃，高于 10℃，牧草的生长速度就会变慢。

为了保持生长，牧草需要充足的阳光和源源不断的水分。很明显，这就关系到土壤中能储存多少水分和雨水的补充频率。综合考虑以上因素，你就会明白为什么爱尔兰和威尔士比东安格利亚或更干燥的东南部各郡更适合种植牧草了。

但干草饲料田不是这样运作的。它们不利于现代密集型的奶业和肉类产业的运作。好的干草饲料（与青贮饲料或半干青贮饲料不同）是由多种牧草混合制成的，且都是多茎的植物种类，理想情况下还有许多其他植物或"草本"（美国人称之为"非禾本类阔叶草"），有一些正在开花，其他的全是叶子。这种混合饲料的优点是潜在的营养含量很高并且丰富，但这也取决于干草饲料的制作技巧。然而，干草饲料起码提供了冬季粗饲料，这对反刍动物而言极其重要。在漫长的雪季或霜冻时期，除了奶农，可能所有农民都更加关心如何让他们的牲畜活下去，保持健康，而不是让它们长胖。

现代黑麦草地是优质野花草甸的对立面。它生长旺盛，叶片繁茂，能把其他植物都横扫出门，因此它往往是单一种植。如果你想为牛群或羊群提供大量的蛋白质，那种植单一黑麦草是非常好的，但对野花来说却是灾难性的。实际上，黑麦草是一种非常厉害的禾草。除了作为农民的主要牧草作物，它也是运动场以及皮实耐用型草坪的主要植物品种，因为它耐得住大肆踩踏和修剪，而且恢复得很快。

因此，为了达成良好的多样性而混入野花和非禾本类阔叶草，你首先必须降低牧草的数量和活力，特别是黑麦草。最好的办法就是引入小鼻草。它们一旦长起来，会抢夺黑麦草的养分，然后黑麦草的数量就会迅速减少。这会让其他禾草和非禾本类阔叶草得以扎根生长。然后，当牧草被收割，做成成捆的干草被移走，草场就会失去更多的养分。通常农民会给土地施用人工氮肥或粪肥，并且每5～10年重新播种牧草，让草场重新充满活力。但如果跳过这一步，黑麦草很快就不再是"暴徒"，从而为打造一片繁荣的野花草甸创造了条件。

1991年，我们初到花园时，那里几乎全是黑麦草，如今它们仍然占据着各条杂草小径，相比之下，农场那边几乎没有什么黑麦草，因为田地太贫瘠，且荒废太久。但这也给了我们一个打造野花草甸的机会。考虑到我们这里的特殊环境条件，我们的计划是先搞好一个，等真正掌握了最佳管理方法后，再推广到其他田地中。在顺其自然的情况下，和我们那片令人赞叹不已的野花草甸一样，现在我们大部分田地里开满了鲜花，除了翻耕、放牧和打草，我们没做任何特殊处理。

我们田地里的主要牧草有洋狗尾草、鸭茅、紫羊茅、羊茅、剪股颖、黄花茅和绒毛草。我喜欢在牧草的名字中徜徉，它们通常很容易被当成一个整体来看待。但实际上，如果你对每一块土地都非常熟悉，那你很快就会发现，每一块田地里的情况都大不相同。我们的野花草甸一侧有一条狭长地带顺势而下，这一侧更为潮湿，有着截然不同的植物群。斜坡上半部分的植被与下半部分也不同，因为水和营养物质都流到山下来了。

紫羊茅有着柔软的、微光熠熠的、略带粉红色的种穗，叶子纤细，几乎全是茎。羊茅则簇生更明显，是大多数丘陵农场中最常见的草，我们的农场也不例外。羊会把它啃得很短，但给它一季的时间，它就会长成一片连绵不断、丝丝缕缕的柔羽般的海洋。

田地高处不到 20 米宽的区域里长着欧洲蕨。它们更容易入侵羊茅草生长的区域，而不是入侵更喜欢酸性环境的剪股颖或蓝沼草的生长区域，后两者通常长在山坡更高处或成片地长在个别田地中。

洋狗尾草是野花草甸极好的成员，它直立的头状花序就像柔软的玉米穗，叶子从茎的一侧垂落。它比许多禾草更耐旱，但永远不会长得郁郁葱葱。

绒毛草（Yorkshire fog）之所以叫这个名字，是因为它的花序长在高高的茎秆上，恍如一片迷蒙的雾瘴（fog），又如闪烁微光的粉红色薄雾。它干燥时如同天鹅绒一般柔软，但当它潮湿时，蹭过它的裤腿很快就会湿透。长满绒毛草的田地是农业荒废的确切标志，因为它虽是营养贫乏的饲料，却是组成野花草甸的优秀品种。

鸭茅有着类似的柔软的花序，但花是从侧枝上抽出来的，间隔均匀优雅，就像是精心修剪准备用于日式花道。黄花茅是最早开花的牧草。5月，它那巧克力色的花穗将田地染成了深棕色，它在还直立着、未被收割时就散发出类似新割干草的芳香。

普通早熟禾的叶片基部有叶鞘，在非常黏重或潮湿的土地上生长良好。它是草坪中常见的混种草类。

丝状剪股颖的花序间距较宽，其上是相当漂亮、精致的复总状花序。我记得父亲曾对剪股颖十分恼火，他用滚筒式割草机将草坪上其他草都干净利落地修剪了，却唯独搞不定剪股颖，所以他会用旋转式割草机再修剪一次，以清除所有顽固分子，但它总是会很快重新生长出来。

每一片野花草甸都有适宜其所在地形地貌的草种组合，而这些草种组合在保持草甸的植物群落平衡方面所扮演的角色，跟那些更为华美的开花植物一样重要。但要让它在比后院花园规模更大的地方发挥作用，就必须将其收割并制成干草，然后在秋天和早春时让牲畜努力啃食，这样它就与农耕作业的节奏密不可分地交织在一起了。

# 灰 林 鸮

有一天，我正拐进通往我家的小路，突然看到一只不同寻常的鸟站在栅栏柱子上。

它很大，但毛茸茸的，一个白毛团似的，掺着几抹杂乱的棕色，像个卡通公仔。它的眼睛又大又圆，好奇地看着我。然后它的头转了整整180°，无声地扇动翅膀飞走了。这是一只年幼的灰林鸮，它虽然已经羽翼丰满，离巢独立了，但仍然脆弱得令人担忧。

虽然我不经常看到它们，因为它们在白天的大部分时间都伪装成树干，但其实这周围有很多猫头鹰。花园里一年四季都回响着灰林鸮的叫声，尤其从夏末到秋天——年轻的灰林鸮离巢去寻找自己的领地时。但在夏天的其他时候，雏鸟会留在巢穴附近，学习捕猎技巧以及它们那令人难以置信的安静而灵巧的飞行技能。

有些夜晚，栖息在花园里搭建的豆类攀爬架上的一道剪影，发出了令人震惊的尖叫声，然后又无声无息地溜走了。对于这么大的鸟来说，灰林鸮飞起来就像飘落的雪花一样无声无息。它们的夜视能力很好，但听觉更灵敏，即使是最轻微的沙沙声，它们也能准确地定位，在乱窜的老鼠听到任何声音之前，用强有力的爪子抓住它。

大约 30 年前，我在之前住的房子附近的一棵大胡桃树下发现了一对小灰林鸮。它们显然是从巢里掉下来的，所以我把它们带回家，每隔几个小时给它们喂一次肉糜。但我很快被建议把它们放回发现的地方，因为它们的父母会找到它们，并在地上继续喂养，而且不管怎样，雏鸟很可能会半爬半飞地回到树上。它们当然活了下来。在那个漫长而炎热的夏天，它们总在我们卧室窗外长时间地大声鸣叫。白天，我总能在果园里见到它们。它们紧贴在苹果树的枝干上，全身羽毛是棕色、赭色和奶油色混杂的，眼睛是深邃、幽暗、耀眼的紫色。

20 世纪 60 年代初，当我还在寄宿学校时，女舍监收养了一只类似的小灰林鸮。当她在宿舍里走动时，它会站在她的头上，轻咬她灰色的头发，用喙轻轻地拉扯。一天晚上，它从我宿舍敞开的窗户飞了进来，站在我的床头，挪动着脚，转头四处张望，然后，就像来时一样，它如飞蛾一般突然而又悄无声息地飞回黑暗的夜空。

这一场景真让我永生难忘。

# 岩生拉拉藤

农场的一块田地里有一个大约 9 米长、3 米多高的陡坡，小小的白色花朵在上面铺出了一块花毯。我们刚来时，这里长满了茂密的欧洲蕨，我仍然记得第一次开着拖拉机割草时的极度焦虑。这里的斜坡角度以及高大的欧洲蕨，让我只能看到天空，我不知道斜坡有多陡，不知道地形是什么样的，也不知道我要开到哪里去，只能一直往前开，直到坡顶。

渐渐地，欧洲蕨变少了，虽然还有一些，但牧草占据了主导地位，动物们欢快地啃食。于是，这些开着小白花的岩生拉拉藤拥有了一个它们喜欢的家。除此之外，陡峭的斜坡意味着雨水会不断冲刷掉土壤中的养分，这片明显很薄的酸性土壤在岩石上仅有几厘米厚，于是就有了岩生拉拉藤最理想的生长条件。所有这些还都在它最喜欢的海拔约 400 米的高地上。

我不熟悉这种小花，完全是因为土壤。我小时候是在有白垩土的地方度过的，在那里奠定了我的世界观。我看到的一切，闻到的一切，甚至植物发出的声音，都是由北汉普郡白垩土的 pH 值决定的。田野里随风摇曳的是如同绸缎一般的大麦，而不是麻木地沙沙作响的小麦。欧洲水青冈和欧洲红豆杉是大型树的衡量标准，到处都是榛树、栓皮槭、欧洲卫矛和欧桴。如果我看到一棵橡树，那一定是夏栎，而不是无梗花栎，后者只有在酸性土壤中才能快乐生长。[1]每一块田地都镶嵌着被犁头打碎的黑色玻璃似的燧石，地表下约30厘米的地方，是紧实的白垩土层。

很多野花都喜欢这种土壤，比如圆叶风铃草、牛至、罂粟、矢车菊、黄花九轮草等。但有些植物比如欧石南、香猪殃殃、帚石南、魔噬花、布谷鸟剪秋罗、毛地黄和小酸模，更喜欢偏酸一些的土壤。如此，这些花、树、农作物和草造就了这个世界，这些看似不计其数且默默无闻的东西，实际上是独属于你脚下这片土地的。

其实我是在用这种迂回的方式解释为什么我不熟悉岩生拉拉藤，但地质学对我整个人生观的影响之深远总是让我震惊不已。

# 田 鼠 洞

自去年 10 月以来，台地花园土埂上的茂草第一次被修

---

[1]橡树又称栎树，泛指各种栎属树种，夏栎、无梗花栎均为栎属树种。——编者注

剪，洋水仙的叶子全部枯萎，野花也结了种子。所有东西都被清理并拿去制作堆肥后，大片裸露的土壤中只残留了一簇簇白色的草根。对外行人来说，这是一幅满目疮痍的景象，但这正是我所期望的，因为花的种子只有在与土壤直接接触的情况下才会发芽。

仔细观察，你会发现土埂上布满了小圆洞，每个直径约2.5厘米。在拍摄《园艺世界》的间隙，我和摄制组一起站在那里，我注意到有一只小眼睛从其中一个洞里向外窥视。一分钟后，出现了两只眼睛和一个鼻子，然后出现了一张小脸，耳朵紧贴在两侧洞壁上，最后，一只田鼠的整个脑袋探了出来，窥视着这个刚刚揭开的世界。它看了我们一眼，我们看了它一眼，然后它突然冲了出来，跑进上面的花境中。

当草很高时，也就是3月下旬到8月，它为田鼠提供了完美的掩护和生存环境。它们的洞穴被完全隐藏，它们可以自由来去不被发现。茂盛繁密的草丛也是它们可以翻找觅食的地方，并且一定程度上保护它们免受许多捕食者的攻击。

到了周末，草又开始长起来了，田鼠洞又将被绿色掩盖。

八
月

# 早花百里香

"我知道一处野生百里香盛开的河岸。"

农舍上方朝南的陡峭斜坡上，有一丛野生的百里香。在玫瑰色、薰衣草色的花丛中，蜜蜂嗡嗡作响。在炽热的阳光下，威尔士山坡上的这一小块地方飘散着属于地中海的浓郁香味。

这是早花百里香，香气浓郁但味道平淡。与生长在不远处常年积水的沟渠里的田野薄荷不同，在烹饪方面早花百里香并不能替代普通百里香。在这片山坡上，它的生长地点非常局限，因为它不喜欢酸性土壤，所以只在两个地方生长得很茂盛。一处是在这个斜坡上，细细的草叶穿插在百里香丛中，但土壤几乎只是勉强覆盖住了红砂岩层，只有百里香才能在此如鱼得水。盛夏时节，石头变得温热，蜥蜴昂着脑袋在这里晒太阳，就像在美国迈阿密海滩晒太阳的退休人员。

另一处有百里香生长的地方是一块特殊的田地，我们毫无想象力地称之为"蚁冢地"，因为里面密布成百上千个黄墩蚁建造的蚁冢。每座蚁冢直径约60厘米，高度大致相同，蚂蚁把泥土变成了细粉末。蚁冢上除了草，还生长着百里香。长在蚁冢上就像在高床上一样，排水性极好，阳光充足，百里香享受着自己找到的风水宝地。

# 普 通 翠 鸟

我们曾经养了一对双胞胎兄弟猫 18 年之久。它们是缅甸猫与农场猫的杂交品种，皮毛乌黑油亮，有着缅甸猫的流畅身形与农场猫的捕猎效率。区分它们的唯一方法就是把它们翻过来。这种方法风险性很高，因为两兄弟中，叫作布鲁的那只很喜欢这个动作，会完全放松下来，但另一只叫史丁比的很讨厌这样做，会想尽办法狠狠地反咬回去。它们每天都打架，却总是相拥着入睡。布鲁先一步去世，而史丁比，这位凶猛的战士，在失去兄弟后郁郁寡欢，大约一个月后也追随而去。它们都被埋在了萌生林里。

兄弟俩都是顶级猎手。布鲁精于猎杀哺乳动物，而史丁比则擅长捕鸟。我曾亲眼看到史丁比一跃而起，扯住一只从南非迁徙而来早已精疲力竭的家燕。它将家燕从空中拽落、弄残，然后意兴阑珊地走了。还有一天，它跑到厨房里，嘴里叼着一只普通翠鸟。难以想象那只翠鸟是如何被抓住的，它还活着，但显然不喜欢被史丁比叼在嘴里。

萨拉把它从猫嘴里救了出来，握在手心里。这是一只令人惊讶的小东西：它的头部和背部是泛着光泽的蓝绿色和焰蓝色；鸟喙是黑色的，有点像啄木鸟，也有点像鲣鸟；眼睛后面有一块橙色三角区域；以及只能从萨拉手指间瞥见的那令人惊艳的橙色胸部。在英国，没有其他鸟类能像普通翠鸟这样明艳，而且普通翠鸟很罕见，更不用说像这样站在厨房里，将它握在手中了。我们确实偶尔会在河边看到它们，但是更多的是看到一只黑色的鸟掠过水面或消失在树林深处，而不是看到全部的色彩。

普通翠鸟无论雌雄都同样颜色鲜艳，甚至可以说是艳丽。除了背部和翅膀上令人惊艳的亮蓝色外，它们身上的橙色是英国所有鸟类中最多的。这种颜色组合使它们与众不同，很容易被认出来——这似乎就是关键。它们演化出鲜艳颜色的唯一理由似乎就是方便辨认同类。

它们会在 2 月底开始配对，但在确定关系之前，雄鸟要先在已经建立并且成功捍卫的过冬领地内筑巢，或者更确切地说是挖出一个巢穴。这些巢穴位于河岸下方 30 ~ 60 厘米但远高于水线的地方，有隧道通往巢室，通常两只亲鸟都会参与筑巢，但挖掘主力是雄性。它会像啄木鸟一样用喙挖掘，当它越挖越深时，会向后扭动身体，用尾巴把废土推出去。一旦水平方向挖了 60 ~ 90 厘米后，它们会挖掘产蛋用的巢室，这个巢室要足够大，让它们能够在其中转身，在这持续了一周的挖掘工作中它们第一次得以以正面出门。我在花园边上陡峭的河岸上看到过普通翠鸟的巢，它们一定经历过好几次洪水，但只要在 4—8 月之间连续两个月保持干燥，它们就可以成功哺育后代。

所有这些工作对雄鸟来说是一项巨大的投资，因为雌鸟只有在巢穴完工后才会同意交配，而且并不总是成功。如果这段关系发展顺利，它们会在 4 月中旬产下第一枚蛋，并在月底前孵化。雏鸟一开始是完全失明的，弱小无助，亲鸟会给它们喂食大量的鱼，直到它们离开巢穴——通常是在 5 月底左右。

普通翠鸟从栖木上捕食，会像鲣鸟一样俯冲向目标鱼，用喙叼住猎物而不是像矛一样扎穿猎物，然后它们借助树枝或者石头将鱼敲晕，调整鱼的方向，使它们头部朝前，以方便送到雏鸟的嘴里，然后返回巢穴。据估算，一天中每只雏鸟大约每 50 分钟得到一条鱼，通常每窝会有 5 ~ 6 只幼雏。对亲鸟来说，这是一段忙碌的时间，算上它们自己吃的那部分，它们每天要捕获并带回超过 100 条鱼。一旦雏鸟羽翼丰满，准备好从巢室沿着隧道爬到河岸边，它们就会一起出发，再也不回来了。这是亲鸟哺育的终点。雏鸟适应外界的过程短暂而严酷。亲鸟在花几天时间教会雏鸟潜水和捕鱼之后，会主动驱赶它们，所以雏鸟必须在离开巢穴的几天内就学会独立，因为亲鸟几乎会立即开始繁育下一窝。普通翠鸟通常一个夏天会繁殖 3 窝，有时它们会重复使用同一个巢穴，那里会堆满令人作呕的鱼骨和粪便，有时它们也会建造一个新的巢穴。不管怎样，这对亲鸟来说都是一项紧张、艰苦的工作。

虽然这意味着夏末大约一两个月的时间里，附近普通翠鸟的数量会非同寻常地多，但它们的死亡率非常高。雏鸟必须去寻找并建立新的领地，度过冬天，然后寻找配偶，繁殖后代。如果夏末你在自家花园里看到一只普通翠鸟，那几乎可以肯定是一只正在寻找领地的年轻翠鸟。

所有鸟群的状况都与栖息地和活动区域密切相关，普通翠鸟是生活在树木环绕的河流边的鸟类。保护和照顾这一特殊的栖息地对普通翠鸟在英国乡村地区的生存至关重要。另一个主要的环境威胁是农业化肥，化肥经地表径流流入河水和湖泊，破坏了鱼类的种群数量，进而对普通翠鸟造成了灾难性的影响。人类、狗、野生动物以及农业机械的干扰也是一个问题。亲鸟受到巢穴里雏鸟的叫声刺激去捕鱼，如果亲鸟受到惊扰，它们会避开巢穴，雏鸟会因此变得太虚弱而无法发出叫声，那么亲鸟会离开得更久，雏鸟就可能会饿死。

但即便在理想的环境中，普通翠鸟的生活实际上也可能是脏乱、充满暴力而短暂的。据估计，只有一半的雏鸟能在离巢的头两周存活下来，不到 1/4 能撑到第二年繁殖，因为它们不仅是猫的猎物，还会成为老鼠、欧洲鼬、狗鱼、水獭、白鼬、伶鼬和雀鹰的猎物，而且幼鸟还有饿死的风险。它们的平均寿命只有两年，这就解释了为什么它们需要如此疯狂地繁殖。

然而，被带入我们厨房的那只普通翠鸟有了一个美好的结局。我们把它带到河边，在水边放生，它倏地飞走了，发出微弱的啁啾声。我乐观地想，它从史丁比的嘴里死里逃生，第二年存活下来并成功繁殖，它的后代现在仍在沿河觅食。

## 短 舌 匹 菊

房子周围的花床里飘散着短舌匹菊的辛辣气味。它没有扩散到花园的其他地方，仍坚持在后面的旱地花园、围墙花园和香草花园里占有一席之地。我把它看作另一个一直在这个地方游荡的都铎时代的幽灵，它是以前每个农舍都会种植的常备草药，现在却和木材、石头一样，成了家中的固定物资。

短舌匹菊开白色的雏菊形花朵，花心为黄色，花茎细长，叶子是淡黄绿色，有强烈的芳香。我不确定自己是否喜欢这种味道，但它很有辨识度，一旦闻过，就永远不会忘记。

短舌匹菊被广泛用于治疗偏头痛、头痛以及退热，并因此得名。[①]它不是英国本土植物，而是中世纪从巴尔干半岛

---

① 短舌匹菊的英文名是 *feverfew*，直译为"不发热"。——译者注

引入的。30 年前，我们从一位女士手里买下这栋房子，她已经在这里住了 70 年，头痛的时候就会把短舌匹菊夹在三明治里吃下去。我觉得它的味道很苦，但我确信它对消化有好处。

短舌匹菊对生长环境不挑剔，鹅卵石的缝隙、墙壁的边缘都可以。它可以从仲夏到秋天持续开花。它的叶子可随时用来缓解偏头痛，就像过去 700 多年里它们为这座房子的住户做的那样。

# 胡　　蜂

很难找到什么好话来形容每年这个时候出现的胡蜂。当发现户外大餐时，它们似乎会成群结队地渗透到花园中，或者一只落单的胡蜂在房间里发出威胁的嗡嗡声，恐吓我们全家人。

蜇人是蜜蜂最后的防御手段，主要发生在它们认为蜂巢受到威胁的时候，是一种终极的自我牺牲行为，因为它们蜇人后也会死亡。然而，胡蜂会主动发动攻击，似乎毫无缘由，而且会反复蜇刺。蜜蜂是高尚而濒危的昆虫，得到了众多慈善机构的支持（蜜蜂促进发展会是其中之一，而我十分荣幸是赞助人之一），但胡蜂则只会令人恐惧。

蜜蜂酿造蜂蜜，给植物授粉。没有蜜蜂，人类很快就会挨饿，但是胡蜂能干什么呢？且不说这个以人为中心的问题的荒谬性，它们实际上大有作为。胡蜂一生中的大部分时间都是专一的食肉昆虫，吃所谓的花园害虫，比如毛毛虫和蚜虫，仅凭这一点就足以证明它们是生态平衡的有机花园的一部分。只有在夏末时，它们才开始吃甜食，此时我们花园里的果实大多都已成熟，同时，大量的工蜂完成了筑巢任务，可以自由地出门猎取任何形式的糖分。这是一场完美的胡蜂风暴。我对此再清楚不过了，两三年前，我种在温室里的葡萄招待了成千上万只胡蜂，每粒葡萄上都爬着 10 只甚至更多的胡蜂，直到最后一粒葡萄被享用完。

除了捕食花园里的害虫，胡蜂本身也是食物链的一部分，它是獾、鵟，以及蜘蛛的盘中美食。尤其是蜘蛛，这也许会令人感到惊讶，它们是胡蜂最致命的天敌。

包括黄边胡蜂在内，英国有 8 种群居胡蜂。它们都会用咀嚼过的木浆建造精美的蜂巢，它们的巢重量极轻，但坚固得足以容纳成千上万只胡蜂和它们的卵。这些精巧复杂的建筑，每一座都是一个小小的胡蜂之家，是一个关于创造力的奇迹。但另外 230 种非群居胡蜂几乎过着孤独的生活。它们有许多不同的伪装和生活方式，但大多数是穴居的，有着锤子一样的头和非常细的腰。它们在干燥的河岸上挖洞，贮藏活的猎物，通常是毛毛虫和蚜虫，也有苍蝇、甲虫，甚至蜜蜂。

只有雌性胡蜂会蜇人，雄性胡蜂的存在只是为了繁殖。雌蜂的刺是光滑的，所以可以缩回去，进行反复蜇刺，如果它被困住了，就会这么做。胡蜂的刺中含有一种叫作抗原5的蛋白质，有些人会对这种抗原产生强烈反应，导致过敏性休克，需要立即治疗。但他们是少数不走运的人，对我们大多数人来说，被胡蜂蜇到后的不适可以用醋或冰块缓解，虽然疼得要命，但不会造成很严重的伤害。在英国，每年只有一两个人死于胡蜂和蜜蜂的蜇伤，这个人数和被雷劈死的人数差不多。

# 旋果蚊子草

拥有农场的头几年是一个不断发现的过程。每一季，每一周，我都会发现与这里的故事有关的新线索，我不断地行走其间，反复探索每一寸土地，尽可能地了解这里的一切。

我每天晚上都会花几个小时研究这个地方各个方面的历史，从17世纪使用的手推车的类型到鸟鸣声的变化。我把有记录以来，这里的每一位住户的财产清单一一清点了一遍，像考古学家那样，我仔细检查了床上用品、铜罐、品相完好的椅子、三小堆干草、饲养的牛和各种工具。这是一项类似侦探的工作，慢慢寻找并积累证据，同时也是一段痴迷的恋情。我在自己的领地里四处搜寻，寻找能让我们关系更紧密的蛛丝马迹。这段恋情从未消退，如果有什么不同的话，那就是随着与日俱增的熟悉感，爱恋也愈深。

第一年8月，在我们称为"顶林"的地方，我在其中的一块潮湿的洼地里发现了一小片旋果蚊子草。像羽毛掸帚一样的象牙色花开在长长的深红色花茎上，叶子形状像榆树叶，区别在于它的叶脉纹理更深，纤细优雅的茎既不无力下垂也不僵硬笔直。这里是农场里最偏远、最荒凉的地方，似乎也是放牧最少的地方。

记忆中，我年轻时生活的满是白垩土和燧石的乡村地区没有旋果蚊子草，我也从来没有把它当成野花，尽管在花园里，我一直在栽种红花蚊子草'韦努斯塔'（'Venusta'）。这是一种美国草原植物，它和旋果蚊子草很像，但能长到约1.8米高，并且生长时对水分的需求量没有那么大。发现这一小片旋果蚊子草感觉像一个重大发现，可与在田地一角偶然发现一两株兰花相媲美。

事实上，只要条件允许，旋果蚊子草很容易泛滥，现在它遍布于我们农场里潮湿的未放过牧的地方。几千年来，人们用它熬煮汤剂以缓解疼痛。19 世纪末，人们发现可以从这种植物中提取水杨酸并制成粉末，此前水杨酸只能从柳树皮中提取。旋果蚊子草后来被归入绣线菊属，所以这种新化合物被命名为阿司匹林（aspirin），由乙酰酸（acetylic acid）的"a"和绣线菊（spiraea）的"spi"组成。

旋果蚊子草的英文俗名 meadowsweet 直译为"草甸芳香"，这个名字让人不由得联想到鲜花遍布的干草草甸。这个俗名大概率指向味道，将它浸泡在蜂蜜酒中，会有一点点杏仁味。相比于草甸，你更有可能在林地或沟渠中发现它，除非草甸里有特别潮湿的地方。一直以来，人们将它或撒在地板上，或插在花瓶里，来给房间增添香味。但我觉得它那如同甜甜的杏仁糖的味道很难闻，并不那么令人愉快，因为我讨厌杏仁糖。

# 8 月的夜晚

温暖的夜色中，猫头鹰忙忙碌碌，有几只雄性和一些雌性。你问我是如何得知的？会不会只有一对在四处活动，相互呼唤？但是雄性猫头鹰的"哇呜"声似乎有不同的音调，雌性猫头鹰的"叽－威克"声也有差别，其间还夹杂着持续不断、实际上相当恼人的羽翼刚丰满的雏鸟的乞食尖叫声，也许它们是一家子。

# 水 游 蛇

8月中旬，我翻动堆肥堆时，通常会在温暖的深处发现水游蛇。被打扰后，它们会以最快的速度逃跑，从堆肥堆内部的木板中间或下面溜走。根据人对蛇的不同态度，有些人会感到兴奋，而有些人则会感到担忧。我承认许多人一看到蛇就感到害怕和惊慌，但我很高兴花园里有水游蛇。在最近一次对后花园野生动物的调查中，我发现最少见的两种动物就是伶鼬和水游蛇。看不到伶鼬并不奇怪，它们个头小，喜欢躲藏，并且不是花园里的常见物种，但水游蛇的活动迹象如此之少，令我感觉既惊讶又悲伤。

我们还经常在仲夏时节的堆肥堆里发现它们的卵，显然雌性出现在那里不是为了自己，而是为了产卵。事实上，水游蛇是英国唯一一种会产卵的蛇，其他两种本土蛇——蝰蛇和滑蛇，都是直接生下幼蛇。水游蛇的卵看起来像聚在一起的马勃菌，一堆白色革质的卵挤在一个囊袋里。待到这一年晚些时候，这些卵会变空，变得干瘪，如果幸运的话，幼蛇还会待在原处。这些蛇还把堆肥堆当作冬眠的地方，在10月钻入堆肥堆中，直到来年4月天气变暖时才重新出现。

刚孵化出来的小蛇只有铅笔大小，但雌性比雄性大，会长到约1.5米长，有纤细的手腕那么粗，是英国最大的本土蛇。一条成年的水游蛇拥有美丽的斑纹，头部后方有一条独特的黄色V形色带以及黑色条纹，橄榄绿色的蛇皮上点缀有黑色的斑点。它们的寿命很长，能活20～25年的蛇并不罕见。

水游蛇会咬人，但没有毒性。它们如果感觉无法逃离危险，则很可能会装死，并散发出一种令人厌恶的气味，而不是选择发动攻击。然而，你更有可能瞥见一条蛇影从身边迅速蜿蜒而过，躲进掩体。在好的年景里，我们几乎每天都能在花园里看到水游蛇。它们被我们走近的脚步声惊扰，匆匆爬过小路。

水游蛇出现在花园里是因为我们附近有河流，以及花园中有两个池塘。它们喜欢水，我曾看到它们在池塘里爬进爬出。在过去的50年里，它们的数量急剧下降，其中一个原因就是农场池塘的消失。过去，池塘不仅存在于每个农场，还存在于许多供动物饮水的田地里。现在，管道水和饮水槽的普及意味着大多数池塘已经被填埋。

水游蛇吃青蛙、蟾蜍、蝾螈、鸟、各种蛋、小家鼠和田鼠，它们通常会把活的猎物囫囵吞下，剩下的活儿就交给消化系统来完成。它们也有相当多的天敌，如鸢、鹭、乌鸦和猫头鹰等，尤其是当蛇还小，足以被这些鸟一把抓起飞走的时候。

# 雨 燕 南 迁

8月14日。今早大约有10只雨燕从花园上方飞驰而过，像一支空中表演队，一路向南飞去。它们不像忙碌拥挤的毛脚燕或家燕，在大气压的辅助下猎捕昆虫，而是带着坚定的目标笔直地飞行——它们要回家了。

这是夏天合上的第一个百叶窗。大杜鹃已经走了，看不见它们的身影，叫声也越发不可闻。但我总感觉雨燕才是最先离去的，而且是为时过早的夏日结束的信号。它们从来没有像毛脚燕或家燕那样在这里住下，而且现在已经成为花园上空越来越罕见的访客，我们每隔几周才能看到它们，然而25年前，从5月至7月底，它们每天都会出现。

不像夏天的毛脚燕和家燕，或冬天的田鸫和白眉歌鸫，这些鸟儿离开后我们的天空会留下大片空缺，雨燕总是从别处飞到这里，所以会给我们留下它们并不属于这里的感觉，导致我们对它们没有亲密感。我们将它们借来几个月，如今要将它们还回去了。

# 鵟

小鵟在花园上空晃晃悠悠地飞翔着，就像一架试图在大风中降落的飞机，翅膀倾斜着、摇摆着。它们是体形巨大的鹰科鸟，雏鸟会发出独特的高音口哨般的哀怨叫声，成年鸟则会发出一种极具辨识度的让人一听就难忘的类似猫的叫声，那是一种像风一样古老而睿智的叫声，而雏鸟则会发出一种不协调的半像口哨、半像猫叫的声音，总是带着惊恐的声调，如同学骑自行车的孩童一样。

一个鸟巢总是会出现在我们农场里一棵高大的欧梣或栎木上，但在相邻的年度里，不会出现在同一棵树上。到了7月中旬，雏鸟羽翼丰满，跟鸡差不多大，它们踏出鸟巢，爬到树枝上，呼唤父母来喂食。我曾亲眼看到一只小鵟的初次飞行，它的父母反复接近筑巢的树，但始终没有着陆，终于，这只年轻的鵟跃到空中，然后以令人惊讶的轻松和优雅飞向天空，直到它试图掌控飞行，却几乎被自己的翅膀缠住，它发出雏鸟的叫声，寻求父母的安慰。但最终它成功了，在山谷的天空中自由地驰骋。

它们会继续在附近飞行，学习如何捕猎，其间亲鸟们仍会给它们喂食以弥补它们自己捕猎能力的不足，直到10月它们才会离开筑巢区域去寻找自己的领地。

一只成年的鸢，翅膀大而宽阔，呈浅 V 形，正在慵懒地乘风翱翔。乌鸦追逐着驱赶它们，但鸢轻松地一挥翅膀或一扭身就避开了，并且似乎对它们毫不在意。我经常观察到乌鸦在空中追逐鸢和雀鹰时，会划出一条几乎确定的界线，一旦鸢和雀鹰飞出这条看不见的界线，乌鸦就感觉到威胁消失，它们就会折返——所有必要的防御都完成了。

到了中午，鸢会找到上升暖气流，慢慢盘旋着越飞越高，直到从人们的视野里消失。在猛禽中，似乎只有鸢非常具有领地意识，它们翱翔——一种典型的飞行方式——时，则通常是在巡视领地。研究显示，每对鸢的平均防御面积约 1.6 平方千米，但领地之间也有缓冲区或无人地带，面积大约是领地的一半，不设防，在某种程度上算是公共的。9 月里，我经常看到五六只鸢一起飞翔，它们一定是父母和其刚成年的后代。

我年轻时住在汉普郡，只能偶尔看到鸢，它总是高高地出现在天空中，然后我会把这一天当作一个值得纪念的日子。但在过去 50 年里，它们已经向西扩散，现在是最常见的猛禽之一，几乎在所有乡村地区都可以看到。这在一定程度上是因为它们没有受到人为迫害，也是因为兔黏液瘤病的消失。在 20 世纪 50 年代至 80 年代末，黏液瘤病夺走了它们的猎物——兔子。事实上，鸢几乎能吃陆地上的任何东西，也能捕捉鸟类，然而它们虽然体形庞大、力量强大，但飞行速度较慢，在空中追逐中很难成功捕获猎物。

我见过四五只鵟在洪水刚刚退去的时候，在田野里摇摇摆摆地走着，拣起地势高处被晒干了的青蛙和虫子。它们也会盘旋，但不是像红隼那样的振翅高飞，而是轻柔地，高度相当低地迎着风弯曲翅膀，看起来几乎没有任何动作，然后落到猎物身上。我经常看到鵟在我们上方的山顶上迎着风，乘着上升气流在空中停留片刻，然后猛扑下去，大多数情况下，它们会立即上升，一遍又一遍地重复整个过程。

它们捕捉居住在山顶上被强风吹拂的长草丛中的田鼠，每次成功捕猎的背后可能是十几次失败的尝试。它们一天可以吃掉20只田鼠，所以会进行数百次这种盘旋骤降的行为。但它们大部分时候是从栖木上捕猎，要么是在田地边缘的树枝上，要么是在电线杆上。冬天树篱被修剪，树枝光秃秃的时候，我经常会看到鵟栖息在浓密树篱的平顶上，随时准备猛扑。

不知为何，耐莉把鵟当成介于兔子和扔出去的棍子之间的东西。如果它们从田地里飞起来，或者在头顶上低空飞行，她就会冲出去追赶，就算它们飞到了空中，她也会像孩子追着上升的风筝一样跟着它们，直到发现它们飞得太高、太远，"雄心壮志"变得太过荒谬才放弃。但下一次她还是会做同样的事情，甚至可能是对同一只鸟，而这只鸟在这整出哑剧中表现出了非凡的宽容或漠不关心。

# 疆 千 里 光

如果你从小和牲畜一起长大——我意识到，这几乎排除了所有人——那么你在摇篮里的时候就会知道，疆千里光是一个应该抓住一切机会去消灭的敌人。它之于农民，好比毒参之于园丁，只不过它更常见。这样责难它的原因在于它含有的生物碱会对牛和马造成不可逆转的甚至是致命的肝脏损伤。然而，从仲夏到秋天，它会抽出长长的花茎，开出一蓬黄色的雏菊状花朵，是十分漂亮的植物，它对包括蝴蝶在内的授粉昆虫来说非常重要。超过 200 种授粉昆虫会利用它，其中 30 种完全依赖它，它也是英国最受蝴蝶欢迎的植物。

疆千里光是二年生植物，是千里光属的成员。它喜欢生长在被大量放牧过的牧场和荒地。因为鲜少有比它更诱人的替代品，所以它经常被牲畜啃食。此外，毒性效应是累积的，所以在为时已晚之前，人们没有办法判断它的危害有多大。但只要有足够的牧草，马和牛就很少去吃，因为它的味道比牧草苦。

奇怪的是，尽管马曾经是人们日常生活的必需品，无论是在农业上还是在所有形式的运输中，但直到 20 世纪才有记录表明疆千里光被视为一种危险的毒药。总的来说，关于它对牲畜的危害，似乎有些雷声大雨点小的感觉。

但当我还是个孩子的时候，我记得自己被迫穿过田地，将疆千里光连根拔起，然后把它们塞进用旧麻绳绑在我的肩膀上的肥料袋里。事实上，有证据表明，拔出正在开花的植物只会刺激土壤中剩余的根长出更多的植物。此外，与牧草一起割下做成干草饲料的疆千里光，造成的中毒案例与新鲜植株不相上下，因为无论死活，疆千里光一样有毒。

气候变暖和暖冬会减少疆千里光的数量，因为它依赖于冬天的寒冷期来刺激开花。它会在开花和结籽后死亡，种子需要接触到裸露的土壤才能发芽。但是种子如果被掩埋，则可以休眠长达 15 年以上，在翻耕后可被触发萌芽。

# 鼩　　鼱

每个人都或早或晚会遇到小家鼠。但除非你有一只猫，否则你不太可能看到鼩鼱，尽管据估算，不列颠群岛上有 4300 万只普通鼩鼱和 1000 万只小鼩鼱。猫经常捕捉它们，然后轻蔑地把小尸体扔在门垫上，因为猫很快就发现鼩鼱不好吃，但这并不能阻止它们继续捕捉。虽然猫不吃鼩鼱，但仓鸮、灰林鸮、红隼、伶鼬、白鼬和狐狸会大量捕食鼩鼱。

与小家鼠或田鼠不同，鼩鼱有尖尖的鼻子和针孔一样小的眼睛，较之于小家鼠，它们看起来与鼹鼠更相像。直到写这篇文章的时候，我才知道它们的牙齿是红色的。与小家鼠和田鼠不同，它们是纯粹的肉食性动物，吃蠕虫、爬虫、蜘蛛、蛞蝓和蜗牛，偶尔也会同类相残。它们觅食需要消耗大量能量，因此它们必须每隔几个小时就进食一次才能维持新陈代谢，它们每天要消耗掉约占体重 90% 的能量。一个没有食物的早晨对它们来说就意味着将要饿死。在那些由于残酷的环境，不得不错过早餐的日子里，我对此感同身受。虽然它们不冬眠，但令人惊讶的是，它们会缩小，所以它们只需要更少的食物来维持它们缩减后的身体。这种缩减涉及它们的肝脏、大脑和其他重要器官，以及肌肉。

我在花园里除草时，偶尔会碰到它们。被打扰后，它们会迅速跑开，去追逐甲虫或其他猎物。虽然小眼睛意味着它们的视力很差，但它们的嗅觉非常灵敏，在夜晚可以和白天一样敏捷地捕猎。它们的唾液中含有能使猎物麻痹的毒素，虽然主要作用于小昆虫，会将其迅速杀死，但测试表明，只需被咬一口，这种毒素足以在 5 分钟内杀死一只兔子。

    鼩鼱过着疯狂的生活。它们从不放慢动作，从不停下来反思或消化。它们的新陈代谢非常快，其心率约为每分钟800次，每秒可以做出10个以上的完整动作。因此，它们的平均寿命只有大约1年也就不足为奇了。一只2岁大的鼩鼱是一个极端高龄的例子。

    鼩鼱这种短暂而狂躁的生命过程由大量进食、少量睡眠、为保护领地而战斗（它们极具攻击性），以及大量繁殖组成。一个夏天的时间，它们能繁殖4窝，每窝5~7只幼崽。它们在地下巢穴中养育幼崽。它们很擅长挖洞，会在地下待很长时间。我偶尔可以看到幼崽连成一条鼩鼱链，每一只都叼着前面那只的尾巴，妈妈在队伍的最前面，把它们带到安全的地方。

    小鼩鼱比普通鼩鼱更小，大约3.8厘米长，和一便士硬币的重量差不多，有一条长长的尾巴，但在这个小小的身躯里住着凶猛好斗的灵魂。我曾多次看到小鼩鼱用牙齿咬住猫的爪子，而猫试图将它甩下来，这只猫的体形要比它大上100倍。小鼩鼱待在地下的时间比普通鼩鼱少，有时会爬进灌木丛和灌木篱墙里寻找猎物。

# 柳　兰

到了 8 月中旬，柳兰高高的花茎上会开出几十朵品红色的花朵，形状如松散的三角旗，但花茎像钢缆一样坚韧。它们会让镰刀快速变钝，让割草机的线缆化为破烂。

它并没有出现在我们的花园里，而是出现在农场的山坡上，在那里它算是一种野草，但也不是完全不受欢迎。哪里有荒地哪里就有它，你通常会在铁路侧道上看到它。但显然，在 20 世纪初之前，它是一种相当罕见的林地植物。它不是本土植物，而是先被引入花园，然后在大约 18 世纪中期的某个时候，它逃离花园并开始在野外生长，主要长在碎石地带。直到 1888 年，它仍被描述为"在野外不常见，但在花园里很常见"。

和毛地黄一样，柳兰是一种会在种植园或林地被砍伐后突然出现的植物，而在第一次世界大战期间大量木材被砍伐可能促使它急剧扩张。第二次世界大战后，它成了每一个闪电战轰炸地点的特色植物。

每一株柳兰都会结出数万粒种子，每一粒种子上都有一缕细毛，帮助它飘浮在稀薄的云中。和醉鱼草一样，它之所以出现在铁路侧道上，是因为种子被经过的火车产生的气流卷起，然后飘落在铺有碎砖的侧道上，在那里它快乐地发芽生长。

　　它特别喜欢那些发生过火灾的地方，所以我那片山坡上的柳兰——150 年前这里长着橡树萌生林——大概率标志着森林火灾发生的地点。所以说它是另一种遍布英国各地的花卉幽灵，特别是在树林和树篱被清除的地方。

　　发酵过的柳兰叶子可以用来泡茶，前提是你能在红天蛾幼虫把它们啃光前采集到叶子。这些蛾子很大，看起来像大象的鼻子，所以以此来命名这种跟大象不搭边但很华丽的粉金色蛾子。[1]

# 蜻　　蜓

　　当你的花园中有池塘时，蜻蜓总是以不可思议的方式出现。不管池塘有多小或多简陋，几个小时内，总会有蜻蜓掠过水面，为花园增添宝石般的光彩。

　　大蜻蜓，区别于体形相似但更苗条的螅，分为两大类：一类是飞行觅食型，它们会花几个小时在河道或池塘上巡逻狩猎；另一类是猛冲伏击型，它们大部分时间停在栖木上，

---

[1]红天蛾的英文名为 elephant hawk，直译为象蛾。——译者注

发现猎物时会迅速伏击，然后再带回栖木上吃掉。

实际上，蜻蜓的一生中，只有极少的时间花费在飞行觅食或猛冲伏击上。雌蜻蜓通常会把卵产在水中的植物上，甚至直接产在水里。卵孵化成稚虫，看起来像是在水里乱窜的小甲虫，它们待在水里的时间可以长达 4 年，在这段时间内它们慢慢长大，逐渐发育成熟，偶尔同类相残。当稚虫完全成熟后，它们会等到天气暖和的时候，爬上一株植物，蜕去外皮，露出里面的小蜻蜓。

彩虹色的翅膀完全展开需要大约 2 天时间，其后 2 个月，蜻蜓会疯狂地觅食，直到死亡。它的飞行速度非常快，比其他任何昆虫都快，时速可达约 56 千米。

所以，我们看到的蜻蜓形态是这个绝大部分时间在水下度过的生灵，其生命辉煌且正加速抵达的巅峰。我们的池塘里应该有多达连续 4 代的稚虫，它们随时准备出现并在灿烂的阳光下闪耀出短暂而耀眼的光芒。

## 燕　　隼

当我还是个小男孩的时候，我对猛禽的迷恋不仅仅是基于这些精雕细琢的杀戮机器的嗜血性——虽然这确实很有吸引力（和我们这一代的每个小男孩一样，我是看着战争漫画和电影长大的，所以猛禽很容易被归类为另一种用来痛击德国人的致命武器），但也取决于它们的稀有性。我如饥似渴地阅读与它们有关的报道，但几乎从未真正见到过它们。红隼曾经很常见（唉，现在也不多了），其他猛禽也都很罕见或已经灭绝了。在20世纪70年代中期，偶尔出现的鸳是来自西方的异国访客，仅此而已。

我阅读与隼、鹰、鹞、鹗和雕有关的书，就像其他人阅读关于在遥远国度有遍地宝藏的书一样。我会花几个小时仔细研究这些鸟的图片，并能背诵它们各自变幻莫测的筑巢方式、饮食选择以及驯鹰的神秘细节。

但似乎没有哪种鸟比燕隼更会转瞬即逝。据说它是喜欢住在欧石南林和疏林里的鸟，与我周围的白垩燧石土农业地貌截然不同。我的鸟类书籍告诉我，燕隼是夏候鸟，在像新森林区这样少数合适的地点，也少到仅有100对鸟在筑巢。

我知道，尽管燕隼不能像红隼那样盘旋，也不能像游隼那样拥有喷气式飞机的速度，但它们拥有其他猛禽都比不上的机动性，它们可以在飞行过程中捕捉并直接在空中吃掉蜻蜓、家燕和蝙蝠，或者在筑巢期喂给配偶。我知道燕隼有一条小胡子式样的条纹，这使它们有别于红隼。它们飞起来像巨型雨燕，只在交配季节发出叫声。我知道燕隼产蛋较晚，直到 6 月中旬才开始产蛋，在 7 月中旬将蛋孵化。雏鸟直到 8 月中旬至下旬才离巢。60 年来，所有这些知识都是二手的。

几年前的一个夏末，我在花园里，抬头望天，努力辨认出了一只燕隼。它悠闲地飞着，就像在空中漫步。在识别鸟类时，你总是要经历一个排除的过程，就像流程图一样。它是猛禽吗？是的。是隼，而不是鹰？是的。那么范围再缩小到游隼、燕隼、红隼或灰背隼。对游隼来说太苗条、太优雅了；对灰背隼来说太大了；尽管大小和颜色一样，然而它并不是红隼，因为它的翅膀更修长、更尖。更重要的是，它飞行时带有一种懒洋洋的劲儿，这是源于极度的自信，就像维夫·理查兹[①]上场击球一样。它占据了天空，没有什么东西能逃得过它飞快和敏捷的身手。它绕了几圈，引起了忙碌的雨燕们的警觉。雨燕变得歇斯底里，成群结队地飞来飞去，分散燕隼的注意力，半虚半实地围攻它。然后燕隼停在了盆栽棚的屋顶上，我清清楚楚地看到了它的胡子条纹以及漂亮的橙色大腿。幸运女神眷顾了我。

从那以后，这些燕隼每年都回来，它们一定是在附近筑巢了，我看到它们的次数越来越多，然而永远都不会嫌多。我通常能看到一只，但有时是一对，它们每天在同一时间来，

---

①维夫·理查兹（Viv Richards），英国著名板球运动员。—— 译者注

大约是上午 9 点，然后在下午晚些时候再来一次，它们像海湾里的鲨鱼一样在天空中盘旋。偶尔，它们会突然划破天空，扑向雨燕或家燕，闪转腾挪，尾随着每一次闪避。我发现自己希望它们捕猎成功，尽管我也很喜欢它们的猎物。

它们会在秋天南下，然后在第二年春天返回，所以它们是属于夏天的财富。在很多方面，事物都和过去不一样了，但是燕隼会来拜访我的花园，这几乎弥补了一切。

# 旋　花

蛞蝓、胡蜂、杉叶藻和旋花等生物的存在让许多园丁不禁要问，这些生物似乎只会造成破坏，而不会带来生态平衡的好处，它们的存在到底有什么意义？

当然，这是把一切都放在以人为中心的模式中思考。任何事物存在的唯一理由就是为了继续存在。大多数成功的物种都是那些最擅于繁殖的物种，这往往是适应性的一种衡量标准。如果我们创造了一个蛞蝓和旋花可以旺盛繁衍的环境，那我们就找不到任何理由责怪它们。

旋花属植物主要有两大类：田旋花和旋花。田旋花的叶子更小，呈心形，开着纽扣大小的、白色带浅粉色条纹的小花，这些花在夜晚和恶劣的天气里会旋转闭合。它的根系可深达约4.5米，在整个生长季节可以水平延伸至约25平方米。顾名思义，它生长在可耕种的田地、花园和分配地的种植区域里，在这些地方它是一种不用除草剂就很难除去的杂草。然而，我不会选择用除草剂。

旋花是我们珠宝花园里的杂草，它的根比田旋花更肉质，长得没有那么深，但有着超乎寻常的活力，在地面上形成一大片意大利面状的缠结，单条根可长达约3米。它的叶子和花朵更大，会缠绕着任何能够支撑它的植物，然后它总是通过遮挡所有光线来抑制、镇压，甚至常常杀死支撑植物。就花本身来说，它是美丽的，如果不是如此具有侵略性，我们会欣赏它。这种花比它长在田地里的近亲们更健壮，有时明亮的满月也能刺激它整夜开放，如若不然，它的花会扭成一个闭合的圆锥体，然后在阳光下重新开放成喇叭状。它由蜜蜂等昆虫授粉，而甘薯天蛾的幼虫以它的叶子为食。

旋花很容易从其他植物中拔出，并让人很有成就感，因为能像拽绳子一样拔出一长串，但这并不能阻止它蔓延。旋花在花园中更常见，而田旋花在田地里更常见，这两种旋花属植物作为杂草的真正问题是它们的根系非常脆弱。当你试图清除它们时，它们的根系会断裂成无数段，然后每一段，不管多小，都能长成一株新植物。随意翻动土壤，取出你能看到的零星断根，往往只会让情况变得更糟糕。你必须非常彻底地——如果可能的话——把每一段断根都挖出来。此外，它的种子拥有超凡的休眠能力，能够在土壤中保存40年或更长时间，只待合适的条件发芽，通常是在坚硬的外壳保护层被破坏或充分软化之时，而机械化耕种非常容易达成这些条件。

珠宝花园一度出现了旋花肆虐的情况，最终我们挖出了每一株植物，用水管冲洗根部，清除所有土壤以及可能残留的旋花断根。我们将全部植物暂时种植在花盆中，然后彻底地翻掘8块花床，清除我们能找到的每一条断根，最后再将植物重新种进去。当然，现在那里仍然有旋花，显然我们遗漏了一些，还有一些缠绕在树篱和树木的根部，但至少我们已经控制住了，现在它是可以被控制的。

如果这对园丁来说算得上一种安慰，那就是任何一种旋花属植物都不会生长在浓荫或未开垦的土地上。如果旋花出现在新播种的草坪上，那么一两季的刈割将会让它虚弱到无法恢复。

# 伶　鼬

虽然我经常看到它们在后巷横穿马路，从一边冲到另一边，但在花园里我只见过一只伶鼬。一只背部黄褐色的小动物从长步道后的花境中蛇行而出，跃进观赏草花境后面的树篱中。

在第一次看到活的伶鼬之前，我看到过许多死的伶鼬。它们都被吊在树林边上猎场看守人的绞刑架上。那里会挂着成排的伶鼬、白鼬、松鼠、乌鸦、喜鹊和任何他们能逮到的猛禽。这是所有猎场看守人都会做的事。我不寒而栗地接受了，偶尔也会蹑手蹑脚地走过去看它们，就像在手指间偷看恐怖电影一样。

19 世纪，猎场看守人杀死所有他们认为会对豢养狩猎用鸟事业稍有损害的东西，这种行为一直持续到 20 世纪。在这个过程中，松貂、野猫、欧洲雪鼬和赤鸢在英国几乎被人为灭绝了。白鼬和伶鼬同样被大肆猎杀，也同样容易被猎杀，但它们为什么能存活下来？这是一个谜。

就伶鼬而言，很可能是因为它能够大量繁殖。如果食物供应充足，它们通常 1 年能生 2 窝，每窝 6 只幼崽。幼崽 4 周断奶，8 周能捕猎，10 周左右就能建立自己的领地。雄性和雌性伶鼬有各自的领地，只有在交配时才会相见。雌性幼崽在 3 ~ 4 个月大时就有生育能力，所以在它们出生的第一年夏天就能产下一窝后代。简言之，它们繁殖的速度比猎场看守人猎杀它们的速度快。

直到 20 世纪 80 年代我们搬到这里，我才看到活的伶鼬，它们的体形小得令我惊讶，尽管雄性总是比雌性大一点。他们说，如果你不确定看到的是白鼬还是伶鼬，那它很可能是白鼬，因为伶鼬要小得多。当你在马路上看到一只伶鼬飞快地从汽车前面跑过时，它更像是一只加长版的小家鼠，而白鼬外形与蒙眼貂更为相似。其他的辨别特征是伶鼬没有黑色的尾巴尖，也没有白色的耳朵边。如果你能看到的话，会发现伶鼬的肚子要白得多。

伶鼬虽然体形娇小，却是可怕的猎手，它们最喜欢田鼠，但也乐于捕食兔子、鸟类和鸟蛋。它们的头部是全身最宽的部分，所以如果它能将头探进洞里，那它就能进入这个洞，在追逐钻洞的猎物时它就会这么做。鉴于它们喜欢田鼠超过其他猎物，因此任何对田鼠来说很理想的长而丛生的草地对伶鼬也是有利的。因为伶鼬本身也是狐狸、红隼、猫头鹰和家猫的猎物，所以死亡率很高，只有大约 10% 的伶鼬能存活 2 年以上。

# 圆叶风铃草

从 8 月下旬到 9 月，一小片一小片的圆叶风铃草开始看似随意地出现。有一些在小路旁，有一些在开阔的田野里，还有一些藏在山顶上一片网球场大小的草地斜坡下面。它们那淡紫红色、浅紫色的铃铛状花朵，悬挂在纤细的茎秆和不显眼的叶子上，高度和它们所在的草地里的草差不多。

圆叶风铃草是生长在石南草原上的野花，那里的土壤偏酸性，特征性植物是帚石南、黑果越橘以及一些稀疏的草。历史上，大多数荒地都是公共的，人们共同放牧，但是回报很低。农场上面的原野林地可以算是一片石南草原，而且被用于放牧几千年了。欧洲蕨是这片独特景观的大敌，夏天它会慢慢地将几乎所有东西都淹没在绿色的羽叶之下，冬天它则变成棕色的覆盖物。

但是在欧洲蕨无法生长的地方，仍有小小的花朵露出地面。圆叶风铃草的生长之处，砂岩上面只有一层薄薄的土壤，特别贫瘠。它们喜欢这样的环境，但显然也没有喜欢到大肆扩张。我们刚接手农场时，那里只有 5 株花，如今我们的风铃草数量已经翻了 10 倍。它们是夏天最后的花朵，当四周的一切都开始转入秋天，我会躺在陡峭的山坡草地上，紧挨着这些娇嫩的花朵，眺望远处的山谷，此时午后的余热还在，这是夏日最后的美景。

# 大 黄 蜂

在我面前的桌子上，有一只大黄蜂，它看起来像化石或标本，就是被钉在卡片上放在狭长的展示柜里的那种。我说它大，但事实上，我并不确定对于大黄蜂来说它的体形是大还是小，我没有费心去测量过。但与普通的胡蜂相比，它绝对是一个庞然大物。

这就是大黄蜂的特点，我们确实经常把它们与胡蜂相比较，而且不是赞赏性的。大多数人认为胡蜂是大自然的恶作剧之一，而大黄蜂则被视为服用了类固醇激素的胡蜂，坦率说，非常可怕。

不久之前，你还可以在英国过着相当潇洒的生活，从不会遇到大黄蜂。它们让人不寒而栗的部分原因是，它们本质上是外来物种，而且是不好的那种。如果它们真的出现了，那肯定是外来的，毫无疑问它们不属于英国的乡村花园。

然而，在过去 10 年左右的时间里，它们变得很常见，更多的熟悉感也孕育了一定程度的尊重。我们已经了解到，它们的体形并不意味着它们比胡蜂更危险，尽管从学术上来说，它们确实是一种加大型胡蜂。它们比常见的黄胡蜂温和得多，也没有攻击性。大家都说，被大黄蜂蜇会让人非常痛苦，但除非你坐在大黄蜂身上或坚持要侵入它的巢穴，否则你不太可能经历这种事。

你最可能遇到的，也是现在我在花园里看到的这只大黄蜂，具体来说，是黄边胡蜂。它像一只巨大的、常见的黄胡蜂，但颜色更偏栗色。它们会被光线吸引，当我晚上在床上看书时，越来越频繁地看到它们从窗户飞进来围绕着电灯嗡嗡作响。和胡蜂一样，它们是肉食性的，以苍蝇、飞蛾、甲虫、蜻蜓、蜘蛛和蜜蜂为食。大黄蜂也是蜜蜂的天敌，会对蜜蜂巢造成巨大的破坏。夏末，大黄蜂蜂后开始寻找糖分。当温室里的葡萄成熟时，我经常在那里看到一只蜂后。但它形单影只，不像其他胡蜂那样成群结队、狼吞虎咽地吃水果。

蜂后和它的工蜂用咀嚼过的泥浆细密黏合，建造出我们熟悉的蜂巢，4月里它每天可以产下2枚卵。常见的黄胡蜂通常会在地下洞穴里筑巢，而大黄蜂通常会把蜂巢建在黑暗的、远离地面的地方，如空心的树干中或阁楼上。和其他胡蜂一样，它们会冬眠，我偶尔会惊动一只睡眼惺忪的蜂后，随后会钻进房子的木框架里。

# 穴　兔

作为园丁，我讨厌穴兔；但作为乡村人和自然爱好者，我为它们着迷，并承认它们是食物链的关键一环，推动着英国乡村生态轮盘的转动。它们是乡村动物，不是一般城市园丁要对付的东西。

它们不是以朋友的身份来到花园的。花园里的大多数生物，从蚜虫到鼹鼠，都在扮演着自己的角色，但我很难找到应该感谢穴兔的地方。

在来到这里的头十年里，我们从来没有在花园里看到过穴兔，所以我对它们一点也不在意。它们在矮树篱中四处游荡，狗会追逐它们，㹴犬偶尔会半途消失在兔子洞里。后来，兔黏液瘤病使兔子的数量骤降，当我早上第一时间走进花园时，我开始偶尔看到穴兔。这很快刺激到了正在昏昏欲睡的狗子们，它们在几秒钟内就从睡眠状态进入了狩猎状态，飞速冲出门去，然而它们什么也没抓到过。

但自 2010 年的严冬以来，穴兔变得越来越大胆，现在它们会攻击一切东西，从番红花（已经吃掉了数千棵）到成熟的苹果树。它们不仅从田地里跑过来，现在还躲在所有的棚屋下面，在蔬菜园甚至温室里挖洞。

我有时会站在卧室的窗口，看着隔壁田地里独居的穴兔。

它们会坚定而谨慎地吃草：低头吃草，停下来，环顾四周，抽动鼻子，向前跳几步，再低头吃草，再停下来……它们始终保持警惕，抽动鼻子，一直如此循环。如果它们觉得自己有麻烦了，会就地蹲下，耳朵向后贴住脑袋。显然，它们已经知道，此时移动是大忌，但如果有东西靠得太近，无论是牛、鸳还是狗，它们会跑到最近的矮树篱中，或者理想情况下，逃进地洞里。从房间里向下看，这种伏低身体、惊恐地睁大眼睛的行为让它们看起来暴露无遗，但也让我意识到有多少猎食者需要通过目标的移动来确认它们找到了合适的猎物。

穴兔突然成为问题的原因之一是数量激增。来到农场后的头五年里，我一只穴兔都没见过，到后来我早上朝窗外看时，能看到院子里有十几只。但两三年后，这波激增的穴兔再次受到兔黏液瘤病的打击。这似乎是一种模式，当穴兔对这种疾病产生抵抗力时，种群数量会增加，然后崩溃，之后又会慢慢增加。它们的天敌主要是狐狸、白鼬和鸳，而伶鼬、苍鹰、鸢、猫头鹰以及郊区的猫若有机会，也会捕食兔子。捕食者的数量随着兔子的数量而波动，尤其是鸳，还在遭受着最初一轮兔黏液瘤病的连锁效应。

穴兔是由诺曼人引进的，曾经很多年，它们是作为一种奢侈品被养在戒备森严的养兔场里。人们饲养它们是为了获取兔肉和皮毛，就像养绵羊是为了获取羊肉和羊毛一样。渐渐地，一些兔子逃脱了，野生种群数量逐渐增加，但直到18世纪末才开始在英国广泛分布。与此同时，狩猎活动和猎场看守人逐渐兴起，他们不遗余力地消灭了大多数穴兔的天敌，比如狐狸、白鼬和猛禽。

穴兔是夜行动物，白天在地下活动，1年能繁殖7窝，每窝大约10只。所以，如果有稳定的食物供应又缺乏天敌，它们的数量会出现爆发式增长，就像20世纪上半叶那样。

我还在汉普郡的时候，那里到处都是穴兔，直到20世纪60年代初，兔黏液瘤病开始肆虐。该病于1954年传入，使英国的穴兔数量减少了99%，从1亿只减少到100万只。这是一种特别令人作呕的疾病，行走在乡间随处可见死于这种疾病的半腐烂的瞎眼动物。但幸存的穴兔种群演化为更多地到地面上活动，这限制了跳蚤的传播，继而也抑制了兔黏液瘤病的传播。

当我还是个孩子的时候，剥兔子皮是每个乡村男孩的成人礼，我们经常吃兔子。我记得兔子被吊在肉铺里，屠夫会当着你的面把它们剥皮剁碎。如今，我们对这些东西变得敏感，尽管在你能吃到的所有肉类中，兔肉可能是最不血腥、最容易准备的那一种。

# 蜱　虫

我正悠闲地拨弄着耐杰尔鬃毛似的毛发，然后停下手指——他的脖子上有一个坚硬的小疙瘩。我立刻就知道这是什么。

这个小疙瘩显然没有弄疼他，他甚至没有意识到它的存在，但实际上它正在吮吸他的生命之血。我几乎可以确定它是篦子硬蜱，即羊蜱。不列颠群岛有 22 种不同的蜱虫，但是我或我的狗不太可能接触到其中的大多数。例如，我读到有一种蜱虫只发现于乌龟身上，这在一定程度上缩小了研究范围。

我们曾经在苏格兰西海岸的诺伊德特度过了一个别样的愉快假期，不仅因为我们一走出家门就被蚊蚋吞噬，还因为鹿蜱无差别地攻击我们，狗、成年人与儿童无一幸免。我至今仍然有晚上它们在我的头发里爬行，寻找一块特别多汁的肉来叮咬的错觉。若它们真的咬了人，则人会奇痒难忍，而且和所有的蜱虫一样，它们很难被摘除。

羊蜱在花园周围的田地里非常常见。它们喜欢潮湿、温和的天气，在盛夏和冬季几乎见不到，但气候变化正在延长它们活跃的时间。毫无疑问，我们平坦、被水淹没的田地正在成为蜱虫的天堂。蜱虫不是昆虫，而是蛛形纲动物，尽管它们不织网，事实上，除了在有血的时候吸血，它们几乎什么都不做。它们的生命周期包括3个阶段——幼虫、若虫和成虫。所有阶段都以宿主为食，宿主包括所有哺乳动物、鸟类或爬行动物，当然包括我的绵羊和耐杰尔。若虫只有针尖大小，充血时会鼓胀成一个小结节。而成虫开始时是一个带硬壳的有着肉眼可见的腿的小煤斗。它满足了自己的嗜血欲望后，就变成了浅色的小圆块，像一粒小豆子或种子，颜色更确切来说是灰褐色。一只吃饱喝足的大个成虫的好处是它更容易被摘除。

它们在草叶或树叶上等待合适的宿主，欧洲蕨是它们的最爱。当任何有血液的生物擦身而过时，它就会跳上船。它会四处爬动，直到找好位置，咬下去，开始狼吞虎咽，它的身体随着摄入宿主的血液而鼓胀起来。

蜱虫是出了名的难以被摘除，因为如果它感觉到自己被触碰，会以咬向更深处作为回应，它宁愿身体被撕裂，也不愿松开嘴。这样会导致它的头部断裂在宿主的伤口中，从而造成伤口感染，这通常会让人很痛苦。但在狗身上，我发现如果小心地将蜱虫周围的毛发分开，然后以极快的速度一把捏住并摘掉，就可以把它连头带身体完整地弄下来，然后处理掉。

## 八月

被蜱虫叮咬可能会导致可怕的后果，那就是莱姆病①。我第一次听说它是在 20 世纪 90 年代末，从美国朋友那里得知的，现在英国也有了，它应该被严肃对待。虽然大多数蜱虫不携带这种细菌，但也有一小部分携带，所以人行走在有羊或鹿的地方时，要把裤腿塞进袜子或长筒雨靴里。如果发现被蜱虫叮咬了，要第一时间进行摘除处理。狗也会得莱姆病，主要症状是关节炎，但愿幸运常在——我们的狗到目前为止都没有被感染。无论如何，每周检查一次以清除蜱虫是个好方法。

①莱姆病是一种以蜱虫为媒介的螺旋体感染性疾病，以神经损伤为主要的临床表现。——译者注

# 秋

这个花园里，再没有哪个季节的演变会同秋天这般如梦如幻。

9月，至少在最初的几周里，气温和景象往往还是夏天的模样。但随着时间一周又一周地过去，树上的叶子片片凋零，日渐稀少，像老旧的织锦变得暗淡而斑驳。清晨弥漫的浓雾与傍晚斜照的夕阳柔和了万物的轮廓，也盖下一层忧愁，给这个可爱迷人的月份平添了几分甜蜜的失落。

10月依然披着夏日旧袍而来，但那只是过季的余韵罢了。每一个晴朗的日子都是借来的，阳光正在一寸一寸地溜走，这是全年中最柔和、最金光灿灿的阳光。

鸟儿突然开始大吃特吃，将那些它们原本多少有些不屑的果子一扫而光，而且还在花境的种莱间忙忙碌碌。

2019年的10月，洪涝成灾，土地被淹，直至春天。这完全改变了花园周围的景象：田野变成了湖泊；水鸟在原本牛羊吃草的地方游弋；大雁抵达了冬季家园，它们的悲鸣在空中回荡。来自西伯利亚的鸫科鸟类、乌拉尔的丘鹬、斯堪的纳维亚的戴菊，各路冬季访客纷至沓来。农场里，溪流咆哮着从山坡上奔流而下，已经变成锈棕色的欧洲蕨在持续潮湿的天气里熠熠发光。

　　10月如流水般逝去，时间漂流至11月。白天变得阴沉、短暂，甚至还有些无情。仅剩的秋叶绚烂如烟火，如果天气干燥，它们尚能展现几日壮丽景象。但气候变化使得秋天的霜冻越来越少，取而代之的温和与潮湿却比干爽的严寒更让人感觉萧瑟，总归不受欢迎。万物凋零，花园形销骨立，往常在树篱与灌木遮挡下和隐蔽处生活的生灵，现在也一览无余，展示出了生命的另一面。

九

月

# 家燕和毛脚燕的离开

9 月伊始，家燕和毛脚燕的飞行模式就变了。它们越发急迫起来。8 月中旬以前，巢里的雏燕嗷嗷待哺，但现在，雏燕离巢，每一只都已独立。毛脚燕在空中躁动着飞上飞下，时而悬停调整，时而滑翔，时而骤降；家燕则沿着长弧曲线俯冲，斜飞，再俯冲，不断进食。

我曾经认为它们这是在养肥自己，为远行做准备，因为它们知道启程的时间很快就要到了。但这样的飞行更像是年轻的燕子们在熟悉周围的地形，就像出租车司机熟悉道路那样将一切铭记于心。如果来年它们再回到这里，就轻车熟路了。这样疯狂的秋季运动似乎更能减肥，让它们的飞行变得轻松，但它们更有可能会挨饿。

横亘在它们前方的是英吉利海峡、比利牛斯山脉、撒哈拉沙漠、猎人、鹰隼，还有暴风雨，据说很多燕子都死在了旅途的暴风雨中，近一半的年轻燕子会在迁徙途中丧命。而在成功抵达终点的燕子里，又有 1/5 会在返程时死去。也就是说，夏末时分，此刻飞翔在花园上空的几百只燕子，将有半数以上撑不到明年春天。

当它们停止觅食，也不再勘察本地航道时，它们会聚集在向阳的屋顶上，沐浴着夏末的暖阳。曾经有根电线从路边一直连到房屋，在我们把它埋到地下以前，会有几十只鸟儿栖息在线上享受日光浴，电线则随着鸟儿的起落而轻轻晃动。

接下来，在某一天，没有告别，没有明显的启程仪式，也看不到它们下定决心的过程，家燕就这样离去了。大约一周以后，毛脚燕也离开了。它们大概都是趁着夜色或迎着第一缕曙光离开的。在确认之前，我已经感觉到了它们的离去，而我的天空，徒剩空虚。

# 蘑　菇

园丁们总是对蘑菇心怀戒备，害怕遇到最坏的情况。他们将各式各样的蘑菇视作"麻烦"的征兆，这些"麻烦"潜伏于地下，可能会随时爆发。蜜环菌如瘟疫般在地底肆虐，"仙女环"①则会毁坏完美的草坪。

但如果没有了真菌，任何东西都无法生长，也不能充分分解。尽管土壤里真菌的规模远没有细菌那样庞大到难以想象，但仅仅 1 克（差不多 1 茶匙）的土壤里能找到 10 000

---

①仙女环，又称蕈圈，是指同一种蕈（蘑菇）在地上生长排列成环状的现象。——编者注

种真菌。

它们和植物之间有着极其微妙又复杂的相互作用。简单来说，真菌会分解那些细菌无法消化的木质材料。仅凭这一点，它们就是生物循环中的一个必要元素，不管是在雨林里还是在后花园的老树桩上。健康的土壤中，40%的真菌为泡囊-丛枝菌根，它们渗透进植物的根系细胞，将植物根系与土壤中的矿物质和水有机地结合在一起。

产生子实体的真菌不多，其中也只有一部分会长成蘑菇的样子——蘑菇只是真菌世界中很小，但肉眼可见的一部分。我们在朽木、草坪或草甸上看到的仅仅是真菌界的冰山一角。

我不是真菌学者，甚至都算不上半吊子的爱好者，但我真的爱吃蘑菇。当它们出现在花园或者附近的田地里时，我就会欣喜地把它们采回家。

我们这儿常见，并且我也没有任何困难就能识别的蘑菇只有3种。值得再三强调的是，如果你对某种蘑菇存有疑虑，或者不能完全确定它是否安全，那就千万别采。一些蘑菇含有剧毒，绝不值得冒险。

最容易识别的是毛头鬼伞。相比于已成形的草坪或田地，它们更喜欢荒地、路边或刚刚翻动过的土壤。它们在如今是台地花园的地方持续生长了5年。在改造成装饰性花园之前，差不多有20年的时间，那里是我们的垃圾场，所有不能堆肥的废料、砍下的老树桩、底土和建筑瓦砾都堆在那里焚烧。

刚冒出来的毛头鬼伞菌盖洁白，顶端为棕色，但它很快就长出鳞片，变得蓬乱粗糙。随着菌柄越长越长，菌盖打开，黑色的菌褶会化成黑色黏稠物滴落，直到菌盖彻底消失。一旦菌褶开始自溶，它就不好吃了。但如果赶在菌盖尚未打开还是圆柱形时采摘，那它就是一道美味。它闻起来就很新鲜，令人愉悦，没有丝毫异味。和所有蘑菇一样，不管是切片还是一分为二，只要放点黄油简单地煎一下，就再美味不过了。味道虽清淡柔和，却是极好的。

普通的四孢蘑菇虽更为常见，却踪迹飘忽。某些年份里，我们甚至可以采到好几辆推车那么多。我们一般在遛狗时顺便采集，然后拿毛衣当篮子兜着。小时候，我总在8月底去采蘑菇，收集足够多就可以做早餐了。夏末清晨的阴冷、重重的露水、蘑菇煎培根和炸面包的香味，再加上一杯热茶，60年后它们依然鲜活地萦绕在我的记忆中。显然，再没有比那更好吃的蘑菇了。

辨别蘑菇其实也有一幅流程图。它长于何处？四孢蘑菇生长在田间地头，如果在林地里或沟渠边看到一朵，则几乎可以确定，那其实并不是真正的四孢蘑菇。它们也不会出现在树边约20米的范围以内。它长于何时？四孢蘑菇的现身不会早于8月，它们的盛产期在8月中旬到10月中旬。那片地里曾经长了或正长着什么？四孢蘑菇往往长在草地里，尤其是放牧过的草地，草丛低矮，土壤肥沃。那些用来收割干草或青贮饲料的草地里是很难找到四孢蘑菇的，耕地里也难找到。不过 50 年前我曾在一片麦子底下大获丰收，那是因为当时的商业小麦麦秆较长，使得周围环境更为湿润。

刚从土里冒出来的四孢蘑菇像纯白色的半球形按钮，接着变成奶油色，逐渐泛出褐色，最后变成皮革般的深棕色，边缘也向上卷了起来。它的表皮总是像流苏一样垂在菌盖边缘。菌褶初为深粉色，成熟后变为褐色。最理想的采摘时机是它们长到能一手握住，但颜色依然偏白而非褐黄，表面尚且光滑不毛糙，触感紧实——不过，我们会采摘任何阶段的四孢蘑菇。蘑菇的表面不该有一丁点儿黄色，但它们被碰伤后会变成淡粉色。它们往往四散分布或不规则地成群生长，还散发着蘑菇的清香。所以一旦你发现了一朵，就必然能找到更多。有人告诉我，可以通过谷歌地图上看到的"仙女环"来寻找潜在的蘑菇田，而它们往往在干旱了一两年后的夏日雨季最为繁盛。比如大旱的 1976 年，四孢蘑菇的产量着实惊人。

大秃马勃是第三种绝对可靠的食用菌。它们如今越来越少见了，但曾有那么几年，多到我们吃都吃不完。大秃马勃刚长出来的时候和板球差不多大小，表皮极其光滑；后面它们能长到足球那么大，就像发酵的面团；长到最后，它们会爆炸，脱离附着的菌索，滚落到四处，散播孢子；接着，它们就变成了棕色的、坚韧又粗糙的瘪气球。大秃马勃长得异常结实，可以切成厚片裹上蛋液煎了吃。它们长在草地里，看上去就像科幻小说里的场景。

# 鸸

我在农场的小树林里，听到榛树的枝丫间传来不寻常的鸣叫。我蹑手蹑脚，尽量悄无声息地挪过去，看见两只鸸鸟正在一棵长满榛果的大榛树上来回忙碌着。一只欧亚鸲跳了出来，叽叽喳喳，恼羞成怒，显然在和它们过不去，但它们并不理睬，仍然在树上不停地工作。我就这样待在一旁观察，半蹲着，忍住膝盖的酸痛，一边努力放轻呼吸，一边祈祷狗子们不会跑过来看我在做什么，以免把鸸鸟吓跑了。

鸸鸟长着黑色的贯眼纹，眼睛上方为白色，身披蓝色羽毛，"啾啾啾啾"的叫声独具特色。我时常听见它们轻轻叩击的声音，但它们总是在树的另一侧，鲜少能看见，更别说像这次一般在如此近的距离观察如此之久。

# 花　楸

　　花楸的果实如红唇般浓烈，红得不合时宜，早了些，就好像秋天破门而入，闯进了夏天的派对。刚进入9月，一大串一大串的果子就在夏日蓝天的映衬下，从绿叶的浓荫中冒出来，大肆彰显自己的存在。这种植物在花园附近洪水泛滥的平原地带鲜为人知，但在农场酸性土壤的山坡上到处都是。

　　尽管花楸已被人类驯化，广泛地运用于园林，但究其根本，它还是野生植物。它原产于山丘和荒原，总是独自攀于岩石表面，孤零零地站立在海拔约600米的荒凉山地，就连放牧的羊群都鲜少到达。正因如此，人们也称它为山楸（mountain ash）。

　　有一年元旦，一棵大花楸树被冰雪包裹，之后刮起的阵阵狂风让它无力承受，最终折倒在地。它别扭地横跨在峡谷两边，那里偏又是峡谷上最为陡峭湿滑之处，我们几乎无法到达，只能任它在那里躺了好几年。后来树桩底部重新抽出新枝，蕨类植物也覆上了架在溪流上的树干。最终，我们总算着手清理，把它砍成原木，再用拖拉机上的绞盘拖上岸。重生的植株如今长势良好，很快就会结出大串大串的浆果。

**前页图**：10月初，农场里一棵巨大的欧洲水青冈，树叶日渐稀疏，阳光透过叶缝洒落下来。

**上图**：花园里把榛树萌生林一分为二的小径。天气好的话我们会把落叶留在地上，因为它们看起来很美。

**下图**：气候变化导致花园周围的田地每到秋天就会闹洪水。

**对页图**：从仲秋时节开始，我们就用野花草甸里收割的干草来喂牛。

对页图：我们把花境里的种穗留给鸟儿，把中空的枯秆留给昆虫。

**上左图**：秋天，观赏草花境变成了美妙的赭石色、棕色间杂的织锦。

**上右图**：10月，果园里累累的果实散发出美妙的苹果酒香，萦绕整个花园。

**下左图**：无花果叶子凋落前变成了亮黄色。

**下右图**：农场山上的溪流奔腾着冲下山坡。

**上图**：从10月到来年4月，水瀑的喧哗是农场永恒的背景声，暴雨过后尤为突出。

**对页图**：花园里，滞留的洪水淹没了大片土地，水波轻轻拍打花床的声音是花园里唯一的声响。

**翻页图**：秋日斜阳穿过花园边上平坦的田地，构成一幅绝妙的落日胜景。

# 初 生 牛 犊

黄昏时分，我到花园后面的田地里遛狗，在河边遇到了一头孤独的母牛。等我再靠近一些，到了树篱边，看见它正站在那儿，距离我大概 9 米远，身下是一头小牛犊，脐带都还没断。小牛犊挣扎着站起来，跟跟跄跄，想要吃奶，却没够着，又跪了下来。母牛温柔地舔了舔它的鼻子，目光却一刻也没有离开我和狗子们。我知道，此时它是全英国最好斗、最危险的动物。几乎可以肯定，只要它觉得有一丁点儿危险，它就很有可能甚至必然会向我们发起攻击。但可以阻拦它的，只有稀疏的树篱和摇摇晃晃的栅栏。我喃喃地说着安抚的话，撤离了。

# 天 蛾

今天早晨，一只巨大的灰色天蛾趴在我门前的欧洲红豆杉上。它的翅膀极具特点，看上去就像两片枯叶，在深绿色的树叶上格外醒目，但在落叶和枯树皮里，这其实是完美的伪装，能让它们和众多天蛾科的飞蛾一样不被发现。

我承认自己无法对天蛾产生强烈的热情。蝴蝶在花园里翩翩起舞，如同翻飞的花朵，更加招人喜爱。它们落到一朵花上，啜一口琼浆，再轻盈地飞到下一朵上，从另一个维度给花园增添了色彩和欢乐。但天蛾总在暮色中出没，带着些许阴暗的特质，让人难以接纳。不过你要知道，还是有人痴迷于天蛾的，而他们那份强烈的热情也绝不亚于蝴蝶爱好者。我曾雇了一位园丁，她会在花境里设下陷阱，第二天早晨回来工作时看见诱捕到的各种灰色和棕色的天蛾，她开心得快要跳起来了，然后，做完记录，她又会及时将它们放飞。

　　夏末是最容易看到天蛾的时候。它们从黄昏开始越发惹人注意，还总喜欢在我睡前阅读时猛撞过来，令人生厌。其实它们只是被灯光吸引，并无恶意。而它们真正想要的，是飞出屋子到花园里去。

　　不列颠群岛有 2500 多种天蛾，但你在花园中见到的毛毛虫，除了可怕的菜粉蝶幼虫，几乎都不是蝴蝶，却是天蛾的幼虫。有的毛毛虫体形巨大，比如红节天蛾，它们以欧丁香、欧梣和女贞属植物为食，身长可达大约 10 厘米。

　　尽管天蛾幼虫在花园里大快朵颐，蚕食了许多叶片，但其成虫大多都担任着夜间传粉的重任。夜晚，植物间的竞争减少，于是一些花朵演化成了在夜晚吸引昆虫。那些在夜幕中散发香气的植物，像素馨、香忍冬、月见草、烟草属植物、晚香紫罗兰等，都依赖于天蛾传粉。因此不妨在花园里多多栽种这样的植物以增加昆虫的多样性，也能防止天蛾数量的减少。

天蛾幼虫也是山雀、鹪鹩、欧亚鸲、乌鸫等筑巢鸟类的主要食物。在不列颠群岛，蓝山雀的幼雏每年消耗的天蛾幼虫数量十分惊人，据推算高达 500 亿之多。豹灯蛾之类的幼虫浑身长满茸毛，杜鹃鸟是为数不多积极捕食它们的鸟类。而天蛾数量削减，毛毛虫短缺，也是杜鹃鸟变少的原因之一。蝙蝠、青蛙、蟾蜍、鼩鼱、刺猬以及蜘蛛也会捕食大量天蛾成虫。总之，天蛾或许并不会让人觉得美丽，甚至还有些令人害怕，但它们是花园食物链上至关重要的一环。

# 老 人 须

白藤铁线莲，也称为"老人须"，是唯一原生于不列颠群岛的铁线莲，在我的家乡汉普郡，白藤铁线莲到处都是，它们沿着道路，在两侧的树木和绿篱上张灯结彩，蔓延到老远。它和别的铁线莲植物一样喜欢白垩质的碱性土壤，一棵就能长得巨大无比，许许多多的枝条像丛林里的藤蔓一样相互纠缠。蓬松的种穗像极了老人白花花的胡须，在树篱上绵延数千米。

它也被称为"旅行者的快乐"或"烟草植物"。后者的由来是因为它的茎干可以用作烟叶的替代品。那是50多年前，一个年长我几岁的年轻人告诉我的，现在他已年逾古稀。所以他说的还是第一次世界大战前后，烟叶用完了，人们就会剪一段白藤铁线莲当作香烟。"味道有些呛，但总比没有强。"他传授的秘诀是要截取两个关节中间的一段。他所说的关节，在园艺学上称作茎节，就是变成木质藤蔓前，枝条上长出叶片和花苞的地方。

我们依法炮制，撕去铁线莲的外皮，将其当作雪茄点了起来。此法非常奏效。这段剥了皮的木质茎里有一些空心管，烟就通过这些空心管吸进嘴里。茎干也燃得恰到好处，既不会烧得太快，也不会熄灭。过了一段时间，我们逐渐学会精挑细选，斟酌茎干的粗细，俨然圣詹姆斯大街雪茄店里的行家，在宾丽①和皇冠②之间犹豫再三，又或者是更加粗短的罗布图③。在升级到普雷厄尔④的6号香烟前，大概有3年时间，

---

①宾丽（Panetela），一种雪茄类型，长、薄且优雅，长127～190毫米，环径34～38毫米。——译者注

②皇冠（Corona），一种雪茄类型，长140～152毫米，环径42～44毫米。——译者注

③罗布图（Robusto），一种雪茄类型，短而胖，长120～140毫米，环径48～52毫米。——译者注

④普雷厄尔（Player），香烟品牌。——译者注

每次遛狗的时候我们都会吸食，而遛狗几乎是每天的活儿。

人们常把白藤铁线莲的种荚错当作它的花，这也是它的一大特色。白藤铁线莲真正的花朵十分小巧，长满了细针形的花瓣，宛如迷你的银莲花，对传粉昆虫有着很大的吸引力。虽然它鲜少长在花园里，但它也属于三类、晚花型铁线莲，所有的花都开在新枝上。

白藤铁线莲的种荚会如此醒目的原因是它总挂在植株的顶端，高高地肆意蔓延在绿篱、墙头或树梢上。它的藤蔓会越长越粗，逐渐木质化。这意味着它在人们用连枷或斧头狠狠地修剪后能迅速重新发芽，不会给植株本身留下什么伤害。

话说回来，用白藤铁线莲制作的伍德拜恩①香烟如此完美，想必就是以它为名的吧。


# 雀　鹰

我正驾驶着路虎汽车在车道上疾驰，一只雄性雀鹰扔下它的猎物滑翔到我面前。它离地只有几厘米，像一只气垫船

---

①伍德拜恩（Woodbine），香烟品牌。Wood 意为木质，bine 意为爬藤植物的藤蔓。——译者注

在我前方蜿蜒飞行，大约过了三四百米才离开道路，从一旁的通道拐向田野。这样的情况并不少见，但每次都那么激动人心，让我欣喜不已。没一会儿工夫，它又回来了，以娴熟的技巧赶超，飞到我前面，飞行高度只有厚底鞋那么高。最终它一个侧身，滑进了某座花园。

# 黑　莓

一年中，黑莓扮演了 11 个月的反派角色，待其浆果成熟，它便终于能做一个月的英雄。它就长在我家大门口的冬青树篱后面，枝条穿过树篱伸出来，总是在我经过时刮破我的衣服。我忍无可忍时，就小心翼翼地避开尖刺捏住它的茎，掏出口袋里的小刀来对付这些讨厌的荆棘。但这样的"报复"，与其说效率低下，倒不如说毫无意义，因为这么做并不能破坏它们的生长。而那也并非我的本意，因为等到 9 月，这些黑莓灌木丛会挂满累累浆果。

我家后门口也长了一大丛黑莓，我们从不修剪，因为冬天里我们会在它旁边的桌上投放食物，它为前来觅食的小鸟提供了完美的保护。要是没有这一大丛荆棘，雀鹰就能轻松瞄准目标，叼一只林岩鹨或其他雀科小鸟，当作自己的冬日早餐。

我们地块边缘的矮树篱种的都是黑莓灌木，田地里的树篱也是，因此黑莓唾手可得。不过我记得小时候出门采黑莓更像一场寻宝之旅，进展总是很缓慢，摘不满一碗还不准回家，那时的黑莓一定很稀少。

我种了一棵无刺的品种，还用铁丝整了形，它结出的浆果特别大。奇怪的是，在伊丽莎白时代，黑莓就已经作为家用水果来培育了，可那时的树莓却还是野生的。易于杂交是黑莓的一大特性，如今发展出了许多天然杂交种，也可称为本地小种，据统计已经超过400种，而每一种的大小、质地和口味都各不相同，各有特色。

长在枝条末端的浆果往往最大、最甜，并且成熟得最早。于是讲究的食客沿着树篱搜罗，专挑这些"先锋"。长在低处的果子成熟得晚一些，个头较小，用来制作果酱、酥皮甜点或馅饼再好不过了。新鲜采集的浆果做成的黑莓果冻好吃得上了天，而且黑莓苹果派是这个季节独有的盛宴。

如果在空地上留下一小丛不做打理，几乎用不了一年，黑莓灌木丛就会长得如小山一般，并且会扩散开来，就像战场上一排带刺的铁丝网，布下危险且多刺的陷阱。若想要清理它们，无论用什么方法你都会流血受伤、精疲力竭，且备受打击。然而，这种布满荆棘的大型屏障也自有它的用处。

若用黑莓灌木围住弱小的橡树幼苗，那兔、羊、牛、鹿等动物就无法接近，这样就可以为幼苗的茁壮成长留出一线生机。

## 毛脚燕时间紧迫

在我们朝南的卧室窗外的巢里，至今还有年轻的毛脚燕尚未离开。对它们而言，此时动身南迁已经为时太晚矣。我躺在床上不禁担心，它们存活的机会必定渺茫。

## 纵纹腹小鸮

纵纹腹小鸮总是一脸很生气的样子。它们虽然大多在夜间捕食，却是少数经常趁天还没黑就出来活动的猫头鹰。花园边有一棵古老的柳树，已经倒了一半，树顶和枝条都被截断了。我时常在傍晚时分看到一只纵纹腹小鸮停在老树旁的立柱上，它总是发出独特、高亢、且愤怒的号叫。

有句老话说："如果你看见一只猛禽，那它定然早已经看见了你。"这句话几乎每次都应验。纵纹腹小鸮一旦看到我，就不自在地摆动起来，如同中量级的拳击手在假想的攻击下虚晃躲避。

它蹲在那儿，小小的一只，或许只有欧歌鸫那么大，顶着小平头，永远一副恼羞成怒的样子。偶尔，它也会从栖木上俯冲下来，捕一只小虫回去吃。它和灰林鸮一样不挑食，昆虫、蚯蚓、田鼠，甚至个头和它差不多大的小兔子都是它的盘中餐。

纵纹腹小鸮于 19 世纪 70 年代被引入英国，第一次世界大战末期才开始在英国边境地区繁殖。相比于它们的原生地南欧和亚洲，这里异常寒冷的冬天是它们最大的威胁。而 2010—2011 年那个寒冬过后，我亲眼看到、亲耳听到的纵纹腹小鸮越来越少了。

但它们还在，在我关注它们的二三十年里，它们总是出现在同一个地方，就在春园外，那棵古老的柳树旁。显然，它们不是同一只鸟，纵纹腹小鸮虽然能活十几年，但雏鸟的死亡率很高，它们的平均预期寿命只有 4 年。我认为它们的巢就在那棵中空的古柳树干里，或是河边某棵老欧桦的树洞里，因为这些地方正是它们偏爱的筑巢点。这也非常契合它们一代又一代对同一地点的钟爱。纵纹腹小鸮的生活范围很小，它们是地域观念很强的鸟类。

它们在我的农场里并不常见，而是更常见于低地、经营混合农业的田地、种着大片树篱的郊外乡野以及林地边缘。

但在花园里，尤其到了春天，我总能听到它们暴躁急促的叫声，就从我们卧室窗下黑暗的矮树篱里传来，让我脑中不禁浮现出一幅画面——纵纹腹小鸮带着警觉的敌意虚晃摆动着，正在为晚餐搜寻一只鲜活的天蛾，抑或仓皇逃跑的老鼠。

# 欧　洲　李

欧洲李的花期通常从 4 月初开始，它开花时就像给光秃秃的树篱洒上了一层白色的泡沫，让我欢喜不已。欧洲李的花不如梨花或苹果花开得那么壮观，却是一番勇敢无畏、振奋人心的景象，这也是本地风光的一部分。在本地，几乎每一片矮树篱都夹杂着瘦小的欧洲李，我们的围墙树篱自然也不例外。

欧洲李，虽然有着独具一格的味道和颜色，但本质上也不过是一种野生李子。它的原产地在东欧及亚洲中、西部。2000 多年前，它从大马士革传入意大利，并因此得名。

作为树木，欧洲李并没有多少魅力，它只是一株瘦骨嶙峋、枝条杂乱的灌木而已。但其果子的味道，却比任何能吃进嘴的东西都要强烈。即便如此，市面上却鲜少看到欧洲李出售。它不是那种畅销的水果。但欧洲李果酱的风味却是颇为浓郁且受欢迎的，水分更少的李子膏就更加醇厚丰满了。在花园和厨房中，欧洲李的颜色无疑是最鲜明的。因这一抹浓烈的色彩，欧洲李曾被制成商业染料用于羊毛和皮革。19世纪，每一位衣着亮丽的贵妇都有一双皮手套。于是一家致力于把手套染成暗红色的工厂，会用欧洲李的汁液给皮革染色，而这就成了这片地区小型却重要的乡村产业。

我们刚来时，围墙花园的南边是一片根蘖丛生的欧洲李树篱。上一任主人留存下来的园艺痕迹除了长在后门边的大榛树，就是这片树篱了。而我后来发现，围墙花园原本是座菜园，这些欧洲李显然是精心栽种的。从某些方面来说，李子，特别是欧洲李，作为可靠的传粉植物，在果园里总是很常见。摄制组的车子停在一株翻过墙头探出身的野生李树底下，待圆圆的李子成熟，便一颗颗砸在车顶上。不管是精心栽种的欧洲李还是野生李子，它们的根蘖都十分茂盛，我们每年不是拔就是砍，却一直拔不尽也砍不完。

## 蜘　　蛛

每到 9 月的清晨，我都会迎着第一缕曙光下楼，把狗子们放到前院去。那里挤着 18 棵巨大的圆锥形欧洲红豆杉，是在 1993 年种下的。尽管每年 8 月我都会把它们修剪得很紧凑，但它们还是和所有的树篱及造型树一样，止不住地越长越大。然后，差不多在 9 月第二周的某一天，这些欧洲红豆杉披上了数以万计的蜘蛛网。蛛丝如同一层金银细丝织成的薄纱覆盖在造型树的圆锥曲面上，并在空中架起一张张完美的吊床。这场景总是发生在露水凝重的早晨，空气中略带寒意，弥漫着一片薄雾，但阳光已经洒下，让这些数不清的丝线闪闪发光，显得神奇而魔幻。

蜘蛛网突然这样铺天盖地地出现，和十字园蛛的生命周期有关。雌性蜘蛛要赶在第一场霜冻前产卵，它们用蛛丝编织成茧，把卵包在茧里，保护蛛卵过冬。小蜘蛛在来年从卵中孵化出来，但整个春秋两季，鸟类会吃掉大量蜘蛛。那些成功避开这一命运的蜘蛛靠的是低调蛰伏。若它们能撑到夏末，就会长得足够大，并且可以开始织网了。蜘蛛网由蜘蛛喷射的液态蛋白质织成，是液态蛋白质与空气接触后硬化而形成的一种聚合物。这些蜘蛛网当然是抓捕飞虫的工具，蜘蛛坐镇网中央，准备好随时冲出来咬住缠到网上的猎物，并给它们注射一剂毒液，再慢慢享用。

一些鸟类，尤其是山雀科的鸟儿，会用蜘蛛网把它们易碎的苔藓鸟巢绑在一起。我总对这样的事喜闻乐见。

蜘蛛并不是昆虫，它们和螨虫、蜱虱，还有蝎子同属一类动物。英国有 650 种蜘蛛，普通的花园里大概有百余种，但常见的蜘蛛差不多只有 20 种。

我知道和所有的恐惧症一样，蜘蛛恐惧症令人十分痛苦。不过我喜欢蜘蛛，也幸好如此，因为它们在我们的房子里到处都是，花园里就更多了。然而，对蜘蛛的恐惧完全合理。人们曾经普遍认为蜘蛛有毒，哪怕碰一下都会中毒。如同蜜蜂采集花粉，据说蜘蛛收集和存储有毒物质。在盎格鲁－撒克逊语中，蜘蛛被叫作 attercop，是"毒头"的意思。而英文中的 cobweb（蜘蛛网）一词，正来源于 copweb。而蜘蛛的英文名 spider 就没那么可怕了，它来自盎格鲁－撒克逊语的 spinnan，意为纺纱工。

所有的蜘蛛都是食肉动物，捕猎时也很凶猛，在英国只有十几种蜘蛛大到会咬人，但它们并不危险。话虽如此，被蜘蛛咬伤还是非常痛苦的，伤口会发炎红肿，在一段时间里都会让人觉得不舒服。一些蜘蛛的咬伤会比蜜蜂甚至胡蜂的蜇伤更为严重，而且伤口愈合的时间会更久。然而，蜘蛛把它们的精力都用于相互撕咬和吞食，当然，它们也会对付各种昆虫、鼠妇，甚至青蛙和雏鸟。

蜘蛛对昆虫的消耗相当惊人。据计算，4 平方米不受人类干扰的草地可以容纳 1000 多只微小的皿蛛，而每只皿蛛每天要吃掉上百只昆虫。据估算，每只十字园蛛每天消耗大约 500 只昆虫。那些着迷于复杂难懂的统计学的人做了一个奇怪的统计，在英国，蜘蛛每年消耗昆虫的重量比整个英国人口的总重量还要多。但对于园丁来说，这意味着蜘蛛是他们最好的朋友，因为它们可以控制昆虫的数量，防止虫子在宝贵的植物上大快朵颐。

# 一 对 苍 鹰

下午 5 点左右，两只苍鹰在花园上方低空盘旋，且速度缓慢。它们身上的颜色很浅，接近鸽灰色，有条纹，翅膀宽大，身形结实饱满。

第二天，在几千米外通往迪尔温的路上，萨拉和亚当也看到了这对苍鹰。

它们是新生的苍鹰吧？它们符合关于苍鹰的所有描述，这表示这附近就有一个它们的巢。我们在这里越来越频繁地看到它们，这说明它们居住在此，而非短暂地到此一游。

# 秋 水 仙

在花园去农场的路上，我们穿过边界就可以从海伊镇的后面进入威尔士。那里有一段幽暗的山路，路旁林木丛生，遮天蔽日。9月，一条四五百米长的路段上开出了繁密的秋水仙。秋水仙和番红花以及秋番红花没有丝毫关系，它们很容易被混淆。秋水仙是百合科的成员，浅粉和淡紫的花瓣光溜溜地从路边的土埂冒出来，在第一朵花出现以前，叶片已长成，而现已枯萎。这些鳞茎在夏末时节像蘑菇一样突然开出花来，周围没有任何相似的植物，在这蜿蜒盘旋于山坡上的幽暗林荫道旁，这个景象带来了一种奇异的非现实感。

还有些沿着山坡，在一小片用来收割干草的斜坡底下长了1000多米。和那些沿着路边的土埂茂密生长的秋水仙不同，它们像洋水仙一样点缀在草甸里，在夏天的尾巴上迸发出一股梦幻的春意。

秋水仙之所以能在这两个地方生长，是因为不同于开花时依然长着叶子的秋番红花，它们喜欢生长在微微潮湿的荫蔽处。道路两旁的树木提供了大量的绿荫，而威尔士的山地也一直保持着湿润。至于那片草场的坡底，水会顺着斜坡往下流，汇聚到它们的旁边。但是在那里，它们也时常因为对牲畜有毒而被农民清除。不过道路两侧对它们来说是安全的。

而这里的干草草场收割得很晚，牧草要到秋水仙花谢之后才会二次刈割。草场管理的间隙，便是给它们留出的一个稍纵即逝的机会。

秋水仙可以自花授粉，但要到第二年春天，种子才会和宽大的带状叶片一起长出，然后由蚂蚁散播开去。在草场上，冬天放牧的牛蹄会踏出斑驳裸露的土壤供它们生根；在林地，它们便在落叶枯枝里萌芽。但是，由于草场和林地减少，以及因其毒性而遭到蓄意清除，秋水仙越来越罕见了。不过，在威尔士边界地带，也正是花园和农场之间的这片区域，是秋水仙的主要据点。所以我每年有一周左右的时间可以欣赏这两处繁花，这也是我难得一遇的"天时地利"——在正确的时间出现在正确的地点。


# 榛　子

榛木是我制作植物支架的主要材料，花园里的所有围栏都是用修剪下来的榛树枝编织而成的。榛树的存在则是为了我们每年这个时候能得到榛子。在现代花园里，鲜少有人会为了收获坚果而栽种树木，但在第二次世界大战以前，许多面积足够大的花园都会配置一个坚果园。个头最大的榛子总是来自老枝，所以和萌生林不同，榛树的修剪往往是去掉嫩枝，以使老枝获得充足的光照和通风条件，使植株一直保持成熟。

大部分树木不会异花授粉，因此木本植物中的自然杂交，虽然存在，却十分罕见。然而，榛树很容易在不同品种间授粉，产生了许多杂交种。尽管如此，其籽播后代却无法保持性状稳定。所以，如果你种下一颗榛子，或者像我25年前那样移栽地里长出来的幼苗，你收获的可能是大果榛与欧榛之间的任意杂交组合之一。

我们林地里的野生榛子是欧榛，英语里叫cobnut。结出一簇的榛子有2～4颗，每颗矮胖的榛子都套着一层短短的外壳。其名字中的"cob"来自古英语"cop"，意思是"头"，而榛子"hazel"来自盎格鲁－撒克逊语"haesil"，意为头饰——这名字的由来一定是它那副顶着破帽子的模样。

大果榛的榛子更长一些，周身完全包覆在外壳里。在珠宝花园，我们种了4棵紫叶榛树，是大果榛的紫叶变种，它们的榛子披着可爱的粉色外壳。紫叶榛树也是极佳的紫叶植物，适合所有花园。

基督徒用圣·菲利伯特（St Philibert）的名字为大果榛（filbert）命名。圣·菲利伯特是7世纪时的本笃会修士，8月20日是人们纪念他的日子，而此时大果榛开始成熟，并可以食用。

榛树同无花果一样，为了收获优质的榛子，得用贫瘠且富含砂砾的土壤栽种。若土壤过于肥沃湿润，养分就会被树木吸收，而不能储存到果实里。榛子的外壳能够防止它们迅速干枯，若保留外壳，榛子可以存放到圣诞节。如果趁着榛子还是绿色时采集，并存放到干燥的地方，它们差不多会在11月成熟。

但实际情况是，通常树上的榛子尚未成熟，绝大多数就被松鼠摘走了，而且每到8月中旬，地上也会散落着尚未成熟的绿色榛子。不过2019年的夏天，榛子的产量前所未有地高。我们收获的榛子根本吃不完，松鼠也长得肥肥胖胖的，而且还剩下了许多，足以在未来几年里长出成百上千棵幼苗。


# 蠼　　螋


每年这个时候，大丽花的花瓣上经常出现虫子啃噬的痕迹，有些花瓣甚至变得如同破布一般。罪魁祸首往往是蠼螋，它们对大丽花有着明显的偏好。至少对它们而言，大丽花鲜嫩多汁。

传统的园艺建议是在大丽花旁边插根杆子，用杆子支起一个倒扣的花盆或火柴盒并在里面塞满稻草，以诱捕夜行的蠼螋。黎明时分，蠼螋会钻进稻草里休息，把这儿当作一个方便安全的港湾。它们并不知道自己会被我从稻草床上抓出来，做一些可能会要了它们性命的事。

不过欧洲球螋是一种迷人的生物，它的日常饮食并非只有大丽花，它的食谱相当广，也会吃其他昆虫——那些园丁眼中的害虫。它们喜欢生活在温和潮湿的环境里，因此英国几乎就是它们的理想之国。人们在松散的树皮下或任意哪道木头缝里都能轻而易举地发现它们。它们会释放气味信息素以吸引同类。新年时，雌虫在地下的窝里产下 30 来个乳白色的卵，这些卵在 4 月孵化成若虫，接着还要经过几个生长周期。在此期间，雌虫会保护并喂养它们，直到它们长大到可以自行外出探险。

它们喜欢大丽花，因为其花朵不仅有大量花瓣能为它们提供理想的庇护所，还能为它们提供食物。

欧洲球螋有翅膀，会飞行，但它们很少飞。而本地的其他 3 种蠼螋要飞得更多一些。我在床上看书时，它们总是在我身边，或者更准确地说，是绕着我床边的台灯嗡嗡作响。每一只蠼螋都能用尾铗夹东西，而尾铗也是区分它们性别的一个特征。雄性的尾铗是弯曲的，雌性的尾铗则或多或少要直一些。

# 夏栎

有多少人在自己的花园里种了栎树？一棵肯定是不够的。它们从小就很可爱，随着日渐长大更能给人带来莫大的欢乐。我会这么说，可是有过亲身体验的。因为我种了2棵，看着它们从能轻松装进我们汽车后备厢的细小树苗长到引人瞩目的成年大树。一棵长得很高，现在大约有15米，纤细修长；而另一棵要矮一些，却很粗壮、强健。

纤细优雅的那棵，我们称它为贝琪；另一棵粗壮有力的，叫彼得。因为这2棵树是20多年前，我们的朋友彼得和贝琪举办婚礼时的回礼。给每一位参加婚礼的客人带一棵栎树回去栽种，真是个绝妙的主意。要论对未来坚定持久的希望和承诺，再没有比它们更好的象征了。

栎树喜欢我们赫里福德郡的肥沃黏土，它们不仅能长得十分宽阔、枝叶舒展，若管理得当，也能长得像其他木材一样高大笔直，成为上等的建筑材料。我们房屋的建筑框架，就是由数百棵栎树搭造的，每根横梁都由一棵夏栎的树干单独做成。用于建筑的栎树，树龄多在 50 ~ 100 年，而一整根主干做成的方木是最上等的栋梁。若超过了 100 年，栎树主干向上生长的速度会减慢，侧枝则会更加伸展。

用从旧船上拆下来的栎木搭建框架、盖房子的虚假报道仍有流传，但这其实十分罕见，只有在造船的城镇才有可能发生。否则，光是运输旧木料所耗费的财力、人力成本就已经太过高昂了。不过重复使用从附近的老房子或其他建筑拆下来的旧木材，却非常普遍，这样能节省巨大的运输成本。于是，我们这栋都铎时期留下的木结构房屋就拥有了各个时代的梁柱。这个房屋最早可追溯到 13 世纪，然后经历了 15 世纪末和 16 世纪的重大重建，最后我们也做出了贡献，用 20 世纪末砍下的栎树为其修缮。锯子切进一段数百年的栎木，几分钟就变钝了。这种木材的坚硬程度令人惊讶。我曾修理过被木虫蛀蚀的梁柱，用斧子削去 5 ~ 8 厘米厚的表面一层，其内部却没有丝毫损伤，仍然坚固如钢梁一般。

地球上也再没有其他树木像栎树这般，能如此坚毅决然地适应环境，从几近彻底的腐朽中重生。去年，包围农场的树篱中有一棵巨大的栎树被风刮倒。只有它躺倒在地时，其实际大小才完全展现出来。我在靠近树梢的一根树枝上数了数年轮，在眼花缭乱前数到了 102 圈。而它的实际年龄大概还要再乘上 4 ~ 5 倍，这对于栎树而言，正值中年。这棵躺倒的巨树，见证了山谷下修道院的解散和废弃，目睹了西班牙无敌舰队来袭时的烽烟四起，在英国内战期间长高长大，并于 1702 年为山坡下建造谷仓的人们提供庇护。它是一段木头，更是一段历史。

这棵栎树是一棵"鹿头"树，乍一看了无生机，像是已经死了似的，树枝上没有一片叶子，光秃秃的，像一副鹿角——它因此得名。但是再仔细瞧一瞧，就能发现底部的一些小树枝上冒出了不少茁壮的嫩芽，好似本该如鸡蛋般光滑的光头上长出了一圈地中海似的头发茬儿。顶端的树枝上，树皮和木质层都已经腐烂，但栎树会重新长出一个全新的树冠，并始终保持树皮剥落的状态，就像一副憔悴的骨架靠着几片叶子绝地求生，而这样的事对栎树而言并不罕见。

当它像一个躺倒的巨人在地面铺展开，你就能惊奇地发现，树干上居然有那么多树洞和凹坑，甚至粗一点的树枝上也布满了这种坑洞。鸟儿和蝙蝠能在任意一处坑洞做窝，更不用说生活在树叶上、躲藏在树皮里的大量昆虫和真菌了。

而花园里，没有哪种植物能像它这般友好地接纳野生生物，且数量和种类如此之多。据估计，一棵夏栎可以养活280多种昆虫、200多种毛毛虫、300多种地衣，以及各种鸟类、蝙蝠和真菌。相比之下，引进的冬青栎虽然优美可爱，却只能供养一种昆虫！

夏栎的壳斗顶端有梗，像个长柄勺，比无梗花栎丰产得多。我们这里仅有两种原生栎，一种是夏栎，一种是无梗花栎。无梗花栎不那么常见，更喜欢生长在酸性土和山地土壤中。中世纪时，它的橡果是林地放养猪的珍贵食物。秋天，人们把猪放进林子里，让它们吃掉落的橡果，待养肥后再宰杀，这往往是人们在冬季里唯一的肉食来源。

在我们眼里，栎树如雕塑般庄严优美，成年植株要么是景观里的点睛之笔，要么孤零零地立于田地间。但古栎树在中世纪甚为罕见，通常只在树林里或难以采伐木材的地方才能见到。那时的栎树几乎都是按"标准"种植的，约每4000平方米的杂木林里只有一两棵，每30年平茬修剪一次，以获得长度较短的优质木材，剪下的细枝可用来烧制木炭；若栎树栽于种植园，则可每百年砍伐一次，用作房屋的建筑材料，到了17世纪中期，也开始用于建造船舶。

离花园几千米远的地方有个中世纪的种植园，一直保留至今并且仍在使用。种植园里上百年的栎树笔直得像一根根箭矢，已经随时可以采伐了。位于温莎的圣乔治教堂，其最初的横梁就出自这座种植园。时隔600年，人们又回到这座种植园，为1992年惨遭烧毁的教堂采伐新的梁柱。

我当然不会砍掉彼得和贝琪，因为它们如此美丽，更是象征着与两位好友的友谊的树。但也有可能再过上50年或100年，房屋需要新的梁柱，有人会相中贝琪笔直的躯干或彼得粗壮的腰身。想一想百米开外就长着这么优良的树木，可以节省多少运输费用，所以我还是让它们和搭建了这座房子的木材一起屹立700年吧！

# 抓住夏天的尾巴

今天早晨，一群毛脚燕，20来只，在花园上空逗留了一两个小时。它们显然是从北方飞来的，正往南方迁徙。

傍晚我散步回来时，燕子的数量更多了。它们不停地觅食、盘旋、俯冲，在飞往南方的这一路上肯定一直如此。归功于我们花园里以及花园上空昆虫的数量，它们趁着食物充足时填饱肚子，然后继续飞行。一直飞，一直飞，它们还要飞那么远，那么远。

# 大　　蚊

差不多在9月中旬，我的花园里出现了大蚊，甚至屋里也有。我无法称这样的时刻为"愉悦"，它们着实恐怖，让人毛骨悚然。它们属于双翅目大蚊科，长着6条头发丝那么细的大长腿，飞行时垂荡在身下。这些腿更像触须，也是用来稳定它们纤细的身体的，除此之外看起来并没有什么实际用途。

我惊奇地发现，每10只双翅目昆虫里就有1只来自大蚊科。最大的大蚊在个头上能轻松称霸英国蚊子界。但在花园里大蚊远不如在溪边或潮湿的林缘那么常见，倒是普通大蚊差不多会出现在房前屋后的每一个花园里。

9月，它们以一种昆虫入侵的方式突然来袭，那些草长丰腴的地方尤甚。接着，各种鸟类、蝙蝠、蜘蛛、鱼类，以及一些哺乳动物又会贪婪地吞食它们。特别是鳟鱼，据说大蚊是钓鳟鱼的最佳诱饵，不知是真是假。

9月，大蚊的大量爆发归咎于它们幼虫的孵化，它们的幼虫正是土壤中园丁们再熟悉不过的蛆。那些蛆啃食植物根系，会使草坪留下光秃秃的斑块，因此它们被草坪种植者深深地厌恶。斑大蚊的幼虫啃噬土豆和甘蓝幼苗的根，同样令人担忧。使用线虫是整治大蚊幼虫的最佳办法，因为线虫会从它们体内将其吃得干干净净。

虽然大蚊幼虫会给植物带来损害，但它们是秃鼻乌鸦和紫翅椋鸟的主要食物。下过雨后，这些幼虫钻出土表，在运动场、草甸或草坪上都能看到大群的乌鸦和椋鸟啄食。大蚊幼虫也会消耗大量腐烂的有机物，将其降解，从而使土壤更加肥沃。

然而，一旦它们的幼虫从蛹孵化为成虫，大蚊就几乎不再进食了，而是忙着在24小时内交配并产卵。因此，大蚊的现身只是为了繁殖，以及成为复杂食物链中的一环。而这条食物链又让我们花园中所有的野生生物紧密结合、环环相扣，哪怕其中某种生物单独来看具有很大的破坏性。

# 鹬

　　我只见过鹬的背影。因为每次我发现它们的时候，它们总是突然从我的脚边冲出来，迅速且慌乱地低飞到远处，再重新落下。

　　多年来，我一直把它们认作了扇尾沙锥，因为我对它们不甚了解，而在我有限的认知中它们长得差不多。但我所看到的，在距离地面30～60厘米高的地方飕飕飞过的，其实是更为罕见的姬鹬。它的体形更小，喙也明显更短，但考虑到英国所有鸟类中鹬的喙最长，姬鹬的喙和其他鸟相比也还是偏长的。它们是这里秋冬季的访客，9月左右到来，然后在来年3月中旬离开。

　　它们喜欢果园旁的作物茬地，这是每3年才能有一次的机会。20年来这块田地一直实行着三茬轮作——先种油菜，接着种麦子，最后是马铃薯。秋天，每当油菜和马铃薯收获后，土地会立即翻耕并种上新的麦苗和油菜苗，但在麦子之后种植的马铃薯，则要等到来年春天才会下地。于是整个冬季，麦茬都留在地里不会翻耕。姬鹬似乎非常喜欢这样的茬地。每次我和狗子们走过这片粗糙且扎脚的茬地时，总会惊起一两只姬鹬，它们就像撞柱游戏里的滚球一样毫无章法地蹿到远处。

有一些低洼牧场到了冬天总会被洪水淹没大半，在那里我也见到过姬鹬。它们从夏草掩盖的沟渠里飞出来，速度之快，甚至让耐莉都放弃了想要追逐一番的念头。

从照片上看，它们就像缩小版的丘鹬，不仅长着同样奇特的脑袋，还有同样长且直的喙，可以插进松软的地里啄食蚯蚓。但和丘鹬不同，姬鹬有一个极好玩的特点——一边进食一边不停地上下摆动，就好像它们的腿是由弹簧做的。

等到冬天过去，洋水仙开出了花，农民寻找机会翻耕麦茬开始栽种马铃薯时，它们便消失了，一路飞回斯堪的纳维亚，飞回西伯利亚的大草原。

十月

# 野 苹 果

威尔士边境的这片区域是苹果之乡。这里是苹果酒的发源地，拥有世界上最好的用于酿苹果酒的苹果种植园，同时也生产直接食用的苹果。

我爱吃苹果，不管是生食还是用各种方式烹饪；我也喜欢苹果树，花园里已经种了 60 多种、70 多棵苹果树，它们结出的果子用于做料理和甜点，还有十几棵欧洲野苹果树。其中一些修整成了单干型和树墙，少数几棵种成了低矮的平顶树型，但更多的是大树，长成了标准型或是充满活力的砧木。过去的 30 年里，我看着它们从鞭子粗细的小树苗慢慢长大，大到可以攀爬，可以挂住秋千。而我们也能收获足够多的苹果，不论是吃果子还是榨汁，几乎都能享用一整年。如今，这些成年大树上挂着大量的槲寄生，还有十几棵或更多则成了藤本月季的立柱，支撑着它们悬垂的花枝。我的果园，已然不仅仅是长在草地上的几棵果树了，我为它高兴，为它骄傲，就如花园中的其他任何地方一样。

然而，有 4 棵苹果树不是我种的，也不是别人种的，它们就这样长在我们的土地上，相比其他那些，更得我心。这 4 棵都是欧洲野苹果，是本地的原生苹果树种，就长在农场的树林里，混杂在榛树、桤木、柳树、山楂树和欧梣之间。

它们狂乱的枝丫和笔直壮实的树干，一看就与周围的任何树木大不相同。每年 5 月，它们开出满树繁花。到了秋天，数不清的小果子落下来，在树底下散落一大片。狐狸、獾、刺猬、老鼠，还有鸟类都会前来享用，但我们是不吃的，因为咬上一口只会得到满嘴单宁，酸涩得让人五官皱缩。

这些树长得相当俊美，一眼就能认出来。它们至少有 9 米高，冠幅也有约 9 米宽，粗壮的树干直径达 60 ~ 90 厘米。花园里的野苹果树却要小得多，两者天差地别。

盎格鲁－撒克逊人和威尔士宪章主要通过树木的命名来界定一块土地的不同区域。在最常用的树种中，苹果树位列第三，排在荆棘和橡树之后。这表明它既是常见的绿篱树，也非常容易辨识。而我的每一棵苹果树，不仅易于识别，更有着神奇的魅力。

# 天 鹅 列 队

我和狗子们走过田野，看到两只天鹅从面前灌满洪水的田间沟渠里游过，最近的大雨将草丛里的沟渠变成了临时运河。我在草丛上方只能看到它们的脖子和脑袋，这一幕看起来有些超现实，它们就像在放过牧的短草中游泳。天鹅看到狗，便爬出水面想要离开，因为这段沟渠是个死胡同，是某条支流的一截末尾。于是，它们穿过田野向河边走去。紧接着，从沟渠里出来7只天鹅雏鸟，直到这会儿我才看见它们，个头有雌孔雀那么大，羽毛灰不溜秋，缓慢而笨拙地在父母身后排成一列。这个队列出人意料，并不优雅，但让人莫名感动。它们朝着安全的河边走去，却被环境署安置的栅栏挡住了。这个栅栏是为了阻止牛在喝水时踩踏河岸，进而避免河水淤积而设的。

有那么一会儿，这对天鹅父母转过身来，它们意识到自己被困，而且孩子们可能正身处险境。我带着狗子们快步走过，远离它们，防止天鹅惊慌失措缠到铁丝网上，同时我也知道天鹅父母在保护雏鸟时的攻击性有多强。

后来我看到这一家子从容地游在水面上，依旧排成一列，它们肯定在栅栏上找到了合适的缺口。我觉得自己仿佛正置身于街道的人群里，看着皇家仪仗队从面前经过。

## 啤 酒 花

夏末时节，花园四周的树篱上、附近的小路旁、田地边，到处都挂着长长的啤酒花。它们缠绕在山楂树、山茱萸和黑刺李之间。

　　它们都是啤酒花田里植株的后代。在赫里福德郡的这片区域，曾经每座农场都种了几片啤酒花，有些时候啤酒花甚至长满了整座农场。种植啤酒花的田地在赫里福德郡称作"院子"，在肯特郡则叫"花园"。而赫里福德郡的啤酒花"干燥窑"，在肯特郡则叫"烘干室"。

　　20世纪80年代中期，我们刚搬来的时候，这里的啤酒花田多达数平方千米。田里有呈网格状分布的立柱，都用铁丝绑着，立柱之间又拉起数以万计的绳索，用来支撑啤酒花的藤蔓。啤酒花向上奋力攀爬，每年能长4～6米，然后在冬天完全枯萎。

　　那些用来支撑啤酒花的粗麻绳团成大球，就像长着条纹的南瓜。成百上千团麻绳高高地摞在拖车上运到啤酒花田里，每团大约50便士。这些麻绳美观且实用，曾经如此，现在亦然。同一条麻绳能用好多年，我用这些麻绳划分区域，以及捆绑任何东西。如今，啤酒花田几乎消失不见，麻绳摇身变为装点生活的饰品，其售价已是过去的20倍，甚至更多。1990年之前，这里是一座劳教农场，有两间啤酒花干燥窑，而我写下这些文字的地方，正是其中的一间。这两间干燥窑的最后一次使用还是在第一次世界大战以前，后来其内部慢慢地腐朽了。我在干燥窑的上层写作，这里原来是摊放啤酒花将其晾干的地方。而我的下方是当年的火炉，被炉火熏烤的砖头地板依旧乌黑，现在，那里存放着我的园艺工具。

金色啤酒花是人工驯化的品种，同样会开出圆锥形的雌花，可以酿酒。若把它们塞进枕头，还能助眠。啤酒花原产于英国，但是直到 16 世纪才用来酿造啤酒。在那以前，啤酒里不含啤酒花，称为麦芽酒，不耐储存，必须频繁酿造，也没有啤酒花所特有的苦味。用啤酒花酿造的啤酒迅速盛行开来，到 1600 年就比麦芽酒更受欢迎了。现在，两者皆为啤酒，英文亦可互换。①

我父亲喝的啤酒都是他自己酿的，啤酒花的独特气味伴随了我的整个童年。每个月他都会在炉子上煮一锅酒，用我母亲的长筒袜装满新鲜的啤酒花，挂在微微沸腾的炖锅里熬煮，锅里还装着麦芽、酵母和糖。熬制的浓烈混合物再用水冲淡，装到棕色厚玻璃做的老式 2 品脱（约 1 升）西打酒酒瓶里，再拧紧盖子放到地窖里酿上几周。偶尔会有个把瓶子爆裂，啤酒花的气味弥漫开来，留在地窖里数月不散。

---

①啤酒的英文为 beer，麦芽酒的英文为 ale。——编者注

# 雁　群

大雁陆续从北方回来了。雁群排着完美的"人"形队列，一队接一队地从花园上空低低飞过。它们是一支先锋队伍。

# 雉　鸡

若干年前，5月某个和煦的下午，我正在珠宝花园的一片花境里除草，一只雌雉鸡突然从一大簇草丛里冲了出来。这是一丛新西兰风草，人们多称其为野鸡尾草，此时可再应景不过了。草丛里有一个窝，里面有一打橄榄色的蛋正被孵化，大小和家养的矮脚母鸡下的蛋差不多。我们已经在那片花境里忙活了几周，清理杂物、除草、覆土、打桩、栽种，然后还设立了园艺支架。不知为何，这只雉鸡竟选择了这么一个繁忙之处孵蛋，并且从未被发现。我没碰那窝蛋，尽量离得远远的，但雌雉鸡放弃了它们，窝里的蛋一个接一个地消失了，很可能是喜鹊、乌鸦、老鼠或刺猬干的，它们都对雉鸡蛋垂涎三尺。

我们的花园里常有雄性雉鸡出没，趾高气扬地走来走去，同时又带着些焦躁不安，然后在一串惊慌的鸣叫中伴着呼呼扇动翅膀的嘈杂声飞起来。耐莉对此特别兴奋，会冲进花园去看它是否藏在某个角落，而雉鸡早已经至少飞出两片田那么远了。黄昏时分，雄性雉鸡"叩克叩克"的叫声渐次远去，随着夜幕降临，它们在田野上相互呼应着飞往各自的巢。这深深地唤起了我的童年记忆，它们的叫声独具特色，和斑尾林鸽起伏的咕咕声一样美妙。

雉鸡几乎是彻头彻尾的乡村鸟类，只要有雉鸡的地方，数量往往不会少。虽然它们很常见，但其华丽的外表依然引人瞩目——至少雄鸟是这样的。雌鸟的色彩要平淡许多，甚至单调暗沉，完全不显眼，个头也只有家鸡大小。雄鸟的全套装扮则是一道光彩夺目的风景——垂肉和脸部都是明亮的鲜红色，黄色的眼睛圆溜溜如小珠子般晶亮，蓝绿色的脖颈斑斓闪耀，底下是一圈白色的颈环，身上鲜艳的红棕色羽毛带着斑点，身后还拖着一条巨大的长尾。它生来就惹人注意，是加大版的极乐鸟、番鹃鹉，更是人们射猎的目标。

因为雉鸡几乎就是为射猎而生的。人们数以万计地饲养雉鸡，等到夏末再放归乡野，为狩猎季做足准备。雉鸡的狩猎季从 10 月开始，一直持续到来年 1 月底。几乎这里的每一片土地都属于射猎范围，在狩猎季里，每周总有两天枪声不绝，从日出直到日落。个人而言，我不喜欢射猎，但我喜欢吃雉鸡和其他野味，所以若说我对这项运动有多反感，那就太过伪善了。

实际上，雉鸡射猎不仅塑造了我的童年，也参与打造了英国大部分地区的自然景观。因为出于射猎的需要，人们为鸟类的饲养和栖息提供场所，所以离不开树林、小树丛（田地间的带状林子，起初都是荆棘）、杂木林，还有树篱。

后膛猎枪的发明正式点燃了人们对射猎的热情，于是雉鸡的数量在 19 世纪中期急剧增加，并且人们很快就制订出了关于射猎活动、猎犬、猎场看守人等一整套系统规范，甚至连适当的服饰穿着也涵盖其中，而所有这些都传承至今。

但第二次世界大战以后，英国出现了提高农业产能的巨大需求，最初的动力来自战争初期 U 型潜艇封锁造成的饥饿威胁，以及要避免这种状况再次发生的决心——但同时，也是为了追求利益，农业自 19 世纪 70 年代以来第一次开始盈利了。数千千米的树篱遭到清除，农用机械变得越来越大，人们认为林地树丛无利可图而将其统统掘除，改为耕地。

而富地主对雉鸡射猎的热爱，止住了农业的这种蛮横扩张。20 世纪下半叶，雉鸡射猎稳步增多，也必然给猎场看守人在其所辖的射猎区域带来无限权力。但作为孩童，我对他们可是害怕极了，因为我们都知道，猎场看守人会射杀狗子，因为狗子会追逐看守人的宝贝雉鸡。猎场看守人也会射杀任何他们认为有可能捕食雉鸡的动物。那吊着一排排鸟类和哺乳动物尸体的铁丝网围栏和大门亦是乡村生活中一件极为恐怖的事。

乡村生活有着诸多讽刺，其中有一条是，如果像已经禁止的猎狐活动那样禁止射猎雉鸡，那么一大批野生动物，从鸣禽到哺乳动物，甚至是昆虫，无疑都会失去栖息地并受到极大影响。这样一来，雉鸡很快就会成为稀有动物。因此，雉鸡射猎——就算我从小厌恶，视它为乡村生活的童年阴影——实际上却保护了许多我所喜爱的生物。生活总是那么复杂，一如既往。

事实上，雉鸡并不适合在英国乡村生活。它们笨重且行动缓慢，原产于亚洲，可能是由罗马人引入英国的。它们是生活在林地边缘的鸟类，会藏身于树林的遮蔽处以保护自己。雉鸡的翅膀短而宽，适合爆发性强的短距离低空飞行。这使得它们能在树林里完美地躲避捕食者，但也让它们在树林外的开阔场地成为人们射猎的完美目标。

英国每年饲养的雉鸡数量超过 2000 万只（有些统计数据甚至是其 2 倍），它是英国鸟类种群的重要组成部分。饲养雉鸡更是一项价值可观的业务。举例来说，2015 年的一项统计表明，每年仅在投喂点投喂给雉鸡的粮食就超过了56 万吨。实际上，雉鸡只消耗了其中的一半，其他鸟类（主要是鸽子和鸦科鸟类）以及小型哺乳动物则是计划之外的受益者。另有估计，人们专门种植了大约 900 平方千米的作物来掩护雉鸡，这些田地会在射猎季结束时翻耕。

放归野外的雉鸡中，大约六成被猎杀。此外，还有许多会死在马路上。在这一带开车，不超过 2 千米就会看到一只雉鸡尸体。还有许多则死于自然原因或被捕食，尤其是雏鸟。它们的预期寿命平均为 1 年左右。

特别要说的是，虽然雉鸡是农田里的鸟类，我们的农场却几乎没有它们的身影，因为山谷里没有射猎场，而山坡上的气候，以及被狐狸、雀鹰和松貂等动物掠食，对它们而言都太过恶劣，无法长期生存。尽管它们会在春季啄食报春和番红花，但我依旧乐意在花园里看到它们。如果它们能再次选择在花境里筑巢，我将深感荣幸。

# 田　　鸫

当田鸫和白眉歌鸫从它们的夏季驻地斯堪的纳维亚，甚至更遥远的西伯利亚回来时，你就知道冬天已经来了。它们是冬季的传令官，如同第一只燕子宣告着夏季的到来。

但是，燕子回来时，带着强烈的熟悉感，它们与花园以及房屋的精确细节重新形成了一种亲密，就像离开几周后回家的孩子。田鸫则完全相反，它们是个双面怪物，既蛮横得让人难以对付，又害羞胆怯。它们一看就是大型的鸫鸟，英俊的灰色脑袋高昂挺拔，背部栗色，尾巴黑色，下身还带有斑点，总是成群结队地出现。相比之下，本地的欧歌鸫就要害羞许多，更乐于独处，歌声也更加甜美。

一看到人，一大群田鸫就会叽叽喳喳地飞起来，但只要它们看到你背过身，又会气势汹汹地逼上前来。它们总是带着刺耳的叫声，动作生硬，忽停忽动。然而，这正是属于它们的季节。

它们最喜欢果园里剩下的苹果，会拼命地保卫一整棵树，绝不让其他鸟类占了便宜去。它们也为园丁做了许多好事，例如吃掉大量蜗牛、大蚊幼虫，还有毛毛虫。它们曾被大量捕捉并被烹食。据估计，仅在东普鲁士，即现在的立陶宛和波兰之间的波罗的海沿岸，每年会有超过100万只田鸫遭到捕杀并被送上餐桌。

差不多来年3月底的时候，它们就要准备离开。在春日的天空里，它们急匆匆地飞来飞去，整理着行囊。接着，就像所有候鸟一样，它们没有一声告别，等你在某个清晨出门去，便已经离开了。

# 白 眉 歌 鸫

田鸫顶着一个藕灰色的脑袋，但白眉歌鸫就没那么容易分辨了。白眉歌鸫更加娇小优雅，也远不如田鸫那样大胆。只有飞行时，翅膀下闪过的一抹红色才能将它和欧歌鸫区分开来。白眉歌鸫和田鸫一样喜欢成群结队，这也是一个能够识别它的特征。在乡村的夜晚，四处悄无声息且一片漆黑，我偶尔会听到它们轻声如鬼魅般地叫唤着，从上空飞过。

白天，它们总是飞来飞去，时刻保持着警觉，任何突然间的移动或突发状况都会让它们惊慌不已。它们总是坐立不安，成群地在树上、灌木丛里，或果园的地面上起起落落。它们不停地采集浆果，从树林里摘取冬青、山楂和花楸，到花园中搜罗枸子，又或者在田野上小心翼翼地来回跳动，竖起脑袋，四处找寻无脊椎动物。

等到来年3月的某一天，它们便不见了，趁着夜色去了俄罗斯、芬兰或冰岛，回到它们的北极圈家园繁衍后代。

# 斑点疆南星

很少有植物会像斑点疆南星一样有如此多的名字——

"杜鹃品脱""领主和夫人""亚当和夏娃""讲坛上的牧师""魔鬼和天使""威利百合"，它还有许多更具地域性、更加粗俗的名称。其中的大多数名字，都来自它那开放的佛焰苞和直挺的肉穗花序所带来的毫不隐讳的想象。

在我们的花园里，它像杂草一样到处都是。萨拉和我对它的看法不尽相同。她喜欢斑点疆南星，允许其无限制地蔓延到任何区域，哪怕是那些阴暗的角落，正好斑点疆南星不喜欢阳光充足的地方。但我一直试图对它们加以控制，总是偷偷地将它们从大部分花境里清除。然而，它一直不停地出现在我们的春园里。洪水带来种子，而它又极其喜欢这里肥沃的冲积土壤以及树木的荫蔽。

尽管它没完没了地蔓延，但也有不少优点。比如，它通过蛾蚋授粉。蛾蚋一生中的大部分时间都快乐地在牛粪里度过。等到斑点疆南星的肉穗花序成熟需要授粉时，花序温度升高并散发出淡淡的粪便气味，这对于蛾蚋来说可是无法抵挡的诱惑。它会找到这棵植株，钻进雌花的管状花芯，如此就完成了授粉。随后，肉穗花序开始凋谢，在夏末时分结出人们熟悉的穗状浆果，但这些明亮的橙红色浆果有毒。事实上，该植物的任何部分都不能碰，因为它会刺激人们裸露的皮肤。

斑点疆南星最早出现在 12 月，到了来年 2 月就能明显地辨认出来。它新生的叶片很小，淡绿色，表面哑光，成熟后变成箭形，大且光亮，通常还有黑色的斑点。

斑点疆南星的植株生长一年就会枯萎。到了第二年春天，它们会开出佛焰苞和肉穗花序。然后，它们逐渐发生变化，在夏末结出一串亮橙红色的果实，像极了一粒粒硬糖。没有多少鸟类会吃这些果实，雉鸡或许会偶尔啄一小口。老鼠会在花序枯萎前啃食，它们很可能也是被其散发出的热量和牛粪气味所吸引。

# 白　　鼬

有一次，萨拉和我在田野里看到一只白鼬绕着一棵孤零零的山楂树转圈。我们正在猜它追着什么，然后发现它的追逐对象躲到了树上。虽然白鼬也擅于攀爬，但它没有追上树去，在底下绕了四五圈，然后跑了。

以前，猎场看守人的绞刑架上是我最常见到白鼬的地方。在看守人的眼中，它们是有害动物，会时不时追逐甚至咬死雉鸡，就和刺猬、猛禽、喜鹊、乌鸦一样，当然，还有我们的狗。现在，猎场看守人依旧会设下圈套诱杀白鼬，尽管在过去人们将这种诱杀当作人类的特权而轻率地接受。但如今，人们越来越意识到，自然界中的捕食者与那些被少数人以狩猎为目的而饲养的鸟类一样重要。

多年以后，我第一次看到了几乎纯白色的白鼬，通体雪白，只有尾巴尖是黑色的。那是一个寒冷的2月，就在靠近农场的山坡上。白鼬比伶鼬更容易看到，因为它们的体形更大一些，但两者的模样差不多。它们都有黄褐色的背部，奶白的腹部，长长的尾巴，尖端是黑色的，有些会长白色的耳朵。当然，到了寒冬腊月，白鼬会变成纯白色，而伶鼬则不会。

兔子是白鼬最喜欢的猎物，尽管一只成年的兔子要比它们大得多。它们也吃褐家鼠、松鼠、小家鼠、田鼠，还吃在地上筑巢的鸟类及其雏鸟、鸟蛋，甚至会爬到树上或墙头从鸟窝里捉鸟。

白鼬的繁殖周期非常特殊。它们在5月交配，但受精的卵细胞会在长达9个月里停止发育，直到次年3月雌性白鼬才开始妊娠，随后仅仅25天就会分娩。一胎出生的小崽很多，约有十几只。在它们出生后不久，白鼬母亲会再次交配，然后，又要过上一年才会分娩。

雌性白鼬比雄性成熟得快多了，雌性白鼬差不多长到6个月大时就完全成熟了，而雄性白鼬则需要1年时间才能完全长大成熟。白鼬的寿命有5年甚至更久，但很多都只能活一两年。

# 秋　　叶

突然有一天，欧梣的树叶纷纷落尽；栓皮槭染了一树橙黄，还带着些许紫色。虽然姗姗来迟，但现在，秋天终于还是来了。

# 蚯　　蚓

每年秋天我都会收到大量来信，询问如何处理草坪上的蚯蚓粪，甚至有人问如何摆脱蚯蚓。对此，我总是以同样的方式回答——蚯蚓绝不是麻烦，而是园丁最好的帮手。英国有 27 种蚯蚓，但其中的大部分都很罕见。它们可分为 3 个生态类群。最常见的普通蚯蚓属于深栖类，在不到 1 平方米的健康草坪上，数量可达 40 条。它们钻出的垂直地洞可达 3 米深，能让土壤变得既肥沃又疏松，对植物生长大有裨益。它们一边深挖地洞，一边吞食矿物颗粒和少量植物残渣，然后在体内将其消化，最终排泄到土表，这就是我们熟悉的蚯蚓粪。普通蚯蚓通体粉红并微微泛着蓝色，头部略尖，尾端则扁平许多。

内栖类蚯蚓的颜色要浅一些，挖出的洞穴为水平方向，它们常躲在土壤深处，很少会在土表出现。但表栖类蚯蚓则生活在土壤表层，在健康的堆肥里常见的红色蚯蚓——赤子爱胜蚓就属于这一类群。

蚯蚓搬运以及分解土壤的规模相当惊人。查尔斯·达尔文以其著作《物种起源》和演化论而闻名，但鲜为人知的是他终其一生都在研究蚯蚓。按照达尔文的推算，每100平方米土壤中就有多达1吨的蚯蚓粪便。这些蚯蚓粪便中的钙、氮、磷、钾及微生物的含量超过50%，所以这块土壤比周围的土壤更肥沃，更精细，酸性也更低。

蚯蚓耕犁的效率同样出乎人们意料，它们每年在10 000平方米的土地上可翻动100～200吨土壤——任何犁耕器具都远远无法实现。不管我们知晓与否，土地就正真真切切地在我们脚下翻动着。

相较于酸性环境，蚯蚓更喜欢碱性环境，这也是为什么健康的堆肥堆里会有成千上万条红色的赤子爱胜蚓，它们可是堆肥成功的好兆头。因为酸性环境会阻碍微生物活动，减慢分解速度。土壤中有大量蚯蚓不仅意味着土壤里富含有机质，也代表了它的酸碱状态。

蚯蚓于夜间出没，在地表爬行，收集树叶和植物残渣。如果你在黑暗潮湿的夜晚到花园里走一走，就会觉察到数以百计的蚯蚓。顺着手电筒投射的光亮，你还能看到它们正躲进土里消失不见。蚯蚓会尽量避开日光，因为它们对紫外线极为敏感，哪怕是阴天，紫外线强度也会让它们不舒服。

蚯蚓从头到尾都长着短而硬的刚毛，它们用这些刚毛帮助自己移动。虽然人类肉眼看不到，但这些刚毛非常有力，因此蚯蚓可以在地面把自己移动到相当远的地方。

蚯蚓还会把落叶和植物残渣拽进它们的洞穴，这也会增加土壤中的有机质，进而改良土壤结构、增强土壤肥力。如果你缺少堆肥，不妨用树叶覆土，若能切碎则效果更佳，这样就能让土壤中的蚯蚓数量激增，进而使土壤更为健康、更加肥沃。

蚯蚓是鼩鼱、鼹鼠、刺猬和狐狸，也是从欧亚鸲到鸫等一众鸟类的重要食物。健康的土壤里有足量的蚯蚓，既能满足大量的捕食者，亦能改善土质。

# 鸟　　巢

我正在珠宝花园修剪铁线莲，在榛树枝绑成的三角支架上清理纠缠得密密麻麻的枯藤。我看到在去年夏天长得最浓密的枝条中央，露出来一个翠绿的球。这是一个鸟巢，大小和一个大橙子差不多，完全由苔藓做成。球顶有一个小洞，我小心翼翼地打开，发现里面铺满了羽毛和毛发，那毛发看起来很像是耐杰尔的。巢里没有任何破损的蛋壳或粪便。

我不知道是什么鸟做的巢，或什么鸟住在这里面，甚至不知道这个鸟巢是否使用过。因为这是在一株晚花型铁线莲——'典雅紫'（'Purpurea Plena Elegans'）——上筑的巢，按照这种铁线莲的生长速度，要到 5 月甚至 6 月，才能长出足够的枝叶隐藏鸟巢，以吸引那些需要隐蔽的鸟类，但是到那时就已经很晚了。难道这是 7 月里为第二次孵蛋做的第二个巢吗？燕子能下三窝蛋，欧亚鸲通常下两窝，但它们都不是这个苔藓小巢的主人。

雄性鹪鹩会做好几个巢来吸引雌鸟，最后只使用其中一个。它们往往也会在夏天产两窝蛋。我猜想这应该是仲夏前后，一只热情的雄性鹪鹩为第二个家庭精心搭建的巢，出于种种原因，这个巢并不吸引雌鸟，于是从未使用。我好奇花园周围每年会有多少弃用的鹪鹩巢，鹪鹩为了这些非凡的巢，仅收集材料就得飞行成百上千次吧。

不管怎样，雌鹪鹩在去年 7 月的最终选择，必定是她非常合意的住所，才使她放弃了这个精致的、隐藏在铁线莲花藤中的苔藓小巢。

# 颅　骨

　　我面前的桌子上放着一颗颅骨。小小的，差不多只有点心匙那么大，带着些许泥泞，也不完整，下颌已经不在了。和所有颅骨一样，眼窝大得不成比例，额头跟后脑长得很低，弯曲得跟驼背似的。只有一颗长长的门齿还留着，被染成了棕色，锋利得出奇，犹如匕首，其余的牙齿都很小，长在口腔深处。其实上面只剩下一颗牙，其他的仅留下两排小洞，像极了空种壳。

　　这颗颅骨有些像鸟类，从上方看，上颌似乎就是鸟喙，而且整个颅骨的形状十分契合空气动力学原理，但它很重。所以它绝不是鸟类，看似鸟喙的地方实则是鼻骨，曾经顶着一个圆圆的鼻子，遮住那颗用来啃咬的门齿，这是北美灰松鼠的骨头。

　　我将其翻转过来，里面的构造复杂且高效，绝不亚于任何动物。筋脉血管的孔洞、附着肌肉的粗隆，还有骨头拼接而成的几何线条，一应俱全。一条漂亮的雕刻曲线从眼窝下方延伸到鼻骨，大到足以容纳发达的下颌肌肉。臼齿可能很小，但咬合力却很强劲，它可以咬开坚果和种壳，吃到里面的仁。

　　我是在春园后门边的榛树洞里发现它的，就在一堆树叶和烂木头里。那里却没有骨架的其他部分，应该是被喜鹊和乌鸦处理掉了。

# 榆　　树

1976 年的夏天，成年的英国榆几乎从人们的生活中彻底消失了。然而 2016 年，我在伊普斯威奇录制《小空间大梦想》（*Big Dreams Small Places*）节目时，惊讶地发现自己置身于一个长满英国榆的小树林里，它们竟避开了荷兰榆树病。

1991 年我们刚到这里时，如今的湿地花园还是一片空地。一段腐烂得相当厉害的树干倒在空地边，那是 1976 年死去的一棵大榆树留下的全部残骸。我有一张 20 世纪 60 年代拍的照片，照片里的榆树还是我所熟悉的高大形象。在我的青年时代，它们可是英国乡村的主宰。它们通常长得枝繁叶茂，牲畜在其树荫下乘凉。而现在只剩下还能从富含钾肥的土壤里长出来的荨麻，是多年以来牲畜为其施肥的结果。

尽管优美迷人的成年榆树几乎彻底消失了，但那些还没长大的，倒是在乡间小路上随处可见，离我们后门口不远处就有一棵。这已经是它生长模式里的第三次转世了，它们这种可靠的生长模式形成于 20 世纪 70 年代。榆树苗壮且快乐地生长，秋季在众多黄叶中展现出最灿烂的色彩。但是，当它们长了 12 年左右，长到差不多 9 米高时，其树叶在夏天就开始大面积地枯黄，植株也会在随后的半年里枯死。接着，它们会再次从根部萌芽，重新生长。

有人认为，这是因为传播荷兰榆树病的榆小蠹在大约 9 米的高度飞行，而且并不理睬任何低于它们飞行高度的小树。但实际上这和树木的高度并无关联，而是与树皮的厚度有关。只有树皮达到一定的厚度，榆小蠹才会钻洞产卵，孵出的幼虫会留下明显的沟槽。20 世纪 70 年代，我锯掉了数十棵受到榆小蠹祸害的大榆树，对这些沟槽再熟悉不过了。

新长出来的榆树树篱同样健康苗壮，绵延数千米，贯穿整个乡村。这些树篱虽然被修剪得很矮，但其中的植株往往和成年树木一样年长。根蘖就像它们对自身的克隆，所以一片榆树树篱，其实是同一棵植株的自我繁衍。曾经随处可见的大型榆树树篱，也是这样长成的，它们只不过是树篱中的大个子罢了。

几百年来，榆树一直是乡村风景中的主要树种，或沿着田地边缘蔓延，或在牧场中央独自伫立。它们不是林地树种，只有在肥沃的土壤中才能苗壮生长。在我和很多人的记忆里，它们总长在特殊的位置，因为衬托在它们身后的总是辽阔的天空。不像林地树种混杂在树丛里难以辨认，榆树的整个轮廓都清晰可见，它们在寒冬中是傲骨嶙峋，在夏日里则是高大雄伟。

榆树曾被当作木材广泛使用。我们房子屋顶的部分桁架就是用榆木做的，搭建于 1761 年。有证据显示，这些桁架安装于一场大火之后，那场火灾烧毁了最初的中世纪栎木屋顶，仅仅留下 1470 年砌成的山墙。这表明，到了 18 世纪中期，要么栎树已经很少用作建筑木材，要么人们认为榆树同样可以胜任这项工作。

榆木广泛应用于各种可能受潮的场合，因为在长期潮湿的环境里，它腐烂得极为缓慢。人们用它建造丁坝、水下桩、码头侧面的护木、棺柩，或者凿通做成水管。榆木还是制作屋檐板的主要木材，因为它不容易开裂，所以也用于制作连枷、砧板、总被牲畜踢撞的谷仓侧板，还有椅子的座板——因为要安装支腿或椅背的辐条，即使在上面钻孔它也不会裂开。但把它当作柴火就不那么理想了，它烧起来浓烟滚滚却火力不旺，而且要把它劈成木柴更是一场噩梦。1976 年的冬天，我不得不锯开 6 棵在夏天死去的大榆树。那项工作花了我好几周，而且吃力不讨好。

虽然在我们屋子旁，小路边的树篱种的是英国榆，但在农场，我们还有几棵光叶榆。榆树实在太容易变异了，这引发了很多关于如何区分单个种和杂交种的争议，但光叶榆不仅保留了榆属植物的所有特征，同时还跟其他榆树有着明显差别。其叶片硕大，顶端尖锐，和榛树的叶子有点像，却没那么圆，叶尖是明显的尖状或尾状。3月初，其枝条上会开出紫色茸毛状的花朵，风媒传粉，雌雄同花。其结出的种子扁平，有"翅膀"。它有益于各种昆虫，能供养80多种无脊椎动物。英国榆大多生长在英国南方和中部地区的农业低地，而光叶榆则更常见于威尔士和高地地区。

英国榆直立挺拔，侧枝较短，但光叶榆枝条伸展，树干弯曲多分叉，并且不长根蘖。其英文名"wych"源自它作为木材的弹性和韧性，所以它非常适合用来制作长弓，人们认为它只略逊于高质量的欧洲红豆杉。我曾用自己种的欧洲红豆杉做过一张弓，如今我应当用自产的榆木再做一把。

## 松　　鸡

早在1979年10月，我通过"赶松鸡"这个专业活儿赚到了一些急用钱（每天5英镑，外加一瓶啤酒，为我的三明治佐餐）。"赶松鸡"是北约克湿地国家公园的人的说法。我、萨拉，再加上十几个当地农民，由猎场看守人指挥着，在荒野上敲击木棍、挥舞胳膊，把松鸡从帚石南里赶出来，赶向隐藏在地平线上的猎枪射程内。那是10月份，天气很好，同伴也很好，但我很快就发现，尽管射击队装备着极其昂贵的枪支、猎犬，以及毛呢装束，但他们打到的松鸡并不多。如此在荒野上度过一周是很不错的，何况还能愉快地赚取报酬，而且我喜欢松鸡。虽然这让反对打猎的人们诧异和失望，但如果没有射猎，松鸡的数量会少得多。不得不说，如果没有人射猎松鸡，就会有更多譬如白尾鹞这样的捕食者捕捉松鸡，但猎杀松鸡这件事在40年前也并没有受到多少关注。

我非常喜欢松鸡的叫声。对一直生活在林木繁茂的北汉普郡低地的人来说，荒野的苍凉广袤以及丘陵的绵延起伏，无不令人陶醉。我钟情于它们，日日策马穿行。我这样做是为了让房东的"女伯爵"———一匹大型的克利夫兰骝马——保持健康，按照协议，我通过照看它来抵交租金。当我们慢慢跑过狭窄的泥炭小道，松鸡会在前面爆发出它们独特的叫声"滚开、滚开、滚开"①，并且伴着呼呼叽叽的喉音越叫越响，就好像在给自己上发条。

总之，多年以来，我一直把松鸡、赶松鸡、荒野，甚至骑马，都当作了我遥远的过去。但农场所在的威尔士山顶是一片小型荒地，荒地上有几处掩体，我印象中这里也曾有过射猎松

①松鸡独特的叫声类似英语"go back"（滚开）。——译者注

鸡的活动，虽然射猎规模很小，并且距今已超过20年之久。

缺少了猎场看守人的看顾，也没有对帚石南的焚烧管理，松鸡的数量不可避免地减少了，因为越年长的帚石南木质化程度就越严重，对松鸡而言变得不再可口。松鸡以帚石南的嫩芽、花朵和种子为食，也会吃黑果越橘和草类。在过去的10年里，我竟没见到一只松鸡。

但是在10月，一个晴朗的早晨，我正躺在浴缸里，听到了一声嘹亮的叫声，伴着那种盘旋的呼呼的喉音——"滚开、滚开、滚开"。是松鸡!

我跳出浴缸，几步跨到窗前，看到3只松鸡在离我不到6米的小路上。它们矮矮胖胖的，颇有几分主妇的模样，走起路来小心翼翼的，相比于遥远荒野上的野生动物，更像被精心饲养的家养鸡。它们被窗前突然出现的湿哒哒、滴着水的裸体男人吓得飞走了，消失在山坡上。

从那以后，我再也没有在这里看到任何松鸡。我不知道那3只松鸡为何会从山顶荒地下到这么远的地方来，也不知道是否常有松鸡在附近活动，只是我从未注意到它们。但这无疑勾起了我对多年前北约克湿地国家公园无忧无虑的浪漫岁月的深深怀念。

# 爆 竹 柳

距离花园不到 90 米的地方就有一条小溪、一条小河，以及数不清的沟渠，这些沟渠溪河淌过这片位于潮湿国度的湿地平原。各种喜欢潮湿的植物在这儿都生长良好，其中两种在河岸边长得尤其繁茂，它们是桤木和柳树。而在众多柳树中，爆竹柳是迄今最为常见的，当然也有不少白柳。

这两种柳树都会开出蓬松的柔荑花序，雌雄异株，由蜜蜂授粉。然后它们产生细小的种子，随风飘散。种子只有落到湿润的土壤中才能生根发芽，因此柳树总是沿着河岸或靠近溪流生长。其根系总是向水生长，成为水䶄、翠鸟和水獭的家园。这些动物可以躲在柳树根编成的花窗里，安全地在河岸上打洞。白柳和爆竹柳从外观上很难区分，它们都能长成 30 多米高的大树，叶片也很相似，它们还能自由杂交，这让情况变得更加复杂。爆竹柳叶面光洁，边缘呈锯齿状；白柳则叶面有毛，边缘光滑。另外，如果你试着折一根柳枝，白柳很可能会被折弯，但爆竹柳会干脆利落地断裂。爆竹柳常常被平茬修剪，而许多白柳则任意生长，成为十分壮观的大树。

这两种柳树都深受天蛾幼虫的喜爱。各种鸟类会在树干的空洞里筑巢，导致树洞越来越大，但定期平茬修剪后长出的新枝能让柳树保持生机与活力。

柳树的树干非常容易裂开，平茬修剪不仅能保护嫩芽不被牛羊啃食，也能防止树干开裂。现在，人们总认为柳树生产的木材没多大用处，只有一种特殊的白柳可以用来制作板球球拍。但在没有带刺铁丝网的年代，农民会用大量以 7 年为砍伐周期的柳树顶端的枝条，做成铺设篱笆的桩子、轻巧却非常坚固的门栏、各类把手，以及茅草屋顶的桁架。开裂的柳树则被劈成细条再蒸制成型，可用来编制各种篮子，如今仍然用于制作园艺小筐。

我们的堆肥堆后面有一棵年老的爆竹柳，树干中央已经开裂了，但仍然长得很旺盛。孩子们年幼时我在树上造了一间树屋，实际上，它覆盖了所有近乎水平的树枝，并沿着枝干弯弯绕绕，与其称之为屋子，不如说那是一座村落。但后来，我们将这棵树平茬修剪了 2 次，因为最大的一根树枝在一场风暴中折断，并连带剥下了一大块树干。爆竹柳就是如此，"咔嚓"一声就干脆地断裂，全英国也再没有哪种树木可以如此。

50 年前，河岸边平茬修剪的柳树还是极常见的景色。值得留意的是，在肯尼斯·格雷厄姆的《柳林风声》中，其初版插画描绘的正是经过平茬修剪的柳树，而非日后从花园逃逸出来，且常常出现在各种现代版本插图中的垂柳。

可惜的是，自第二次世界大战以来，带刺的铁丝网在这片地区变得无处不在，留下太多许久未经平茬修剪的老树（人们不再采伐树顶的枝条，而是任其不断生长），树顶枝条的重量最终将树干撕裂。粗大的树枝落到地面，扎下根去，冒出新芽，但这些新芽还没来得及长大，就遭到牛羊啃食。如此一来，那些古早的柳树，原本可以凭借定期的平茬修剪存活几个世纪，却就这样死去了。

## 果　　子

今年，山楂、蔷薇果、接骨木、狗木，以及各种李子和坚果都喜获丰收，壮观得令人惊叹。唯独苹果的产量让人失望，甚至是几年来最少的一次。很可能因为它遭受了晚霜冻，那时我正远在美国拍摄节目。

## 赤　　鸢

在我出生的那年——1955年，有7对成年赤鸢繁殖后代，但只有一只雏鸟被成功哺育，孤独地存活下来。这样的统计数据意味着这个物种即将灭绝。

这 7 对鸟儿集中在一处筑巢，就在威尔士中部的比尔斯韦尔斯附近。尽管数量少得可怜，却也是生态保护的胜利成果。赤鸢曾经于 1870 年在英格兰消失，于 1900 年从苏格兰消失，到了 1905 年，估计在威尔士也只留下了四五对繁衍生息。18 世纪中期，它们曾多得和现在一样常见，但如此迅速地消失，原因在于短时间内兴起的猎场保护。它们与人类比邻而居，就非常容易遭到射杀和猎捕；它们偏好腐肉，就非常容易受到毒害。简言之，它们是毫无防备的软标靶。如果足够幸运，它们在鸟类中还是相对长寿的，寿命常常达到两位数，在德国还曾有过赤鸢活到了 26 岁的记录。长寿，或许正是余留在威尔士的微小种群得以维持的主要因素。

它们存活下来，重新回到这里并繁衍兴盛，成了 20 世纪末野生动物界伟大的励志故事。2020 年，人们若驾车从伦敦经过奇尔特恩到牛津，则不可能看不到赤鸢，它们在南端的布莱顿已经颇为常见，并且几乎分布到了东安格利亚。

1991 年我们刚搬到朗梅多时，我差不多每隔一年才能看到一只赤鸢，它们的据点在往西 60 多千米的威尔士，只有当暴风雨把它吹到东边来时才能看到。但是现在我每天都能看到它们。2005 年我们买下农场时，看到它们的次数远不如游隼和苍鹰，如今每次我到田里施肥都会有一只跟在拖拉机后面。

尽管如此，我仍会停下来，目不转睛地欣赏它们优美的体形和精湛的飞行技巧。它们是美丽迷人的飞禽。20世纪的大部分时间里，它们都生活在遥远的威尔士，我曾一度将它们与高山和荒野联系在一起，但它们喜欢天高地阔、林木稀少的乡野，并以它们能获取的任何东西为食。腐肉占了它们食物的一半，在威尔士丘陵地带的腐肉主要是死去的山羊。因为赤鸢爪子比别的猛禽弱很多，它们甚至都没有活捉最小羊羔的记录。通过鸟粪分析可以看出，它们的猎物主要为田鼠、老鼠、鼹鼠、兔子、乌鸦、喜鹊、鸽子、鱼、蚯蚓、昆虫和爬虫等。

它们是善于交际的群居鸟类。我曾经驾车在M40公路上，见到过十几只一起狩猎的赤鸢，它们往往在冬天聚集到一起。和其他大部分猛禽不同，赤鸢的巢通常只相距几百米，总会装饰着塑料袋、羊毛、碎布和纸屑等，而同一对鸟儿似乎每年都会轮番选择巢穴，再次回到旧巢或许得5年以后了。这大概也从另一面体现了它们的长寿吧。

但花园上空来了一只独行的访客，尾巴呈深"V"形，翅膀微微向后弯着，其叫声和鸳相似，却比鸳的叫声更尖细，这仍然令我惊讶并激动不已——它有可能是和我同年出生的那只幸存雏鸟的子孙。

# 山茱萸

人们很少能将某种潮流或特定植物的兴起归功于撒切尔时期的社会风气①，但山茱萸属植物，尤其是红瑞木，作为商业园区、高速服务站、购物中心等地方的门面装饰性植物，变得无处不在。它几乎在任何地方都能生长，冬季有光鲜亮丽的茎干，夏日里则是满树不惹人厌的叶片，到了秋天树叶变为橙黄色，展现出一幅极美的秋季景象。如果需要，它也能经受粗暴的修剪，而且会再次强健地生长，活力丝毫不减。对种植者来说，它非常易于扦插，所以繁殖和栽种的成本几乎为零。

在任何所谓的冬季花园里，各种色调的彩色树皮是最为重要的元素，山茱萸属植物更是中流砥柱——尽管我坚定地认为迄今最好的冬季花园都是由修剪整齐的常绿树打造的。我的池塘边长了好几棵红瑞木，它们定期遭受洪涝却依旧怡然自得。围绕我们花园大小道路的树篱中的那些树，才是货真价实的英国本土植物——欧洲红瑞木。到了秋天，它们的叶子变得绯红，继而转为深紫色，深红色的茎上还会结出黑色的浆果。在之后的几周里，日照减弱，但整条道路却如

---

①当时的英国社会提倡节俭和勤勉工作。——译者注

火焰般闪耀夺目，直到燃尽的叶片纷纷凋落。

山茱萸的英文名"dogwood"和犬类没有任何关联，是从"dag"演化而来的，意为"串肉的扦子"。它鲜红笔直的茎干可以用作串肉扦，也可以做成箭和鞭子——在所有车辆都靠牛马拉动的年代，这些东西自然有需求。

奥利弗·拉克姆在1986年出版了《乡村史》，这本书和我读过的其他科普读物一样改变了我的生活。他指出，山茱萸并不擅长开疆拓土，1800年以后，人们几乎不再用它栽种树篱了。它往往是树篱里的第四或第五种植物，这也基本符合了胡珀法则——一个推测树篱种植年代的粗略办法，即统计约27米（30码）距离内树木的种类数量并乘以110。通向我们房屋的树篱中有山楂、欧桦、山茱萸、榆树、黑刺李、榛树和栓皮槭，也有一些更年长的树木——它们是存在已久的开拓者，并不能计算在内。照此法则算出的时间为770年，因此这片树篱可以追溯到1250年。从该地区的历史来看，这个结果应该很可靠。山茱萸的种植年代或许没有那么久远，除非人们故意混植栽种，但这样的可能性不大。最初的树篱中的主要植物很可能是山楂，随后的几百年间，其他树种逐渐夹杂其中。山茱萸作为后来才引入的外来植物，很可能到16世纪甚至17世纪才出现，是一名积极进取的新贵。

虽然一有机会我都要算一算，但重要的不是精准推算树篱的栽种年代，而是这些"寻常"植物组成的树篱本身，它们展现着深厚的历史。这里不仅是野生生物的栖息地，也具有重要的历史意义，值得我们保护和珍惜。再平凡的风景，方寸间都载满了历史。

翻阅任何一本有关山茱萸的书，书里都会介绍它主要生长于白垩地貌。但我在白垩地貌区长大，记忆中却很难找到它的身影，而赫里福德郡的这片地区全是重黏土，并没有白垩土。书上的每一条记载都要接受实践的检验。

# 老　鼠

想想人类为了摆脱老鼠所做的各种努力，你或许会认为老鼠也在同样尽力地避开我们。但事实恰恰相反，有人类的地方就有老鼠。而它们能到处开枝散叶，几乎完全归功于它们与人类共存的本领，也因为它们以人类丢弃的垃圾为食。所以，我们人类只能责怪自己。

花园里有老鼠总是让人心生不快。我们当地的捕鼠员，其实就是有害生物治理员。他总是乐于处理马蜂窝、鼹鼠、小家鼠，以及各种人眼中的有害生物。但他处理得最多的，还是大老鼠。他告诉我，老鼠最喜欢在花园的棚屋安家，其次是堆肥堆。它们不喜欢人类干扰，而花园的棚屋底下正是一个没人打搅的地方。鲜少翻搅的堆肥堆也是人们容易忽视之处。很多人误以为堆肥堆不用翻搅，因此许多人们不甚用心的堆肥尝试很快就会失败，堆肥堆要么惨遭遗弃，要么过了许久才被人随意地戳几下。这样的堆肥堆不仅能为老鼠供应尚未完全腐烂的食物，还能给它们提供躲避恶劣天气的场所，简直是它们的天堂。

遵循一些简单的堆肥法则，就几乎可以彻底杜绝鼠害。第一，不要添加任何油脂、肉类，或者其他经过烹煮的食物，因为它们分解得慢，并且非常吸引老鼠。第二，添加大量棕色材料，比如干枯的茎秆或硬纸板。第三，定期翻搅堆肥堆——至少两个月翻一次，间隔几周则更为理想。请记住，老鼠不喜欢被打搅，而翻搅堆肥堆，正是对它们极大的干扰，是它们极其讨厌的事情。

在城市中，老鼠生活在房屋和下水道里；到了乡野，它们都躲到了田间地头，钻进了树篱底下，以粮食、种子、雏鸟等为食——它们什么都吃。这些乡野老鼠总是向往着住进房屋，想要靠近人类，10月秋收以后，天气变得恶劣，我们经常会看到一两只。还没有联合收割机的时候，所有谷粒都会放在谷仓或筒仓里，和秸秆分开储存。收割回来的麦捆要么堆在谷仓里，要么在外面堆成小房子那么大的垛子，再盖上茅草遮挡雨水。到了春天，麦捆从垛子上取下来，扔进打谷机，把麦粒从秸秆上脱离下来。我只记得，那时我还很小，打谷机不停地为一捆捆麦秆脱粒，留下长长的秸秆用来盖茅草屋顶。那是一台大型的木质机器，用一条宽大扁平的皮带连到拖拉机上，拉动一层层筛子嘎吱嘎吱地晃动。投送麦秆的人在膝盖下系了绳子，以防老鼠跑进裤腿里，还有三四只狠犬绕着麦捆垛巡逻，因为垛子越来越矮，里面会有老鼠突然跑出来。

一只完全成熟的褐家鼠个头大得吓人，虽然我不愿和它们分享我的地盘，但一只四处寻找食物的老鼠不会让我反感，甚至让我感到亲切。它们不会飞奔而过，也不会鬼鬼祟祟地溜走，只会到处勘察探索。在我看来，它们和松鼠差不了多少——我从小认为松鼠就是长了浓密尾巴的老鼠，所以是我把它们混淆了。

我对老鼠的仁慈，完全局限在花园里。我可不喜欢它们进到屋里来，幸好这种情况并不多。但 1991 年秋天，我们刚买下这房子的时候，屋子里到处都是老鼠，并且有证据表明它们已经在这里生活了很长时间。15 世纪的地板底下和维多利亚时代的天花板里，那些厚厚的老鼠屎就是证据，当我揭开 19 世纪及 20 世纪修缮的部分，露出藏在底下的都铎时期的建构时，这些老鼠屎落了我一身。等我把自己擦拭干净了，地上还有几厘米厚的老鼠屎，我不得不用铲子把它们铲进手推车运走，运了好几趟才清理干净。这些老鼠屎可是历史悠久的古物，有的已经数百年了——但这些东西并不会因此而变得更有魅力。

如今，屋子里也会有老鼠出没。这座房屋原本没有通电（也没有自来水、厕所、浴室、排水管，只有一个渗坑），因此我会工作到天黑，然后穿过田野，走回到我们为了修葺房屋而租了一年的小村舍。

有一天，我正从都铎时代的椽子上拆卸阁楼层的现代地板，看到了一只刚死的大老鼠。这时天快黑了，如果我继续干下去就免不了得和地板下的老鼠打交道，而我希望至少能在光线好些的时候与它们交锋，于是我暂停了工作。第二天早晨我回来时，发现那只老鼠的尸体已经被吃了个干净，只留下皮和骨头。我承认，正是从那时起，我对待掀地板这件事儿就更加谨慎了。

又过了几年，那时孩子们还很小，他们兴奋地喊我，指着客厅沙发后面的一只晕乎乎的大老鼠给我看。我还在思索着最好的处理办法，我们的杰克罗素㹴犬——波佩冲了出来，迅速处决了它。我猜这只老鼠是中了毒，神志不清地从前门进到屋里。晴天时那扇门会一直开着，但老鼠绝不是普通访客。

它们最近一次现身时，我正在美国拍摄节目。萨拉和我通电话，说完了其他事儿，她说："储藏室里进了只老鼠，躲在靠墙边的一个托盘后面，但它的尾巴露了出来。"我问："那怎么办？"她毫不担忧："哦。关门、放狗，就完事儿了。"

这事已经过去 6 个月了，但每次我们去储藏室，狗子们仍然兴奋不已。


# 栓 皮 槭

我一直惊讶于人们对外来树种的热衷。大家着迷于种植来自日本和美洲国家的各种槭树，却鲜少选择英国本土的栓皮槭，哪怕它是这般优良的花园树木。栓皮槭有着不可思议的黄色秋叶，能长成浓密的树篱，更何况它容易栽种，一点也不麻烦——这对大部分其他种类的槭树而言，实属难得。

但园丁们总会蔑视平平无奇的原生种，或许是因为这些原生种不能很好地展现他们的高超技艺与聪明才智。然而，早在 25 年前我就在这座花园里种下了几十棵栓皮槭，其中的大部分已长成了高高的树篱，但还有十几株如今已然非常高大，树形优美。

不同于那些更为迷人的外来园艺槭树，栓皮槭还供养着各种野生动物。叶子是蚜虫和多种天蛾的食物；花为蜜蜂提供花粉和花蜜；种子则长着独具特色的"翅膀"，旋转着飞落到地上，成为小型哺乳动物的盘中餐。

上一个冰期结束后，栓皮槭在天然林中出现，它来自那时还连成一片的欧洲大陆的温暖地区。在其繁衍扩张的进程中，它很晚才抵达英国，同时期到来的还有欧桴、欧洲鹅耳枥、冬青和水青冈。

大多数栓皮槭都很矮小，因为它们或作为矮林被砍伐，或被平茬修剪，又或者长在了阴暗的林子里。若在合适的环境下自由生长，它们的成年树木可高达 25 ~ 30 米。树皮会开裂出凹槽，树干会变得疙疙瘩瘩，然后长出一簇簇嫩枝。我在 1993 年种下的一些栓皮槭小苗，现在已经超过 12 米了。

栓皮槭的木材密度很大，是很好的柴火，也很适合车削加工，以前还用于制作大木头杯或典礼上的木碗。它的叶子虽然也是明显的槭叶形状，却又小又密，会投下一片浓重的树荫。它往往栽种于普通的伐木林，其木材用作栅栏木桩或柴火。许多原先打算用作矮树篱而被平茬修剪的树，如今和大多数树篱一样，被连枷修剪得整齐划一。假如有栓皮槭混杂在某片树篱中，就说明这片树篱已经长了 200 年，甚至更久，因为现在人们鲜少用它来围挡或分隔田地。

# 洪　水

　　完成了两周的拍摄工作，我从美国加利福尼亚的炎热的连日的艳阳天中回来。而从机场到家的最后 400 米，我却不得不从齐腰的洪水中蹚回家，行李只能先留在路边一位不认识的好心人家里。洪水在这里并不罕见，但这场洪水来势汹汹，我这样回家还是第一次。

　　半个花园都被水淹了，栅栏外的牛群被困在一小片狭窄的干地上，只能可怜地挤在一起。天鹅则在田地里游来游去。雨仍下个不停，夜里，我听到了雨水冲刷后院的声音。

十一月

# 鸟 食 台

到了10月底，时钟调回冬令时，我们就该设置鸟食台了。我们的鸟食台在后院，是一块用来腌制培根的大石头，差不多有2米×1米那么大。这样的石头曾是赫里福德郡每家农户的固定设施，也可能是英国各地的固定设施，直到20世纪70年代，人们逐渐停止养猪，也不再自己腌制培根。石块外缘有一道凹槽，末端是一个豁口，可以排出多余的盐水。我们也养过猪，就在果园里，而它们摧毁果园的速度实在惊人。事实上，那些猪要为现在的果园负责，因为它们拱了地，导致果园里的草一直没有从10年前的那个夏天恢复过来。我用它们的肉制作培根，并惊讶于制作过程中产生的大量液体。难怪用来腌渍的大石头上必须有一道沟槽。

这张石头鸟食台上放了几样东西：一个浅浅的石碗，碗里装着水，供鸟儿饮用或清理自己；一段原木，上面长满了青苔，已经腐烂得很厉害了；一块浮木，也已久经风霜，有着很深的条条裂缝。我把鸟食倒在木头上，让种子、坚果及一些小脂肪球落到裂缝和凹槽里。

我们的储藏室里有一个大塑料桶，用来存放我自己配制的混合鸟食。配方没什么别出心裁的地方，就是一些去壳的黑色葵花子、面包虫、小葵子，以及小颗粒的牛羊板油。我不加谷类粮食是因为只有麻雀和鸽子才会吃这类东西，而它们会驱赶其他吃种子的鸟类。我还有满满一桶花生，每天将它们装满三四个铁丝围成的挂筒。最后，我还会在有防护的铁丝笼里放上脂肪块和脂肪球。这一切花费不低，但我认为其对花园的重要性并不亚于盆栽介质和园艺砂砾，即使我在介质和砂砾上的花费可比这还要多得多。

这么做的好处是，附近的鸟类不会在寒冬挨饿，能长得健健康康的，从而可以在春天繁殖后代，并外出捕猎，喂养雏鸟。

虽然这个解释一本正经，也略显浮夸，但每天看着鸟儿飞到鸟食台上进食，确实能让我感到无比愉悦。我热衷于此，仅这一点就足以成为我这么做的理由。冬天是花园观鸟的最佳时机，因为此时它们不再忙于交配、筑巢、哺育雏鸟等各项事务，所以我们很容易能在花园里看到它们，而且花园也是鸟儿们躲避狂风暴雨的避风港。

到来年 4 月中旬我们才停止喂食，清理桌子，把原木收到一旁。这块厚石板便从鸟食台变为了展示台——摆满了一盆又一盆天竺葵。此时，那些冬天里高高兴兴地吃着种子和坚果的鸟儿们，则开始在花园里捕食毛毛虫、蚜虫和蜘蛛以喂养幼雏。

# 鹡　鸰

鹡鸰的名字相当别扭。白鹡鸰长着白色的脸，胸口有黑斑，腹白，背灰，整只鸟看上去是灰色的。而灰鹡鸰，顶部和背部确实近乎灰褐色，但胸腹部则是大片的明黄色，所以整只鸟看上去是黄色的。如果这都不够混乱，那还有黄鹡鸰，虽然其腹部也是黄色的，但它的背部却是一抹绿色。

在我们的花园里，一整天都能看到白鹡鸰的身影。此刻就有一只正在我头顶上方约 6 米高的天窗外啄食。它在啤酒花干燥窑的锥形尖顶上，那里是一个有机玻璃的球形窗户，窑里的苍蝇循着光飞到窗边。于是，鹡鸰陷入了无休止的挫败，徒劳地啄食窗户内侧的苍蝇，而这些苍蝇则隔着窗户在其身下不到 1 厘米的地方左闪右避。我曾看见有只小嘴乌鸦落到那里，它用鸟嘴敲击着玻璃，真心希望它能成功"破冰"。

白鹡鸰，同所有的鹡鸰鸟一样，没有一刻停歇，总是不住地拍打或摆动着尾巴，不是在屋脊上蹦蹦跳跳，就是在地面追逐昆虫。它们飞行时会忽动忽停、上下浮动，和啄木鸟的飞行类似，它们缓缓往上飞，然后落下来一些，接着再一次攀升高度。

它们几乎只吃昆虫，很少会到鸟食台上来，所以一个寒冷的冬季对它们来说将是莫大的挑战。它们经常出现在我们的花园里，其中一个因素是相比于干燥环境，它们更喜欢潮湿的地方，特别是泥地、沼泽和潮湿的草地——这些几乎都是这座花园在雨季时的景象。它们通常把巢安在类似于窗台这种一侧敞开的地方，而不会躲进树篱或洞里。在远离林地或芦苇荡的地方，杜鹃有时会相中它们的窝，用来哺育自己的后代。

然而，我从未在花园里见过灰鹡鸰，它们比白鹡鸰稀少得多，却经常出现在这里往西约50千米的农场。尽管在很长一段时间内，灰鹡鸰是南方专有的鸟类，但这更多是因为地形，而非地理位置。它们喜欢湍急的山涧，而我们的农场里就有3条，其中一条常年奔流不息，冬季的雨水更是让它成为水高浪急的激流。

灰鹡鸰就像在灰色燕尾服下穿了一件芥黄色马甲，超长的灰白色尾巴不停地摇摆，有节奏地拍打着，时不时露出底下亮黄色的臀部。一眼看去，灰鹡鸰就像穿上了派对盛装的白鹡鸰。它完全以水生昆虫为食，并把巢筑在岩石或溪流旁的桤木等大树的树洞里。

我总是在通往野花草甸的浅滩看到它，它就站在溪水中湿漉漉的石头上，拍打着尾巴，在阴暗的急流中闪着耀眼的明黄。

# 加拿大黑雁

加拿大黑雁悲鸣着在傍晚的昏暗里穿行。它们常常在这个时节飞来飞去，盘旋于被洪水淹没的田野上空，时而成双成对，时而会有七八只排成"V"字队形。只要它们出现在天空，这些巨大的鸟儿便以其训练有素的飞行表演成为空中主角。

它们的叫声是如此独特，成了此地冬季景观的一部分。加拿大黑雁是17世纪作为外来野禽从美洲引入的，现在或许已经成了英国最常见的大雁。

在城市的公园里，它们可能是讨厌的家伙，纠缠着人们讨要吃食、不停地啃食草坪、随处排泄大量粪便……但在我们乡村花园的上空，它们虽不那么罕见，却仍然带着几分神秘，和人类保持着距离。我们处于其栖息地的边缘地带，这里只有洪水上涨时才真正适合它们；而它们也在我们生活的边缘，从我们的头顶飞过，总感觉像访客。即便如此，它们已不再像在北美时那样迁徙，在这里，它们忠于所选的领地，绝不远离。

于是，这些鸟儿在远离北方的家园时会发出愁闷的悲鸣，还夹带着赫里福德郡的口音。它们和我一样，都是土生土长的本地人。

# 松　貂

有一次，我们到莫尔文半岛的德里姆宁和朋友野餐。我们正要去远眺马尔岛，不巧我们的路虎车发生了故障。等待救援期间，我漫不经心地踱步到陡峭的悬崖边，看到一只动物正在树林间移动。那显然不是松鼠，也不是猫，它比狐狸小，比白鼬大，身体是巧克力棕色，从喉部到嘴则是象牙白，耳朵直立，尾巴很长。我突然意识到，那是一只松貂。

我感到震惊，因为那时——25 年以前——松貂还是非常罕见的，并且附近的松貂都在夜间活动，十分隐蔽，看到它们的机会微乎其微。但它就这样出现了，光天化日之下，它距离我们外出游玩的这几家人只有大约 15 米——尽管是在不列颠群岛的偏远角落。

自那时起，松貂的数量慢慢多起来了，但仍然属于较为罕见的哺乳动物。虽然大约有几千只松貂分布在苏格兰的林地，但在英格兰和威尔士，由于猎场看守人的猎捕和林木砍伐，松貂几乎灭绝。如今，在自然保护主义者的不懈努力下，它们又回来了。2015—2017 年，人们将 50 只松貂从苏格兰带到威尔士中部，并加以监测。

几个月前我才知道这个项目，但 2017 年的某一天，我正修理着深沟边的栅栏，眼角的余光看到一只巧克力色的动物从欧洲蕨旁边溜过，它身上还带着一抹乳黄色的毛。我的大脑立即识别出它是松貂——虽然我认为在威尔士的这个地方不会有松貂，假使有也应该出现在针叶林深处。不过我以前是见过松貂的，它的身影虽一闪而过，却令我印象深刻。即便如此，我还是没有把这次的惊鸿一瞥算作一次目击，并自嘲是自己的一厢情愿。

去年，儿子和我通电话时，正说着他在农场的工作，他顺口说了一句："哦，我今天看到了一只松貂。"然后丝毫不差地将它描述出来。有生之年能同这种行踪诡秘的生物共享空间，何况还是早就被认为已经灭绝的物种，这真是一份令人难以置信的礼物。

虽是如此罕见的生物，松貂的适应能力其实很强，是顶级的捕食者。它们也很长寿，平均寿命可达 8～10 年。它们捕食小型哺乳动物，还有鸟类、各种蛋和腐肉。到了秋冬季节，它们则会吃许多浆果、坚果和菌类。所以，它们确实需要一大片领地。在高地森林，如果栖息地的食物丰富，它们的领地范围可以从几平方千米扩张到大约 25 平方千米。

只有到了交配的时候，两只松貂才会聚到一起，才会容忍另一只同类的存在。雌性松貂长到第三年才会成熟，它们在空树洞或岩石下做窝，早春时产下 1～5 只幼崽。幼崽完全由母亲抚养，直到初秋能够独立后才离开。

关于松貂，还有一点，它们的爪子可以半收缩，使得它们成了优秀的攀爬高手，能在高高的树枝上蹿来蹿去，到乌鸦和松鸦等鸦科鸟类的巢里捕食鸟蛋和雏鸟。

# 起 绒 草

红额金翅雀喜欢起绒草的种子。每年的这段时间，我常常看到这些色彩鲜亮的小鸟在圆锥形的、密生刺毛的种穗旁，贪婪地从苞片里抽食每一粒种子。起绒草的花很小，雌雄同株。淡紫色的管状小花在圆锥形的花序上层层开放，雄蕊从花序上伸出来，就像魔术贴上的小粘钩。

萨拉喜爱起绒草，任由它们四处生长，它们长得几乎到处都是，但我对它们的感情就有些复杂。我喜欢它们的样子，喜欢它们对鸟类大有裨益，喜欢它们选择在这座花园里自由生长。进入冬天，起绒草的叶片变为棕褐色，继而碎为尘土，仅留下光溜溜的茎秆及其顶部的种穗，就像引人注目的雕塑，也为鸟儿们带来了莫大的益处。但是，麻烦的事儿也来了，因为到了来年早春，叶片重新生长时，它们竟有本事把我的皮肤割破，并即刻将伤口浸透，真是玩得一手好把戏。

每次清理起绒草，我的手臂都会流血，那些划痕并非来自带刺的种穗，而是来自茎叶——它的叶子和茎秆上长满了剃刀般锐利的短刺。这些短刺不会像荆棘那样脱离茎叶扎进肉里，而是像一把锋利的耙子直接划破皮肤。至于浸水，是因为其叶片基部与茎秆连接，形成杯状，那里有一层膜，可收集顺着叶片流下的雨水，以供植株在干旱时使用。植株成熟时，离地最近的叶片储水量可达 250 毫升。据说这种水具有修复功能，人们至今仍然用它清洗眼睛以缓解疲劳。这些水杯也是昆虫的陷阱，虫子在水中淹死并腐烂，降解于这些迷你的水潭里，而半肉食性的起绒草会吸收它们的营养。

潮湿是起绒草喜好的生长环境的一个重要因素。尽管它在各种缝隙和角落都能播种发芽，但潮湿的沟渠或沼泽才是它的最爱。这也是它们会在我们的花园和周边田地的水沟旁长得如此之多的原因。

几个世纪以来，人们一直用起绒草柔和的带刺种穗来为羊毛织物起绒。只要拿一颗种穗在羊毛围巾或针织衫上刷一刷，种穗就能把纤维轻柔地拉起、聚拢，从而刷出一层绒毛，却绝不会把纤维撕裂或拉扯出来。拉毛果是最上乘的起绒工具，名字与之相似的起绒草和它的主要区别是拉毛果多刺的苞片打着卷围绕在花序周围，仿佛精致的小胡子。

# 仓鸮

我希望自己能说"我时常在此见到仓鸮",但过去30年间我都未能实现。不过差不多10年前,大约有1个月的时间,每天天黑前的半小时左右,我都会看到一只。它按照完全相同的路线和高度沿着花园外围飞行,前往繁茂的半放牧草场,那里是它捕猎田鼠的最佳场地。

开车去往农场的途中,我倒是会时常看到一只,就在同一段差不多800米长的路上。它会在天黑前的最后一丝光亮中,贴着树篱的高度飞行。

在我小时候,带客人"去看猫头鹰"是聚会时的保留节目。我们得牵上狗,沿着花园对面的泥泞小路走上不到2千米的路,来到一个荒废的农场。我的母亲还记得农场尚未荒废时,农夫的女儿就沿着这条小路步行去村里的学校上学。7岁的孩子,独自一人,每天在乡野间穿行大约3千米。

但那是第二次世界大战以前的事儿了。到了20世纪60年代,农场房屋的天花板完全脱落,烟囱的顶端长了一株接骨木,窗户已经粉碎,杂草从挤奶棚的水泥墙缝里钻出来。农场有两间农舍,其中一间的二楼卧室就有仓鸮的巢。可爱的旧谷仓高处也有,我们总是蹑手蹑脚地溜进敞开的谷仓大门,抬头看着那些大鼓包。喷嚏声、喘息声、呼噜声从那些鼓包里传出来，有时还会有三四只幼鸮探头俯视我们。到了冬天，鼓包里还会有一两只成年仓鸮，不过它们会从墙角的缺口悄悄溜走。仓鸮的巢穴曾是这里的固定设施，这是它们生活的地方，"去看猫头鹰"则是我们对它们的拜访。

即使是年幼的小男孩，我也知道它们非比寻常。它们美丽迷人，却让人有点害怕；它们苍白如幽灵，就连飞行时也悄无声息；它们还会发出稀奇古怪的声音。我还知道，若能恰巧召唤出它们就能赢得赞扬。

那已经过去了 50 多年。当废弃的农场被夷为平地，没有了那样的筑巢和繁殖场地时，仓鸮的生存也日渐困难。在英国，仓鸮几乎是最依赖于谷仓和闲置房屋来筑巢的鸟类。

它们缓缓飞行，来回搜寻地面上的猎物——尤其是田鼠。这种缓慢且悄无声息的飞行来自它们极低的翅膀负荷率，也就是说，和它的体重相比，这些鸟儿的翅膀格外庞大。此外，它们的羽毛非常灵活，低速飞行时易于操控。其初级飞羽的外翈前缘形如梳子，飞羽内翈的后缘则为柔软的须边，这正是它们能无声飞行的原因。这些看似微小的细节组合起来，就减少了小型哺乳动物尤为敏感的超声波。换句话说，仓鸮以一种极其精准的方式演化，能够缓慢且几乎不发出一点儿声音地低空飞行，这让它们在捕捉特殊猎物时颇具优势。但这种缓慢的低空飞行也让太多的仓鸮在马路上丧命，它们飞到汽车前方时容易被车撞死。

虽然享有"幽灵"之名，它们却也不完全是白色的。其后背及前脸是漂亮的混色，夹杂着赭石色、金色及褐色的羽毛，腹部才是更加纯粹的苍白。人们在它们飞行时可以看到，雌鸟腹部有赭石色斑点，雄鸟则是纯白色。它们的脸盘也独具特色，从羽毛里冒出来的喙，看着就像一个鼻子，嵌在一对漆黑的眼睛中间。

仓鸮是生活在开阔地带的鸟类，随着林地覆盖率从青铜器时代的 50% 下降到今天的 5%，它们的数量也在过去的 700 年里稳步增加。在 16 世纪到 19 世纪中叶，它们曾在乡村地区繁盛一时，人们把它视为英国最常见的一种猫头鹰，但现代农业对它们产生了严重影响，使得它们的数量在 20 世纪持续减少。它们对田鼠数量的波动也非常敏感，而田鼠的数量忽盛忽衰，有时也会受到严冬的影响。

仓鸮不是花园鸟类，而我们的农场林木繁盛，也并非它们的自然栖息地。但它们在山顶的开阔场地捕猎，那里草叶茂密，长着许多寻石南和黑果越橘。人类对草场的利用也对它们产生了很大影响，但如今人们倡导栽种树木，不止几十亿棵，而是数以兆计。此外，人们还倡导严格的素食主义，不再生产任何肉类和奶制品。讽刺的是，美丽的仓鸮将会是该行为的首批牺牲品之一。我对大自然研究得越深入，学习得越多，就越会觉得无论人类的用意有多好，我们的干预终会导致无序且作用有限。

# 黄 喉 姬 鼠

所有人，也包括我自己，都对褐家鼠感到恐惧。但小老鼠的问题更为严重，因为我们家里的小老鼠实在太多了。而且与褐家鼠不同，它们或多或少都无法控制排尿，总是边走边尿。

我们家有小家鼠，有时候数量还多到离谱。但时不时地，也会有更罕见的小老鼠前来做客，你也可以认为它们是更高级的鼠类。我第一次看到黄喉姬鼠是在我设置的陷阱里——在我们租住房屋的水池底下，当时我们的房屋正在装修。事实上，我们租住的房子鼠害严重，我特意设下陷阱，但对这只小老鼠来说，杀伤力太大了。

虽然死于非命，这只小老鼠却和我见过的任何小家鼠都不一样。它的体形相当大，耳朵也很大，喉咙底下是明显的黄色，像一块围兜，腹白，背上则披着浅栗色的毛。我发现它是一只黄喉姬鼠。

尽管黄喉姬鼠在花园里很常见，但在野外它们常见于英国东南部、东安格利亚，以及威尔士边境地带到中部地区，其活动范围和古树林的分布关联紧密。它们是生活在树上的物种，以树木种子为食，在树根下挖洞做穴或在空心的树干筑窝。它们擅于攀爬和跳跃，据说跳跃高度可达大约 1 米。但很不幸，水槽下的这只跳得不够高。

其实，我也只见到过它们的尸体，像是被猫弄死的，也在花园里看到过，可能是被猫头鹰弄死的。不过，就像被轧死在马路上的其他动物，这至少意味着它们就生活在附近。

## 鹪 鹩 之 歌

灌木丛秃了一半，地上的落叶和留在树枝上的一样多。一只小鸟从灌木丛里钻了出来，虽说是鸟儿，但它更像一只小老鼠，蹲伏着蹑手蹑脚地移动。它看起来像一团棕色的毛球，喙尖如针，高高翘起的尾巴长得惊人。然后它飞向了另一根树枝，带着强烈的好奇和热忱的渴望，一直在忙忙碌碌。这是一只鹪鹩，是一种最常见也是最受欢迎的花园鸟类。"巧妇鸟"这个名字是我们跟鹪鹩熟悉了之后对它的爱称。

冬天里有好几次，一只鹪鹩进到我们家里来，一待便是几天，它围着家具或在橱柜后面飞来飞去，很可能是在捕食蜘蛛并享受屋子里的温暖。等它吃饱了，或者厌烦了我们的陪伴，它便会抓住一个时机冲到户外去。

园丁们时常谈论起欧亚鸲如何在室外陪伴他们工作，啄食他们挖土或除草时翻出的虫子，而我也常常会在干活时注意到身边的鹪鹩。它们的脸皮不如欧亚鸲厚，行动更加机警隐秘，总是保持低调，但它们从不远离，也不害怕人类。冬季是最容易看到鹪鹩的时候，不仅因为树叶凋零使它们更容易暴露，也因为有更多鹪鹩到冬季的花园里寻找庇护和食物。

它们喜欢落叶满地的秋天，会花上很多时间在地面的枯枝碎叶里蹿来蹿去，跟它们待在树上的时间一样多。但是遇到寒冷的天气，它们的日子就难熬了，甚至有不少鹪鹩会在严冬中冻死。为了抵御严寒，它们会在夜晚共同栖息，找一个被其他生物闲置的巢穴，像沙丁鱼一样挤在一起，有记录显示，一个巢箱中曾挤下多达 60 只鹪鹩。不过，温和的冬天对它们还是很有利的。据估计，现在英国的鹪鹩超过了1100 万对，是英国数量最多的鸟类。

它们会把巢安在各种富有想象力甚至不可思议的地方，雄鸟会筑造一批鸟巢来吸引配偶。我们经常在育苗棚成堆的花盆和育苗穴盘里发现它们的巢，定期的清理搬动和人来人往，似乎都对它们毫无干扰。

鹪鹩是鸟食台的稀客，因为它们细长尖锐的喙是为了捕捉昆虫，而不擅长打开种子和坚果。即使鹪鹩不像欧亚鸲那么常见，你也一定会听到它的叫声。它这么小的鸟儿，声调却很高，而且格外响亮、婉转圆润，鸣叫的频率也很快，常模糊成一种尖锐的音乐。如果把速度放慢，它的歌声就变成了旋律优美的长笛声，并伴随着仿若结合了鲸鱼与夜莺歌声的音调。其音域极不寻常，在正常速度下就已超出了人耳的听力范围，其中包含了100多个音符，且发声频率高达每分钟700多个。不论是人类的听觉还是弹奏的速度都无法企及。这是演奏于另一维度的音乐。

如果你生活在城镇，就会发现鹪鹩的歌声更加美妙，更加嘹亮。城市鹪鹩的歌声比它们的乡村表亲平均要响三成，音调更复杂，频率更高，旋律也更悠长。似乎是在更嘈杂的环境噪声中演化的结果。它们的歌声主要用于划分领地，也在春天用来吸引配偶，无论哪一种都是以一个长而有力的颤音收尾。这个颤音对侧耳倾听的雌鸟或打算潜伏入侵的雄鸟来说，是最后一段激昂向上的咏叹调。

# 雀　鹰

从小到大，我对雀鹰的印象一直不错。我年轻时对猛禽非常着迷，想要看到雀鹰的心情与希望看到夜莺一样迫切。它们其实就在附近，只不过非常隐蔽。然而，自20世纪80年代中期以来，雀鹰和几乎红隼以外的所有猛禽，都急剧增多。此前英国猛禽的消亡，归咎于猎场看守人的杀害以及DDT等有机氯农药的使用，但猎场看守人对雀鹰的打击比其他猛禽更严重。虽然1954年颁布的《鸟类保护法》为野生鸟类提供了法律保护，却忽略了雀鹰，直到1963年被纳入保护范围以前，雀鹰一直被当作可猎杀的对象。

停止使用有机氯农药后，这个局面也经过了相当长的一段时间才扭转过来。有机氯农药残留在昆虫体内；鸣禽吃掉昆虫，农药又留在鸣禽体内；猛禽捕食鸣禽，有机氯农药随之残留于猛禽体内。结果，鸟蛋的蛋壳薄得无法存活。环保主义者为此发出警告，其中最著名的是蕾切尔·卡森于1962年出版的《寂静的春天》。尽管如此，直到1984年英国才禁用有机氯杀虫剂。自此，鸟类的数量开始增长。

我到33岁搬至赫里福德郡后，才第一次看到了雀鹰，当时它正在高空飞翔。通常，天空是寻找鸟类的好地方，但大部分时间里雀鹰总是低空掠过地面或矮树篱，并对猎物发起闪电般的突袭，随后扭转方向从枝干中快速穿过，消失不见。它们不会从高空俯冲下来，也不会冲向云霄，它们更像鲨鱼破水一般从低处冒出来，并且同鲨鱼一样致命。

只有在春天，雄雀鹰会在高空盘旋，以宣示自己的领地。雄雀鹰算不上一只大鸟，其 120 ~ 180 克的体重只比槲鸫略重一些。它在天空占据的空间并不大，但其飞行习惯及其特有的宽大翅膀和长尾巴，足以突显它的与众不同。它翱翔于高空，你看不到它橙色的胸膛、石板一样灰蓝色的后背和翅膀，以及炯炯有神的橙色眼睛。它是凶残的杀手，同时也是一只俊美的鸟儿。

雌雀鹰在 5 月产卵，雏鹰仅一个多月就会孵化出壳。曾经的这个时候正是鸣禽的雏鸟数量最多的时期，雄雀鹰捕捉鸣禽雏鸟送到巢里，再由雌雀鹰肢解成合适的大小喂给雏鸟。不过，有证据表明，气候变化促使树木提前发芽展叶，于是啃食树叶的毛毛虫也出现得更早了。鸣禽亦对此做出反应，提前繁殖，捕捉毛毛虫作为哺育雏鸟的主要食物。但是雀鹰的繁殖时间却一直没有改变，雏鹰仍然在 6 月中旬到 7 月初破壳。其连锁反应是，等它们长到第三周，成长中的雏鹰越来越缺少食物，于是大一些的雏鸟会吃掉它们最弱小的同胞。

大约 28 天以后，通常是在 8 月初，新生的雀鹰羽翼丰满，离开巢穴。但它们不会离开超过 15 千米的范围，如果它们能熬过第一个冬天，则会在第二年结对繁殖。大约有 2/3 的新生雀鹰无法存活，大多是饿死的，并且多发生在离巢后的一两个月内。每年也会有 1/3 的成年雀鹰死去，其中早春的死亡率最高，同样是因为饥饿。剩下的还会遭到苍鹰、游隼和灰林鸮的捕食，而雌雀鹰攻击并吃掉体形更小的雄雀鹰也并非罕见情况。

雌雀鹰的体重是雄雀鹰的 2 倍，体形也比雄雀鹰大30%，胸腹有棕白相间的条纹，背部褐色，尾巴上的条纹也非常明显。雄雀鹰和雌雀鹰的爪子都很长，呈黄色，适合从树篱或地面上抓取小鸟。雄雀鹰几乎只猎食小型鸟类，但雌雀鹰还会猎食斑尾林鸽或鸭，并在降落的地方直接吃掉，因为它们往往都比雌雀鹰重。

如果你想欣赏雀鹰的最佳飞行姿态，看它们做地球上其他鸟类无法做到的事情，那么最好的观赏位置就在乡间小路的汽车上。这样的情形经常发生，常见到令人惊讶。雀鹰在道路中央捕猎时被惊动，然后在你面前起飞，却绝不飞离道路，也不会飞离柏油路面 3 ~ 5 厘米的高度。你会不由自主地放慢速度，以免撞上它，并获得更好的视角。但你很快就会发现自己正不自觉地脚踩油门，想要跟上雀鹰的速度。它的飞行高度让人觉得滑稽、疯狂，又不可思议，而它能在这样的高度以每小时将近千米的速度飞上大约 1.6 千米，并随着路上的每个弯道左右摇摆。接着，当你开始怀疑这情形是否正常，猜测这鸟儿是否患了病时，它早已扭头飞越树篱或穿过栅栏，消失不见了。

这样的经历，我已经有过几十次了，每一次都让我感到紧张刺激、异常兴奋，同时也使我耗尽了气力，疲惫不堪。

它们属于林禽，演化至今，已经可以快速地从隐蔽处飞到林间空地，趁猎物尚未察觉就抓住它们，并再次消失在树丛里。宽大的翅膀和长长的尾巴带给它们极为优秀的飞行控制能力，让它们能在树丛中快速移动，轻松穿梭于林木之间。如果哪只鸟躲过了第一次的劫掠，或者逃到了空旷的天空，雀鹰就很少追赶了。它们飞起来看似闪电，却是短距离选手，若要飞行超过几百米，它们其实并不快，斑尾林鸽都能轻松超过它们。突袭才是雀鹰最擅长的。

捕食者的数量总是取决于猎物的数量，而猎物的数量却不受控于捕食者的数量。想要在花园里看到雀鹰，最好的办法是在树篱、围墙，或者灌木丛附近设置鸟类投喂点。雀鹰的上等猎物——蓝山雀、大山雀、家麻雀、乌鸫、欧亚鸲、紫翅椋鸟等鸣禽都会前来觅食，于是雀鹰也会前来捕食。不过雀鹰的食量并不大，每只雄雀鹰每天只吃两只山雀大小的鸟儿。有研究表明，这并不足以影响鸣禽的数量，却足以让一两只雀鹰存活下来。如果你觉得这样的捕食残忍血腥，那可千万不要养猫。

# 松　　鼠

我们刚搬来的时候，花园里只有一棵苍老虬曲的欧榛。这棵树每年都会结出大量榛果，但还没等到它们成熟到可以采摘食用，就几乎都让松鼠抢走了。过了一两年，我发现有榛树小苗冒出来，那是松鼠收集的榛子发芽了。松鼠将它们埋藏起来，随后却忘记了。于是，这些榛子发了芽，长成了榛树幼苗。

我把它们挖出来，栽到盆里。几年后，我大概有了百来棵树苗，于是我决定种一小片榛树林。如今，25 年过去了，这片小树林生产出了我们所有的做园艺支架的木材，还为我们提供了丰盛的榛子，并成为花园中的一处美景——榛树下开满了报春花、银莲花、蓝铃花等春季花卉。

我想我该为此感谢松鼠，尽管很难有哪个园丁会为它们说一句好话，护林人就更难了。

1890 年，人们在沃本修道院投放了 10 只北美灰松鼠，这是第一批从原生地北美洲来到英国的灰松鼠。起初，大家视其为有趣的新生物，但不出 50 年，它们就赶走了本地的欧亚红松鼠。欧亚红松鼠正是碧翠克丝·波特[1]笔下的小松鼠纳特金的原型，它身披姜黄色的皮毛，顶着一对毛茸茸的耳朵，在人们眼里，它们是林地和花园动物中可爱迷人的一员，偷吃坚果是其最恶劣的罪行。

然而，人们不久便发现，在北美灰松鼠定居之处，欧亚红松鼠很快就遭到驱赶甚至面临死亡。其中的原因有很多。首先，北美灰松鼠的体形更大，能存储更多脂肪，因此能更好地应对寒冷的冬天，挨过食物短缺的季节。所以一旦这两种松鼠之间发生激烈的食物竞争，北美灰松鼠总能立于不败之地。因为它们会吃各种各样的坚果和种子，春天甚至还吃鸟蛋和雏鸟，但欧亚红松鼠只吃较小的种子，比如松树和云杉等植物的种子。

北美灰松鼠还携带松鼠痘病毒，它们自己早已对其免疫，但该病毒对欧亚红松鼠却是致命的。最终，在英国南部，除了怀特岛等极少数地区，欧亚红松鼠几乎绝迹；而在英格兰北部及苏格兰，其生存范围也缩减至少数几个以松科植物为主的大型针叶树种植区。

但北美灰松鼠却无处不在。它们会从花园里挖出球茎，

---

[1] 碧翠克丝·波特（1866—1943），英国童书作家、插画家，代表作品有《彼得兔的故事》《松鼠纳特金的故事》等。——编者注

吃掉鸣禽幼雏，还会啃咬树皮，对林业造成了巨大损失。无论你如何巧妙地悬挂喂鸟器，它们也总能找到办法从中偷取花生和种子，并以其特有的杂耍技能，鬼鬼祟祟地来偷一次又一次。

# 乌　鸦

　　只要你养了羊，就迟早会和乌鸦打交道，而这样的经历往往很糟糕。一旦有羊生病、被困或者受伤，无论老少，它的眼睛都有可能遭受乌鸦袭击。我曾见到羔羊还未完全出生，就有一只乌鸦停到它的头顶，把它的眼睛啄了出来。这一幕让人头皮发麻，我难以想象还有怎样的折磨会比这更残酷。但我们不会反对鸫鸟吃掉蜗牛，苍鹭吞下鱼和青蛙，也不反对雀鹰在天空中抓走乌鸦。这就是大自然的残酷，乌鸦不该因为找到了唾手可得的食物而受到责备。要在残酷的现实中生存，首要规则是捕食，其次是不被吃掉，接着得成功繁殖。其他，都是锦上添花。

　　事实上，小嘴乌鸦是一位极其聪明的生存者，几乎会吃任何东西，不管是死尸还是活物，也几乎能在任何地方生活。它们的食物包括种子、果实、昆虫、蚯蚓、贝类、大小老鼠、各种鸟类，以及腐肉。它们甚至会在飞行中捕捉相当大的鸟——比如鸽子。虽然它们也能组成鸟群，却很少这么做。如果你看到一只和秃鼻乌鸦差不多大小的鸟单独飞过，或者两只鸟相距一定的间隔，而它的喙又是黑色时，那很有可能是小嘴乌鸦。（秃鼻乌鸦的喙底部有一块明显的灰色斑点。）小嘴乌鸦"咔——咔——"的叫声比秃鼻乌鸦更嘶哑、更粗糙，也不如渡鸦那样深沉。

乌鸦喜欢捕食狩猎用鸟的雏鸟和鸟蛋，这让它们多年来一直受到猎场看守人的大量捕杀。然而，乌鸦现在受到了保护，未经许可，不得杀害。不管怎样，它们是不容易被射杀的，因为它们非常警觉，一有风吹草动就会飞走。人们对乌鸦的智商做了大量研究，并将其与海豚和黑猩猩相提并论。它们会学习，会使用工具，还会思考与策划。

我们的农场里也有乌鸦，它们的巢穴是个大型建筑，用树枝、羊毛、捆扎绳及塑料碎片建造，高高地挂在树上。即使去年搭建的巢经受住冬季风暴的考验留存下来了，它们也不会再次使用，而是在同一区域重新搭建一个。它们没有把巢安在花园里，我也不认为它们会来，因为花园对它们而言没有足够的遮蔽。但它们还是会飞到花园里来，高高地栖息在枝头，吱哇乱叫，烦躁不安。它们四下打量，直到看见我没有枪，也不构成威胁，就若无其事地飞到空中。对于一只大鸟来说，它飞得出乎意料地轻松，仿佛有根绳子把它拉了上去。

## 午后的蝙蝠

下午 3 点 30 分，一只伏翼蝙蝠在屋子上方捕食。到了下午 4 点 15 分，又有一只从相反的方向飞来。我想它们是在冬眠以前，趁着没下雨、不刮风、气候尚温和，并且也还有不少昆虫的时候，尽可能多地捕食。但在秋季的白天看到它们，实属稀罕。

## 斑 尾 林 鸽

狂妄自大总有一天会让人自食苦果。10 年前，我在一篇为某周末报刊撰写的文章中写道："无论怎样，斑尾林鸽对我的花园都不会有任何威胁。"然而，时代是会变的。它们的数量在这 10 年中似乎翻了 10 倍，现在已然威胁到我了。斑尾林鸽如今成了一个大麻烦，它们啄食豌豆、莴苣、十字

**前页图**："山谷之王"正凝望着它的冬日王国。

**上左图**：一棵久经风霜而变得虬结曲折的山楂树生长在海拔约450米处，那里正是我们地块的最高处。

**上右图**：隆冬时节，一轮圆盘般的满月正好在我遛狗时升起。

**下图**：山上降雨丰沛，苔藓生长旺盛。

**对页图**：水天一色，我们收到了送上家门口的馈赠——一汪漂亮的湖泊。

对页图：气候变化导致清爽干冷的霜冻天变得越来越罕见，也让这一切变得更迷人。

上图：每一根枝丫、每一个梢头、每一片草叶上都结了一层霜。

**上图**：我们的威尔士山地黑羊非常耐寒，但必须每天喂食，偶尔还得把它们从雪堆里挖出来。

**下图**：冬季，山谷里的田野。

**对页图**：耐杰尔一直很喜欢雪。

**翻页图**：耐杰尔生前的最后一张照片。

花科的蔬菜，还有各种等待移栽的幼苗。

斑尾林鸽可能是一种有害生物，但在所有鸟类中，它那深情的鸣唱最是凄婉动人。带着喉音的咕咕声，声声婉转，是一首完美的摇篮曲，也能温柔地唤醒新的一天。仅仅为这美妙的歌声，我也愿以菜地为代价，任其劫掠。

在英国，它们是常见的鸟类之一，营巢繁殖的成年鸟超过了 1000 万只。气候变化，加上人们栽种了大量它们喜爱的油菜，使得它们比以前更容易过冬，因此它们的数量还在不断上升，在城镇和郊区尤其如此。过去的 30 年里，它们已经从最初的乡村鸟类，发展为城镇、乡野皆可为家的鸟类。

它们的繁殖力很强，大多会在 4—10 月哺育 2～3 窝后代，如果天气允许，它们是少数会全年产卵的鸟类。过去两三年里，有一对鸟儿一直试图在育苗棚里筑巢，它们在存放花盆的架子上用树枝搭了一个窝，每次我们进出时都会疯狂地在门外喧叫，直到它们放弃——但下一次还会继续。

它们的幼雏靠"嗉囊乳"喂养，类似于人类哺乳。鸽子是极少数这样哺育幼雏的鸟类，另外两种是火烈鸟和帝企鹅——虽然帝企鹅并没有嗉囊。鸽子父母产蛋时受到激素的刺激，在肠道内壁产生嗉囊乳，并将"乳汁"存储在嗉囊中。嗉囊乳和白软干酪很像，干物质含量高达 35%，营养丰富，蛋白质和脂肪含量极高，却不含碳水化合物或乳糖。孵化后的头几天里，它是幼雏唯一的食物，其他食物会在随后4周的育雏期中逐渐加入，以作为补充。接着，乳鸽就会像哺乳动物一样快速断奶，并且迅速长大。

正因如此，鸽子成了人们在冬日里良好的食物来源，这也是英国各地有这么多鸽棚的原因。在这座房屋旁，曾经就有一间，但现在已经基本消失了。只有干旱时，其地基的八角形印记才会从房屋旁的田地里清晰地显露出来，那是鸽棚留下的唯一痕迹。

一旦受到干扰，斑尾林鸽会喧闹着离开，这是故意迷惑捕食者的手段，好为自己争取一线生机。它们的飞行能力很强，且姿势优美，既能飞掠过树梢，亦能展翅于高空。它们也是游隼最喜爱的食物，所以鸽子越多，游隼也就越多、越健康、越快乐。这样看来损失一些豌豆和甘蓝，似乎也并不亏。

# 鼠　妇

鼠妇是地球上唯一居住于陆地而非水里的甲壳动物。我一直对它们喜爱有加。小时候，我总把它们称作"骗人药丸"，这一称呼摆脱了所有关于它让人不愉快的联想，让它们有了些许人情味儿，不再是讨厌的小虫子。它们非常适合孩童玩耍，只要拿起来，它就像犰狳一样蜷成小球，一旦放下它便迅速展开，冲向隐蔽的地方，用它们来相互比赛再适合不过。我们时常举行"骗人药丸"大赛。孩子们的乐趣总是很简单。

我从没听过别人用这个名字，但我发现它们也有"假冒小猪""骗人小猪""假木头"等各种各样的名字，这些名字无疑都和"骗人药丸"大同小异。各地对于鼠妇的叫法似乎有几百种，每一种都分别代表着一部分人的情感。其拉丁名的意思是"折磨小猪"，因为它们和另一种生活在猪身上的猪虱有些相似。"药丸"则来自特殊的做法——把鼠妇当作圆形的药丸，并将其囫囵吞下，用来改善消化不良。我不知道这么做是否有用，也不知道是否会造成进一步的伤害，但这么做的人肯定认为这种方法非常有效。

所以，当我看到许多人写信问我该拿鼠妇"怎么办"的时候，我感到非常奇怪。"怎么办"的信件通常是一种信号，表明人们对某些东西感到害怕，并怀疑它就是花园中一系列问题的根源。一株植物死了或衰弱了，而花盆底下正好发现了鼠妇，于是人们捕风捉影，把缘由都归到了它们身上。

事实上，在生态系统降解植物的循环过程中，鼠妇是一个重要的齿轮。只不过，它们被温暖潮湿所吸引，偶尔也会到温室里啃咬幼苗，但腐烂的木头、树叶才是它们的心头好。保持温室整洁，时常搬动植物，就是对它们最好的防御了。

对园丁来说，鼠妇带来的益处可远远大于坏处。那些腐烂的木头和树叶，若不是被它们吃掉了，就很有可能成为真菌的温床，从而带来更大的危害。即使人类不试图伤害它们，鼠妇要面对的天敌也已经够多了，蟾蜍、蜈蚣、蜘蛛、马陆还有黄蜂，而它们的御敌策略就是紧紧地缩成一个盔甲小球，直到危险过去。

# 丘 鹬

每年这个时候，树叶已经基本落光了，山坡变得沉寂又阴冷。狗子们一会儿在树林边探索，弄得落叶和欧洲蕨沙沙作响，一会儿在沟渠间奔跑，深深呼吸着秋天陌生与新奇的空气。现在，欧洲蕨变成了红褐色、黄褐色。自 5 月以来一直被绿色覆盖的山坡，如今披上了褐色的羽毛。

10 月的大部分时间里，尚有几分余留的夏日气息。但总有那么一天，可能就在月底，也有可能在 11 月初，夏天的最后一丝痕迹终于消散，我们迎面进入冬天。

此时，一只鸟儿从我的脚边飞起，无声无息，却摇摇晃晃。它的体形相当大，身上是和欧洲蕨、枯树叶一样的褐色。我才看到一个笔直修长的喙，它就以略呈螺旋式的路径快速飞到低空，然后找到遮蔽，又隐伏不见了。这是一只丘鹬，是我在这个季节看到的第一只丘鹬。

丘鹬不是花园鸟类，除非你的花园够大，既有僻静的林地，也有草木点缀的开阔地。但它们喜欢农场，因为那里植被丰富，到处都能躲避，而且那里的土壤也相当潮湿柔软，它们可以用长喙啄食蚯蚓。

它们在落叶堆和欧洲蕨里伪装得极好，一整天都蜷缩在地上，其长直的喙看起来像极了枯树枝。它们眼距宽阔，眼睛高高地长在脑袋两侧而非正前方，几乎可以 360° 探察周围的动静。静止不动是它们最好的掩护，一旦它们迫不得已从躲藏处冲出来，就会尽快寻找下一处藏身之所。它们依靠伪装躲避狐狸，还有我的狗子们，而它们左摇右晃的快速飞行则是为了防御游隼。我想在北方的据点，它们可能甚至要躲避矛隼。但讽刺的是，如今在英国，城市里游隼的数量在过去的 25 年间大大增加，这就意味着在迁徙的途中，丘鹬更有可能被捕于某座城市的路灯下，而非这人迹罕至的乡野。

丘鹬在夜间进食，会和它们的涉禽亲戚那样，把长喙插入雨后松软的泥土里，捕捉蚯蚓和大蚊的幼虫。然后，它们就像孩子吸食意大利面条一般，把食物从泥土里吸上来。如果天气转冷，地面结冰长达一周或更久，它们就会变得虚弱，甚至饿死。

这里绝大多数丘鹬是来自严寒地区的冬季访客，从10月下旬到来年3月，大约有100万只丘鹬从东欧地区、斯堪的纳维亚、波罗的海，甚至从俄罗斯更远更荒芜的地带飞来。这里也有一些留鸟营巢繁殖，大约有5万只，等所有的雏鸟都羽翼丰满，其数量会翻两番。然而，丘鹬的数量依旧在下降，主要是因为适合它们居住的林地越来越少了。"适合它们居住的林地"不仅要有茂密的树林，林下草木丛生，还要有山坡和林中空地，它们可以在那里求偶，要么巡航飞行，要么展示炫耀自己。我见过它们的巡航飞行，那已经是许多年前了。哪怕没看见，我也会听到的。因为当丘鹬高高盘旋于树林上空时，它们会发出鸣叫来吸引配偶，那声音混杂着尖厉的口哨声和青蛙般的呱呱叫声。同时，它们通过这种非典型的飞行方式来宣示领土范围。当然，只有留鸟才会这么做，但它们数量极少，且相距甚远。

人们把丘鹬当作野味来射猎，但显然，并没有证据能证明这是它们数量减少的原因。射猎活动促进了人们对林地的管理，使其成了雉鸡的理想栖息地，而林地也适合丘鹬生存。如果没有了活跃的射猎活动，人们对林地的管理就会减弱，丘鹬的数量也会随之减少。这是一个很好的例子，说明野生生物的管控何其复杂，简单粗暴的方法根本行不通。

我承认我吃过丘鹬。有人给了我一只射猎到的丘鹬，我照着18世纪的食谱烹制，整只烤熟，然后就着吐司吃掉了，别有一番风味。

# 地　衣

每年我都会收到来信，忧心忡忡的园丁询问如何摆脱蔓延于他们苹果树上的鳞状真菌，是否应该在其扩散之前将树木砍去。无一例外，他们问的都是地衣。地衣不仅外观美丽，也是空气洁净的可靠标志物，因为地衣对煤炭或酸雨中的二氧化硫特别敏感，而且它并不会伤害宿主，无论是植物还是石头。

在过去的50～100年间，地衣谱写了它的成功故事。因为煤炭不再作为工业和家用的主要燃料，空气变得越发洁净，如今地衣越来越多地出现在城镇和郊区，即使在我这代人眼里它曾象征着冷清的墓地和偏远的山区。现在，花园和农场里的树木都覆上了它丰富的色彩和精致的纹理，应当值得珍惜。

虽然地衣时常同苔类和藓类归并到一起，但它是真菌和藻类的复合体，比起岸边石头上的苔藓，它与池塘里的水藻有更多的共同点。真菌与藻类的这种结合非常成功，产生了

15 000多种地衣。其中许多地衣能在真菌或藻类无法单独存活的环境中茁壮生长。地衣的颜色范围很广，形状各式各样，有些像油漆污点一样长在石头或树木上，这种比较常见，也有些形如苔藓且像纤维一样悬垂于树枝。

我以前做珠宝生意的时候，曾经参考地衣的颜色设计了一个系列——黄色、橙色、灰色、灰蓝，以及粉绿。在我们那年夏天到访的赫布里底群岛，地衣将岛上的石头装饰得极为漂亮。然而，这个系列却表现平平，与20世纪80年代初的炫目华丽格格不入。但这些色彩的美丽，并不会因为缺少人类的欣赏而丢失分毫。


# 苍　　鹰


我第一次读到T. H. 怀特的《苍鹰》是在17岁。那是一次改变我人生的经历。我感觉就像打开一扇门，进入了一个既熟悉又魅力无穷的世界。那是怀特在猎场看守人的林中小屋独自生活的世界，一个孤独唯我、与世隔绝的世界。那里有他对大自然的深深痴迷，有对人群的疏远脱离，还有苍鹰本身，以及它狂暴、凶残的野性。

如果你没有读过这本书，我强烈建议你读一读。在斯托里丁斯的一片树林里，怀特带着他心爱的狗布朗尼，独自生活在猎场看守人的小屋里，决心以一本 17 世纪的教科书为指导训练一只鹰。其方法古板过时，艰苦万分却徒劳无功，简直就是自讨苦吃。那时还是 1936 年（虽然这本书直到 1951 年才出版），苍鹰在英国实际上已经彻底灭绝（直到 20 世纪 80 年代），于是一只雏鸟被迫离开巢穴，从德国来到这里。

这只鹰和怀特之间是施虐和受虐的关系，彻夜不眠地熬鹰让怀特的身体备受折磨，最后苍鹰的逃跑亦伤透了他的心。这本书古怪且令人身心疲惫，全书只有两个主角——一个深受困扰的人类，一只最狂野的动物。

但这本书实在是引人入胜。我一口气读完了，并在之后的 10 年里反复读了一遍又一遍，几乎没有中断。自那天起，苍鹰就成了我心目中狂野桀骜之美的象征。我渴望带着我的狗和鹰，独自到树林中生活，我曾经认真计划并打算实施。我翻阅了所有我能找到的关于训练猛禽的资料，观看了每一场展出，还准备参加一门课程并得到属于我自己的猛禽。但当我获得剑桥大学的入学名额时，我发觉在毕业之前，连一只隼，甚至一只鸟都不能养，就别提更为棘手的苍鹰了。不过事后看来，想要养一只鸟，应当是可以轻易实现的。我后来养了一条狗和 6 只母鸡，用屋外的厕所兼做鸡舍，也能方便地用作马厩。再后来我遇到了萨拉，第一次有了那么一个人——比起孤独终老，我更想和她共度一生。于是我和她一起飞走了。

在那之后的几年里，我执着地在每片天空中搜寻这种猛禽的身影，并对它有了相当多的了解，然而我不但没能拥有或训练过一只苍鹰，我甚至从未见过。对我而言，它已经成了最为稀罕的生物，但若它进入我的世界，我相信自己能立即辨认出来。

然后，经过30多年的等待，我做到了。

2006年8月的法定假日里，我正开着拖拉机在一片陡峭的山坡上修剪欧洲蕨，一只像鸳一样大小的鸟儿从我头顶上空飞越了山坡。这只鸟看起来像雀鹰，但比最大的雌性雀鹰还要大。仅仅一瞬间，我就认出了它，我意识到这是一只苍鹰，但它胸部的颜色极淡，淡到几近苍白，也没有任何条纹，这让我大为震惊。我收集的所有苍鹰图像显示：雌鹰棕色，胸部有明显条纹；雄鹰为灰蓝色，身上有灰色条纹。但在这只鹰身上我看不到任何条纹。我坐在拖拉机上看它，它的身体和翅膀底下几乎全是白色。后来我了解到，苍鹰的变化很大，其实大多数猛禽都是如此，而且雏鸟的毛色往往淡得多，只有在第一次换羽后才会长出成年猛禽的羽色。我看到的很可能是一只雏鹰，虽然已经长大，却还尚未成熟。

它在我的视线中最多可能也就停留了两秒钟，从一片树丛里出来，飞越山坡，去往峡谷。我欣喜若狂，但身边没带手机，附近也没有其他人。我只能激动得发狂，得意扬扬地继续修剪我的欧洲蕨。

当天下午晚些时候，我开拖拉机时又看到它了，同一只苍鹰，从同一片山坡上飞过田野。等了一辈子苍鹰，结果在同一天里看到了两只，或者至少可以说看到了两次。

从那以后，苍鹰就成了这座花园和周围田野上空的常客，每次看到它，我都激动不已。我觉得没有多少21世纪的17岁少年会读这样一本关于20世纪30年代一个深受困扰的怪人驯鹰失败的书。但我无比庆幸自己读了这本书，正是因为这本书，苍鹰一直是我心中衡量一切狂野和桀骜的标准。

# 衣 蛾

我们用自己回收的羊毛给农舍铺了保温层。我们剪了羊毛，送到回收商那里，做成了一卷卷厚实的羊毛保温材料。虽然我可以肯定，这些材料不会是完全使用我们自己的羊毛制作的，但也没关系，这样非常环保且经济高效。屋子里变得温暖舒适，只要烧上一些我们自产的木柴，稍微加热即可。

效果极佳。然而，过了几年，我们在羊毛保温层里发现了衣蛾，想必它们是在蛀蚀羊毛，并试图进一步扩张摄食范围。它们从屋顶和地板里出来，钻进我们的衣服继续大块朵颐。

衣蛾还能生活在鸟巢里，以羽毛、残渣，甚至尸骨残骸为食。它们是少有的能消化羽毛、皮毛、羊毛及蚕丝中角蛋白的生物。我们总是不得不苦苦应付它们，因为我们一直住在老房子里，而老房子有很多能让它们舒适栖息的环境。但到了这个地步，它们的劫掠越发荒谬，有时代价高昂到让人心碎，因为当我从抽屉里取出一件最心爱的套头毛衫时，却发现它已经变成了网眼背心。

如果你穿的衣服，或者家里的纺织品都是人造纤维、尼龙、聚酯纤维等人造材料，那你就鲜有机会察觉衣蛾的存在。它们专吃羊毛、皮草、蚕丝、羽毛和皮革，这些材料在我的衣柜里占据了主要部分——虽然带有羽毛的装备是少了点儿。衣服上残留的一丁点儿汗水、血渍、其他体液、食物或油污都会更加吸引它们，所以如果你不是个小心使用汤匙的人，情况会变得更糟糕。

衣蛾分为带壳谷蛾和幕谷蛾两种，而带壳谷蛾更有可能制造破坏。这种蛾子很小，大约 1.5 厘米长，并且是不起眼的米色。它们不喜欢光线照射，也不喜欢暴露在寒冷干燥的空气中，所以抽屉里或挂杆上拥挤的衣物正是它们理想的栖息地。啃食我们衣服的就是它们的幼虫。刚孵化的幼虫只有大约 1 毫米长，它们孵化后便会立刻钻进衣物的纤维中，开始大吃特吃。它们需要 3 ~ 9 个月的时间才能化蛹成蛾，在此期间，它们会持续不断地啃食。

小时候，我的祖母总是把含萘的樟脑丸放在衣橱里驱除衣蛾。我们使用气味清香的肥皂，也能起到些许作用。长期收纳前最好尽可能地保持衣物干净，可以使用织物可承受的最高温度进行洗涤，或者将衣物冷藏一周左右以杀死虫卵。其他的驱虫办法还有最大程度地清洁房屋，避免使用中央供暖系统，通风不畅时衣物的存放时间不要超过一周。最后，很遗憾地告诉大家，无论绵羊毛是多好的隔热材料，无论它的认证多么绿色环保，都不要把它用作屋顶或地板下的隔热材料。

# 渡　　鸦

我还记得小时候，自己曾穿着最好的法兰绒校服套装和帽子去伦敦塔。其实我真正想看的只有两样事物——剑和渡鸦。渡鸦那乌黑的庞大身躯、长着刚硬鼻须的大鸟喙，还有它们眼中闪现的聪明才智，都让我深深着迷，同时也感到些许害怕。

第二次见到渡鸦时，我 21 岁，和朋友们一道去斯诺多尼亚山爬山露营。我们在第一道曙光中观赏渡鸦的"翻筋斗"特技。童年时见到的身材壮硕、肌肉发达的鸟儿，使得这样的演出更让人印象深刻。

后来，它们也在这一带出没。我已经记不清在这里看到第一只渡鸦的情形，若在我的日记里搜寻一番，就必定找得到。毋庸置疑，最近 5 年，渡鸦的数量增长，已经多到我们每天都能看见它们了。

渡鸦处于鸦科鸟类金字塔的塔尖，乌鸦、秃鼻乌鸦、寒鸦、喜鹊、松鸦和红嘴山鸦等都位居其下。事实上，放眼所有鸟类，渡鸦都占据顶端位置。虽然它们的鸟蛋、雏鸟，以及雏鸟有时也会被叼走，但即便是金雕也不愿冒险顶撞成年渡鸦。

渡鸦低沉的鸣啼很容易辨别，它们相比于乌鸦，就如同金雕相比于鸳——体形要比乌鸦大得多，翅膀宽阔且舒展，尾巴呈楔形，更为修长的脑袋在飞行时也特别明显。

它们在农场上方的空中巡逻，猎取食物，像穿着黑色制服的民兵一样在航道上集结待发。从腐肉到小羊羔，也许是一只虫子、兔子，或是一只鸟儿，任何可食用的东西都可以成为它们的盘中餐。但和乌鸦一样，渡鸦也总是被腐肉所吸引，历史上，它是盘旋于战场和绞刑架上空的鸟类，在那些地方，它总能轻而易举地获得食物。现如今，它们最有可能栖息的地方则是牧羊的高地，因为如果不加看顾，羊会习惯性地寻找各种奇怪的死亡方法。所以，如果有一只羊死在了我们的山坡上（这样的事常有发生），那它很快就会被吃得一干二净，而第一口肉非渡鸦莫属。

渡鸦出现在花园周围等人工景观中，代表着它们在过去20多年里的成功留存及繁衍生息。它们在英国曾一度减少，只剩下1000对成鸟，主要是因为受到猎场看守人的射杀以及杀虫剂的影响。但这两样事物被限制以后，渡鸦的数量增加了10倍之多。人为射杀减少、食物来源充足，应是其中最为直接的原因，这也意味着，它们已经从威尔士以及苏格兰山区的根据地扩散开来。

一直以来，生态保护都是一项复杂且充满忧虑的工作。渡鸦数量的增加，意味着凤头麦鸡和杓鹬等在地面筑巢的鸟类容易遭受更多伤害，一些濒临灭绝的鸟类数量可能也会随之减少。但在自然界，适者生存，生态保护的秘诀也并非维持每个物种的数量，而是要保护它们赖以繁殖和哺育的栖息地。像渡鸦这样的鸟类，能以任何食物为生，只要没有人为射杀就能存活下来，但它们营巢繁殖和哺育幼雏的岩壁则需要积极保护。

渡鸦象征着死亡和恐惧，却也代表着智慧。以其聪慧和长寿（它们能在野外存活 10 ~ 15 年，而一些生活在伦敦塔的渡鸦，已经活了 40 多年），它们足以成为优秀的宠物。不过我只能遗憾地说，在我见过的众多家庭中，尚未遇到有人将其作为宠物。

# 冬

在我们这里，冬季是荒凉的。白天越来越短（到了圣诞节期间，早上8点前天都没亮，下午4点半天就黑了），令人真切地感觉到一切生命活动都谢幕了，在这期间全蛰伏了起来。

总而言之，这是一个潮湿的季节，而且还会越来越潮湿，因为气候变化，我们这里霜冻和下雪的天数也越来越少了。30年前刚搬到这里时，我还能指望有6天是低于−10℃的，有一个月时间的霜冻天平均气温在−5℃左右。土地是硬邦邦的，天空是晴朗的，那种寒冷是清爽的干冷，是爽快的冷。那都是干活的好时候，因为来来去去都不会沾上湿泥。但2019—2020年的冬天是我记忆中最潮湿的，当然也是我有生以来经历的最潮湿的冬天。田野被洪水研磨，持续数月，花园也常常浸在水里。

但有失必得。田野变成了湖泊，吸引了许多种我们在夏季不怎么见到的鸟儿。天鹅、雁、鸭和鹭都常常出现在积水的田野里，也时常盘旋在灰色的冬季天空中。掉光叶子的树木有一种萧索的美，不管是在它们光秃秃的枝丫间，还是透过它们光秃秃的枝丫，都能看到很多很多。

但冬日时光里充满乐趣的地方是我们厨房的窗外，那里是我们喂鸟的地方，从10月中旬一直喂到次年5月。若站在厨房水槽边一整天，我们就能观察到：家麻雀、4种山雀及其他各种雀科小鸟，林岩鹨、乌鸫等其他鸫科鸟类，啄木鸟、紫翅椋鸟、黑顶林莺、欧亚鸲、苍头燕雀、莺科鸟类、喜鹊、松鸦、鸽子、鸠类，偶尔还有小家鼠、松鼠和褐家鼠。它们都是来拜访各式各样的鸟食器的。这里是无尽的乐趣源泉，也是打造一个健康的、自力更生的花园的一项投入，因为庞大的鸟类数目对花园来说意味着捕食链的平衡，也就能让来年春夏的害虫数量减少。

十二月

# 槲鸫

　　槲鸫与欧歌鸫不一样。欧歌鸫谦卑谨慎，体形出奇地小；槲鸫则胸膛壮实如桶，体形更大，叫声响亮且骄傲。槲鸫胸前的斑点是正儿八经的斑点，而欧歌鸫胸前的则更像线状排列的雀斑。不同于欧歌鸫的栗色，槲鸫的翅膀及后背的羽毛为褐色，还泛着一层浅灰色，从整体上看颜色要更浅一些。而且，它们体形差异明显，也很容易通过站立的姿势辨识。在英国，欧歌鸫比槲鸫的数量多5倍。

　　有一只槲鸫时常在围墙花园角落的一棵树顶上唱着它的歌。此时，树叶已经凋零，光秃秃的枝丫显得颇为凄凉。天空阴沉沉的，很快就要下雪了。这些歌儿是它的精神寄托，它义无反顾地唱着，歌声嘹亮且圆润，曲调里却满是忧愁。

　　它们生活在公园和林地，而非狭小的花园，喜欢在高大的树上占据有利位置。它们尤其钟爱冬青果，会在冬季守住一整棵冬青树并赶走所有试图偷吃浆果的鸟儿——这也是它们出了名的习惯之一。

　　它们的歌声不仅嘹亮，而且甜美悦耳，在这鲜有鸟儿歌唱的时节显得格外突出，何况其他鸟类也没有如此持久的演出。它们受到惊吓时，会发出响亮且高频的叫声。我在农场见到它们的次数比在花园里多，这也符合它们的行为模式，因为相比欧歌鸫和乌鸫所喜欢的拥挤紧凑的花园，它们更喜欢林木繁茂的开阔乡野。

槲鸫名字的由来是它们喜欢槲寄生并为其传播种子。它们吃下槲寄生的浆果，但消化不了种子。种子通过它们的消化道，连同一团粪便一起落在另一根树枝上。粪便则为种子的萌发提供了营养。

它们在墙上的常春藤里或是高高的树上安家。春夏季节，它们会在常绿植物的掩蔽下筑巢，等到叶子掉光的季节，它们就会搬到更高的树上。我们棚屋的山墙一端钉了一个带角的牛头骨，几年前，一对槲鸫在牛头骨的后面筑了巢，在我们的众目睽睽之下哺育幼雏。它们会凶巴巴地保卫巢穴，攻击体形颇大的鸟类，还会猛扑那些胆敢靠近的金毛犬。

还有一件关于它们的怪事——它们原本只出现在南方，但到了 1800 年，除了苏格兰最北部的高地和岛屿，它们迅速地在英国各地繁衍开来。其中的缘由，人们至今无法解释。


# 狗　　鱼


一条狗鱼被困在了洪水冲出的水塘里，就在我们台地花园的栅栏外。我怀疑这里以前是一个鱼塘，这处洼地是鱼塘遗留的废墟，可以看出当时人们对鱼类的选择、饲养、泄洪等各方面的管理更加细致且复杂。这条鱼块头巨大，体形如梭，长度超过90厘米，其灰色的身体在浅浅的泥水中折射出一抹橄榄色。它忍受着身陷困境的窘迫，就如同一条养在金鱼缸里的幼鲨。目测其大小几乎就能判断它是一条雌鱼，因为雄鱼要小得多，很少会超过4千克，而一条较大的雌鱼体重通常可达雄鱼的4倍。

过去，我们时常能见到狗鱼，就在小溪的浅滩上，这些小溪最终汇入河流。这条鱼或许就是我们以前见过的，因为它们能活20多年。它们潜伏在植被茂密的浅滩，会像鳄鱼一样突然冲出来抓住猎物并将其拖回到水里。其他鱼类、青蛙，甚至像鸭那么大的鸟儿，都有可能成为它的盘中餐。我小时候，孩子们还会互相警告——如果下到河边会被狗鱼抓走。对此，我们都半信半疑。

以前有渔民定期到河边来捕鱼，他们偶尔会捕到狗鱼，却因为狗鱼上不了台面而丢弃它们。然而在中世纪的英国，它们远比三文鱼或比目鱼珍贵得多，在许多欧洲国家至今仍深受追捧。于是我们请求渔民下次捕到狗鱼时，就送给我们吃。没多久，我们就获赠了一条大约45厘米长的狗鱼，它的下颌又长又扁，边缘长了一圈牙齿。我们按照东欧人的方法烹煮，搭配了火辣辣的辣根酱和甜菜根。味道相当不错，只是鱼刺多得令人狼狈。

　　随着洪水退去，水塘干涸，搁浅的狗鱼陷入绝境，死了。尸体被鸟儿啄食干净了，只剩下一副骨架。春天，草叶繁茂，牛群在它边上吃草。

# 垂 枝 桦

　　花园里只有一株垂枝桦，那是别人送给我的一棵实生苗，我把它种在了腐叶土堆肥的旁边——边界树篱最远的角落——不挡道也不碍事，但老实说，也看不见它。不过在农场里，有一株桦树长得特别壮观。它的树干舒展且粗壮有力，银白色的树皮干裂成深深的绳索状，随着树干的伸展扭曲成一道道皱纹；它的枝条尽情舒展，形成一个宽阔的树冠。它像公园里的景观树那样矗立在田野的中央，在山谷其他成年树木的衬托下孑然矗立。当然，我可不敢居功。几年前我们搬来的时候，它就在那儿了，当时就已经非常令人赞叹了。然而，关于它的规模和生长位置，还有一个故事。

　　桦树是先锋拓荒树种，树苗会快速地扎根生长。它细小的翅果可以乘风飘得很远，会在附近看不到任何亲本的地方出现。有别于迪士尼的影视作品中树种混杂的大森林，英国最早的野生树林主要由桦树、白杨和黄花柳组成，直到大约10 000年前，松树开始传播，取代了桦树。所以在过去1000年的大部分时间里，除了在高海拔的山地或荒野，桦树都十分罕见。

但到20世纪，桦树数量大大增加了。当时树林被砍伐，树木作为木材出售，尤其是两次世界大战之后（当时造房子的木材经常比房产本身还值钱），桦树在其他树生长之前抢占了生存空间，快速占据光裸地块的能力让它们很快就自播生长起来了。

桦树是典型的"杂木"，跟欧梣和冬青一样，只要有点光照和空间，它们就会到处冒出来。要是你看到人工林被砍伐后露出一大片空旷的区域，一两年内桦树就会自然而然地在那里冒出来。20世纪50—60年代，兔黏液瘤病的爆发使得大面积的野草不再遭到穴兔啃食，于是草地变成了矮树丛，而这些矮树丛的生长之地现在也被桦树占领了。

19世纪80年代测绘的1∶10560的农场详图，精准到每一棵重要的树木都无一遗漏，从那上面能看到，在我们那棵成年的桦树高处的斜坡上是杂树林。后来的地图显示，这片树林在第二次世界大战期间被抹掉了。由于某些原因桦树很可能重新占领了这片斜坡，而这棵树则被允许单独矗立在那里。于是第二个林地的幽灵取代了古老的林地，这一切都在人们鲜活的记忆里。

桦树可以用来做扫帚，那种耀眼的扫把，也就是女巫们的经典飞天扫帚，带着长长的手柄和展开的长长的枝丫交错的分枝。桦树木材也可用来制作众多小工具，比如系扣、箍和家用杂物，干燥得好的话，它是一种非常坚固耐用的木材。

但我对扫帚情有独钟，要是我统治世界的话，我就禁用所有的吹落叶机，宣布用扫帚取而代之，并强制人们学习如何正确使用扫帚的有关课程。春夏季节它们可以拂去草坪上的露珠，秋天它们可以用来收集落叶，而且对于后一项工作来说，它们不仅效率最佳，还环保可持续，但拂去露珠这项工作在大部分现代家庭里已经不是必要的了。

虽说我们还有很多小一点的桦树，但我们那棵特别漂亮的独苗肯定已经快走到生命的尽头了。桦树寿命较短，70岁就是高龄了。但它已经活着看到我们现在给高处的斜坡重新种上了树，育成了林。这么多年以来，它是我在这里唯一记挂的树。

## 欧洲水鼬还是欧洲雪鼬

我这代人从小对欧洲水鼬的第一印象就是，它是一种标志性的用来摆阔的奢侈品，是用来做好显摆的女人或电影明星披挂在身上的皮草外套。人们从"水鼬农场"里收集几十件生皮才能做成一件皮草外套。而作为一种独特的野生生物，欧洲水鼬总是显得离我们太遥远、陌生，以至于没有真实感。

这个情况在我们搬到这里以后发生了变化。野生的欧洲水鼬来源于养殖场逃逸，它们扩张得很快，已经变得比水獭还普遍。我们一开始养家禽（普通的鸡、珍珠鸡和鸭）的时候，住所离河特别近，只得采取措施保护家禽免受欧洲水鼬侵扰。家禽会在奔跑中被袭击，偶尔还会在晚上的鸡舍里被袭击，有好几只被杀死，但只有一只被吃掉。

欧洲水鼬是鼬科鼬属的成员，英国所有野生欧洲水鼬都是从养殖场里逃逸出来的。20 世纪 30 年代第一批欧洲水鼬逃逸到野外，它们在 50 年代开始繁殖，到了 70 年代，野生欧洲水鼬的数量开始爆发式增长。

这件事和水獭的衰落同步发生，并几乎导致了水駍的灭绝。水獭基本上无视这些水駍，但跟水獭不一样的是，欧洲水鼬体形足够小，能爬进水駍的洞穴抓住它们。

欧洲水鼬是凶猛高效的捕猎者，能杀死并吃掉许多种猎物，其中包括鱼类、贝类、两栖动物、小型鸟类（包括家禽）。我偶尔会在河边看到它们，一个巧克力色的毛茸茸的身影一闪而过。水鼬猎犬追捕了它们很多年，直到 2001 年口蹄疫的暴发才让水鼬的增长停滞了下来。

大概从 10 年前开始，我就看不到欧洲水鼬了，也看不到它们留下的踪迹。它们好像消失了，或是去了别的地方。然后有一天晚上鸡舍里发生了一场突袭，唯一可能的入口是门边角落里一个很小很小的洞。鸡舍里是一幕可怕的场景：地板上到处都是被害的家禽，扭曲的尸体挤成一团。我那 6 只可爱的鸭和 5 只鸡全被杀死了。根据那个奇小的洞和这场大屠杀判断，我认为这肯定是欧洲水鼬干的。我去了狩猎工具商店，买了一个人性化的捕兽笼。这是一个镀锌铁线编成的长方体笼子，带一块压力感应板，当动物踩在上面时它就会关上门，这样就能把动物关在里面而不会伤害到它。卖这个笼子给我的人告诉我一个秘诀："你那儿的欧洲水鼬肯定抵挡不住沙丁鱼的诱惑。"

于是我照他说的做了，当晚就设下陷阱，依言在上面滴了沙丁鱼油。天光一亮我就去查看，果然看到一只恼怒又活蹦乱跳的欧洲水鼬，它错误地舍弃鸡而选择了沙丁鱼作为它的第一道菜。

我靠近观察，发现它的外观不是欧洲水鼬那种纯深棕色、带一点点白色"小山羊胡子"的皮毛。虽然它的皮毛也是深棕色的，但它还有一层奶白色的底毛，而且脸上是奶白色的，眼周像是戴了一个深棕色的眼罩，耳朵尖上也是奶白色的。

这不是一只欧洲水鼬，而是一只欧洲雪鼬。

这给我带来了双重惊喜。第一是因为抓到了这个小浑蛋，阻止了它继续杀害我们那些可爱的家禽；第二是欧洲雪鼬比欧洲水鼬稀罕多了，能看到一只活生生的欧洲雪鼬实在是惊喜，况且它状态还挺好，除了非常恼怒。

多年前，我养了一种蒙眼貂，我叫它罗杰·迪奇利。罗杰有着跟欧洲雪鼬一样的皮毛颜色，但更漂亮。我曾用它来狩猎穴兔，虽说它在这方面表现不太行。最后，当我离家上大学去的时候，我把它送给了一个比我更专业的猎人。罗杰常被认作欧洲雪鼬，虽说欧洲雪鼬和蒙眼貂亲缘关系非常近，但纯正的欧洲雪鼬是纯粹野生的物种，而蒙眼貂大概算是一种被驯化的物种。

欧洲雪鼬曾经很常见，也曾被猎场看守人气势汹汹地穷追不舍。在 20 世纪晚期，残存的欧洲雪鼬在威尔士重新繁荣起来，并从那里扩张开来，在赫里福德郡边境乡村站稳了脚跟。它们偏爱的猎物是穴兔，但是一场突然爆发的兔黏液瘤病令本地穴兔的数量大大下降，显然我的家禽是它们非常认可的替代食物。

我把笼子带回家里给孩子们看，路上这只愤怒的动物竭尽全力想要隔着笼子抓我。我并不打算杀死它，但也不想让它再回去吃光剩余的母鸡，于是我驱车十几千米，来到一个遥远的林地把它放了。我希望它长寿且幸福，但再也不要跟鸡、鸭或沙丁鱼扯上关系了。

# 水

多年以前，我被告知千万不要尝试把地下泉挖出来，因为它马上会跑掉。我试过一次，是真的。我在田里挖地时挖到有水渗出来，形成了一个不太明显的咕咚冒泡的洞，我试着用石头把它围起来，让它更好认，也能长时间存水，尤其是方便羊群和牛群前来饮水。结果，第二天它就干涸了。然后过了几天，水从大约 9 米外的地方渗出来。这个泉跑了。

因此，我们农场里的泉无论在哪里我们都接受，并会围着它转。等雨季过去后，大部分泉眼都会干涸，直到下个雨季再出现。

但留下来的不是最大的泉。有两三个非常小的泉，不管什么天气，它们都会从比一个杯子大一点的泉眼汨汨冒水，甚至只是静静流淌。还有一些泉眼可以接上水管，在英国其他地方遭受严重干旱的时候，我们仍能靠它保证稳定的供水。

当我写下这些的时候，四周的洪水轻拍着花园漫进来，道路无法通行，此地的洪水正值有史以来最为严峻的时候。

气候变化意味着这就是未来可能要面对的冬季状况：更温和、更潮湿、更多的暴风雨。昨晚，我躺在床上倾听洪水像湖水一样拍打树木和篱笆，洪水所在之处在一两个月后就是牛群放牧地。这一切平静得出奇且毫无威胁力，然而道路尽头的人们正在遭受的水灾也是切实的。我知道，正西方向大约50千米外，越过边境线，水会顺着幽谷冲下来，奔涌而下，在田野上的新的泉眼汩汩涌出，在长满青苔的岩石上翻腾，湍流不息，汹涌澎湃。这水声慢慢地侵蚀着山上的岩石，把幽谷切割得愈加幽深，而这缓缓的时间之声也改变着荒野山地的面貌。

## 鹭

洪水过后，田地里有时会有 6 只鹭站在那里一动不动，或是缓缓地在泥泞地里踩高跷似的潜行，它们灰色的翅膀收了起来，跟冬日的灰色融为一体，它们长长的喙时刻准备戳进柔和的草丛里，抓取一只虫子或是被潮湿逼到靠近地表的甲虫、青蛙、鼹鼠和田鼠。

鹭几乎吃任何它们能抓到的生物，不管是水里的还是地上的，甚至是空中的。不过它们还是最喜欢鳗鲡等鱼类，任何拥有鱼塘的园丁迟早都会发现这一点。

虽然我从没看到过一只鹭光临这座花园，不过它们经常飞过我们周边的田野，也经常驻足在田野里，成为我们这里的一景。我在低洼的湿地草甸遛狗，经常会惊起一只鹭，它从茂草丛生的沟渠里飞起来就像是从地下冒出来似的。它们很好辨认，是除天鹅外英国最大的鸟类，飞行时长长的双腿在身后伸得直直的，头部和鸟喙在弯曲的脖子上保持水平，巨大的约 1.8 米宽的双翅缓慢又平稳地扇动着。

鹭肉吃起来有股让人不舒服的鱼腥味，但在 15 世纪 70 年代，这座房子刚建成的时代里，鹭肉会作为一道美味佳肴出现在宴会上。鹭肉作为一种"荣誉鱼肉"不在天主教斋日禁止的肉类内，因此允许在"鱼日"吃。[①]

但真正让鹭声名在外的是，它们是游隼和矛隼这些隼类最大个、最大胆的猎物，要是你养的隼能抓到鹭，那将是彰显你气概和地位的时刻。因此，鹰猎成了国王和贵族的活动，鹭被拼命保护了起来。

当哈姆雷特声称他没疯的时候，说是因为他能"分得清一只鹰隼（hawk）和一把手锯（handsaw）"，他并不是在

---

[①]天主教斋日不能吃除鱼肉外的其他肉类，故斋日又被戏称为"鱼日"。——译者注

把一种猛禽和木匠的工具做比较，而是在说他能区分一只隼（falcon）和一只它正追逐的鹭（heron）。喜欢莎士比亚的观众本该知道并欣赏过俯冲的游隼那疾驰的箭头般的剪影，和笨拙飞行的幼鹭（hernshaow）之间的区别。但当猎枪普及后，鸟儿可以在半空中被射杀，使得鹰猎这项活动变得神秘又古老。随后垂钓取而代之成为流行的乡村活动，而鹭对鱼的偏爱变成了一件令人讨厌的事情，因此它们被射杀以保护鱼类资源。

我从来没有在本地发现过鹭的巢。由于它们的巢非常庞大，而且通常筑在比较大的树顶上，很容易看到，因此那些前来拜访我们的鹭肯定是从数千米外飞来的。光是一只鹭的捕食领地就能覆盖大约 20 万平方米，它们会拼死捍卫自己的领地，而这个领地距离它们的巢可能超过 15 千米。当它们哺育雏鸟时，会没日没夜地捕食，有时候我会在温柔的夏夜里听到它们独特尖锐的"法啦嗯克"叫声。

# 荆　　豆

荆豆不太适应我们赫里福德郡肥沃的壤土，但我们农场山坡上的土壤呈酸性、土层薄，在那里它是特色植物。荆豆

的拉丁学名是 *Ulex europaeus*，在南方被叫作金雀花，在北方被叫作棘豆。它们在放牧地之上、山顶以下的酸性土地带长成满是荆刺的一长溜。在这种地方往往只有高地荒原牧场的黑果越橘、帚石南和蓝沼草才能在凛冽的寒风中生存。

年末，荆豆铬黄色的花开始冒出来，一直持续到盛夏。接着，秋金雀花接棒，不过这两种植物都常常全年零星开花。

它们木质化的茎干上长满了尖刺状的常绿叶，人无法从中穿越，但其是赤胸朱顶雀、黄鹀和莺科鸟类重要的遮蔽处，也是挖在它底下的穴兔洞窟的保护性荫蔽处。蜜蜂很爱它的花，荆豆荚小卷蛾以它的种荚为食。

对我们来说，荆豆是一种可以容忍的植物，它只长在我们耕作或是修剪不到的角落里，但在山上荆豆扎根很快，会变成问题植物。它们会遮住斜坡，或斜贯山坡的小径，而这些小径人和野兽都已经走了上百年。

用火烧可以控制荆豆的长势，在欧洲蕨的包围圈里留下被熏黑了的数万平方米坡地，但它总能一如既往地长回来，长出大量新的、更加有活力的幼苗，因为火的热量能刺激秋金雀花的种子萌芽。

不过，就在不久之前，荆豆开始值钱了，被栽培起来用于不少地方。它曾是面包炉的最佳传统燃料，因此会被砍伐收集成柴火。我在自家面包炉里试了一下，含油的叶子和树枝烧起来的火焰十分猛烈，而且残留的灰烬非常少，这两点对烘焙燃料来说都是非常理想的品质。

荆豆也是一种富含营养的冬季饲料，尤其对马来说。它们演化出尖刺来驱逐牲畜，但人们可以将其砍下来放进带钉齿的金属滚筒里，然后碾碎做成可口的饲料。有报道说，在某些地区，人们用现代化的拖拉机挂上连枷砍伐荆豆，被粉碎的物料就留在地上，能吸引山地矮马前来吃掉。在荆豆相对年幼（10年以内）时进行砍伐能促使它健康再生并有持续性的产出，所以有些农民就会精心栽培它。根据18世纪晚期的一份苏格兰报告，我们发现，1000平方米的荆豆就足以让6匹马吃上1个月。

# 白　尾　鹞

大概从10年前开始，我们有时会在农场高处的山坡上看见一种新的鸟，但不太常看得到，有时候短暂得让人怀疑自己是否真看见了。我们各自报告了几次目击事件后，认为唯一与它吻合的鸟类只能是同一只白尾鹞。

在我这辈子，也就是20世纪的大部分时间，白尾鹞都是一种稀罕、麻烦且十分矛盾的鸟类。猎场看守人射杀过它们，却没能把它们驱赶走。这对白尾鹞来说，仍然挺悲惨的。这样的射杀不是个别现象，完全是商业行为。在我的观念里，这样的结果不管是在道德上还是在行为上都是错误的，但从某种程度来说，是可以理解的。

一切基于以下几点。

在白尾鹞最爱的高地荒原，它们捕食松鸡。白尾鹞哺育自己的雏鸟时尤其偏爱捕食松鸡雏鸟。这就让夏秋季可以狩猎的松鸡数量减少了，从而对狩猎活动产生了一系列影响，并随之损害了当地的就业和经济。因此，猎场看守人将白尾鹞视为一种害鸟，想要尽可能地根除它们，就像牧羊人会射杀偷羊羔的狐狸，护林人会为了保护树木而射杀鹿（每年因为这个理由被射杀的鹿超过 50 万只）。

猎场看守人抓捕白尾鹞还是挺轻松的。因为白尾鹞狩猎时行动缓慢，搜寻猎物时，它们长长的翅膀和尾巴使得它们只需略扇几下就能贴近地面滑翔。这更让它们成为可以轻松瞄准的靶子。它们也是在地面上筑巢的，而且在遇到威胁时不愿离开巢窝，这让猎场看守人的工作更轻松了。其后果就是，从 1997 年起在英格兰的白尾鹞不再繁殖，虽然有些报告（很神秘地）说数量有所回升，但它们仍濒临灭绝。

对于狩猎作为一项运动这件事，社会上产生了越来越强的忧虑。在我看来，确实没有任何理由去射杀它们。根本问题是，从社会层面出发保护一个物种应该做到什么程度？尤其是在这件事会让部分当地人因此受到损失的情况下。如果取缔了狩猎活动，那么有人（在某些地区这些人口可能占很大比例）会真的失业。当然，可能这就有了正当理由为那些不再狩猎的猎场看守人和社团提供经济补贴。我们这些想要保护、欣赏白尾鹞的人或许就得掏腰包为这项特权买单，而不能指望当地社团来资助我们的欣赏。

跟很多有关野生生物的纷争一样，解决这个问题的方案不是来自那些在千里之外表达愤慨的人，而是当地真正受到影响的社区。这些最熟知白尾鹞和当地环境的人，也是处在保护它们的最佳位置的人，比如这些猎场看守人——白尾鹞当下的死对头（尽管他们也是处在雇主们的高压下）。但人们正寻找既能保护白尾鹞又能维持松鸡猎场的办法。这两件事都在进行中。

在非繁殖季节，人工养殖的松鸡还没到出场的时候，当地的野生松鸡也还很瘦，白尾鹞则主要猎食草地鹨和田鼠，但也会捕食它们能找到的任何在地面筑巢的鸟类或哺乳动物。田鼠和鹨只能在草地里活得好，如果帚石南蔓延开来（在松鸡猎场帚石南是被鼓励生长的，因为它是松鸡的主要食物），白尾鹞就只能猎食松鸡，或者去别的地方——如果它们有地方可去的话。

不管怎么说，在横跨英格兰和威尔士的松鸡猎场上看到了白尾鹞，实在是令人兴奋。不过，我从来没有一次看到超过一只。是因为只有一只吗？我看到的是不是都是同一只鸟？无论如何，我只看到过一只雌鸟，它是栗棕色，翅下颜色较浅，有一条长长的带条纹的尾巴。我曾经在诺曼底看到过一只雄鸟，外形迥异得令人惊讶——浅灰色，翼尖黑色。我儿子也曾在房子边上见过一只白尾鹞，当时它正飞越农场庭院，离他和他妻子散步的山坡也就十几米的距离。

我们不知道它们是否在"我们的"山坡上，或是其他十几千米以内的地方繁殖后代。如果是，我们就有可能看到它们在冬季来访，或者看到还不到繁殖年龄的亚成鸟（雌鸟2岁可以繁殖，雄鸟是3岁）。成鸟可以活到15岁，或者更久，但往往很少能活到10岁以上。不过每次我眺望房子上方大约300米的天际线，我就会本能地搜寻白尾鹞的身影，不过讽刺的是，我的两次最佳观赏体验——很近，看得很清楚，观察时间又长——都是在开车回花园的路上。


## 欧洲红豆杉

20年前，我曾写道："砍倒一棵古老的欧洲红豆杉是一项酷令下的暴行，哪怕它肯定能再长回来。连根拔起更是会招致不幸。"但在发表这些言论的 5 年之后，我砍倒了一棵古老的欧洲红豆杉，又把它的整个根系都挖了出来，让它再也长不起来。我虽希望不会招致不幸，但必然心怀歉疚，就像射杀了一头大象，或是推平了一座历史建筑。然而，我还是觉得这事做对了。

这是一棵巨大的欧洲红豆杉，就紧挨在农场房子的边上。它至少被齐地砍伐过一次（大约是在 100 年前），现在长成了多干型的样子，树墩直径大约 1.8 米，新长出来十几根树干，每根都有门柱粗。这还只是中等水平，有些存活至今的欧洲红豆杉主干直径甚至超过 9 米。

我们这棵欧洲红豆杉的根系长到建筑物里去了，蔓延到了屋墙处，大约有 1.8 米，导致墙壁一直湿漉漉的。让墙壁干燥的唯一解决方案是把树挪走。这可是一项大工程。

它曾是我们在自己的土地上种下的唯一一棵欧洲红豆杉，不过此后我又种了很多棵，作为些微补偿，但其实那棵欧洲红豆杉这么多年的生长是无法弥补的。这份债也许需要数百年的生长才能偿还。

我在一个欧洲红豆杉之国长大。欧洲红豆杉在英格兰南部的白垩土低地长得很好，分布广泛，但在赫里福德郡低地的重黏土里长得不太欢，因此这里野生的不太多。农场里轻质、沙质化的土更适合它。它能在那片特别潮湿的威尔士山坡上适应良好，是因为斜坡的排水更好。水来得多，但走得也快。

欧洲红豆杉是欧洲花园里的一大特色植物，以至于人们有时候会忘记它其实是一种野生树种，是这里最古老、最具野性的树。欧洲红豆杉的生长速度，让人们常常弄不清它们那令人难以置信的年龄。在它们生命的第一个百年里，长得相当快。我在花园里种了欧洲红豆杉的树篱和造型树，10年内它们就长到将近4米高，冠幅为1.2～1.5米。除此之外，我只需每年修剪一次，让它们保持状态就行了。

一旦长到约400岁，它们的生长速度就开始减缓，到了1000岁以后，会长得非常非常缓慢。它们能够慢慢长，是因为跟一切生命相比，它们有的是时间。世界上最古老的木制文物之一是一柄有着25万年历史的矛，发现于埃塞克斯郡，它是用欧洲红豆杉制成的，这就很合理了。

你很容易猜错欧洲红豆杉的年龄，因为它们的高度和壮观度并不随年龄增长，从来不会长很高，不像橡树、欧洲水青冈、椴树和巨杉。直到500岁左右，它们始终保持整齐但平庸的自然圆头型，然后带着极其端庄的姿态，开始伸展扩张，枝条伸长、下垂到地面。年龄给它们带来的与其说是庄严感，不如说是神秘感。

在英格兰和威尔士交界的马切尔乡村，长着超过 4000 年历史的欧洲红豆杉，而且看起来它还会安居很长一段时间。在距这里 30 多千米的迪斯科德，靠近普雷斯廷，那里的欧洲红豆杉据说已超过 5000 年，是现存最古老的，但尚有争议（苏格兰的福廷格尔也声称拥有这项桂冠）。这样的长寿成了一种地理特质，超出了人类典籍记载的范畴。

地下的真菌有生长了数万年的，它们生活在成丛的树下，这些树从根蘖开始长起来，已经有超过 40 000 年历史了。但作为单一生命体生长的单棵的树里面，能够挑战马切尔的欧洲红豆杉的，只有美国加利福尼亚和内华达的长寿松。

然而，欧洲红豆杉的年龄总是充满争议，明智的官方机构会尽量少地关注这件事。尽管如此，我们知道有上百棵欧洲红豆杉的年龄超过了 1000 岁。从全球树木总量来看，这不算什么，但从欧洲红豆杉可能的寿命来看，这些都只到它们的中年。

因此，教堂院子里那棵古老的欧洲红豆杉可能比教堂的历史都要悠久，并且悠久很多。附近的彼得彻奇有棵欧洲红豆杉，据说有 3000 岁，那是一棵张牙舞爪的、中空的、暗沉沉的树，树干就像融化的蜡，它就这样长在教堂门口。

据推断，教堂是后来建在那棵成年的欧洲红豆杉边上的，可能还就是因为那棵树才建在那的，而不是反过来。当

1000 年前教堂建成的时候，这棵欧洲红豆杉可能是当地活着的生物里最古老的。它不只是活着，还在死寂的冬天里保持常青且活得生机勃勃。显而易见，这就是为什么欧洲红豆杉变成了令人景仰的永恒生命的象征，并因此充满魔力，这也是教堂边都要种上一棵的缘故。世界上最古老、最充满魔力的欧洲红豆杉都长在威尔士边境地带的乡村。

欧洲红豆杉在长寿方面如此出类拔萃有两个因素。

第一，它能从完全光秃的树干或树墩上重新萌发。把一棵古老的欧洲红豆杉砍到只剩一截中央树干，它还能萌发出一大簇嫩枝，并在随后的数年里长成一个端庄紧凑的树形。

第二，它的木质部是由两种木材组成的：外层即边材，弹性非常好；内层即心材，无比坚硬、结实、耐压。这样的组合使它在巨大的外力下同时兼具延展和抗压能力，而后又能恢复原状，这就是为什么称霸中世纪战争的英格兰长弓是用欧洲红豆杉制成的。

欧洲红豆杉的这两种木材，也使得它们在感染真菌后内部木材烂掉时，心材那薄薄的外壳仍具有足够的张力，能支撑整棵大树保持直立紧凑，并持续极其漫长的时间。在所有英国本土树木里，只有欧洲红豆杉能做到这一点——在漫长的岁月中持续健康地活着。

即使整棵树都被砍掉了，欧洲红豆杉还是能非常欢快地重新长起来，就像还是同一棵树一样。不过有一点让判定欧洲红豆杉年龄这件事困难至极，那就是它们的根蘖，虽说这些根蘖跟母本在基因上是完全一致的，生长的地点也是相同的，但对于它们是否应当属于同一棵树仍有争议。

我把砍倒的那棵欧洲红豆杉的木材保留了下来。其中一些我做成了碗；还有一些竖起来干燥着，使其像铁一样硬，以备后用。我的邻居在这片土地上耕耘了一辈子——85年，他告诉我说欧洲红豆杉是做门柱的最佳原料。他说虽然这么做挺奢侈的，但也许我可以用一些直的大树枝来做一下门柱。在这片严酷、棘手的坡地上，这个基本用途包含着有一种荣耀，因为那些靠谱的、用得上的物料都是实实在在的奢侈品。

# 来自荒原的探访

在下午4点的薄暮中，我带着狗子们在长田溜达时，看见一只隼从远处巨大的欧梣树上飞出来。它太小了应当不是游隼，远看也没有一点点像红隼。它在田野上低飞、掠过、上升，又急降下来，穿越田野，然后又高飞，进了远处的一棵树里。这个时节，不可能是燕隼，它们不会在5月，甚至在7月来到这里。灰背隼？经过一系列的排除法以后，看起来似乎最有可能是这个了。大约10年前我看到过一只灰背隼，但这里不是它们的栖息地。它是一位游客，正在对这片山地和荒原进行探访，在隆冬时节来探访这片潮湿的田野。

# 小 林 姬 鼠

12月22日，冬至这一天，我站在厨房水槽边上，发现一只老鼠从后院的石墙里蹿出来。它往前冲着，疑神疑鬼地嗅东嗅西，从我刚刚撒下的鸟食里抓了一把种子，叼回墙里去。过了一会儿它又出现了，取走了更多的食物，又仓皇地撤回去。这个过程持续了大约5分钟，其间老鼠一刻不停地吃着，但又总能带着它的战利品回到墙里，估计那里是它的巢穴。

从水槽这个角度看过去很难准确辨认它，但它显然不是一只鼩鼱。虽说它生活在墙里，但耳朵和眼睛太大了，不像是堤岸田鼠。它也不是特征显著的黄喉姬鼠和巢鼠，当然也不是睡鼠。它可能是一只小家鼠，但根据我的经验来看，它的焦虑状态和仓皇逃窜的速度，比平常的小家鼠所表现出来的更具有野性。我们的谷仓里有小家鼠，偶尔家里也会出现，它们大白天都会欢快地到处转悠。所以，它可能是小林姬鼠，俗名叫田野鼠或林地鼠。

　　小林姬鼠是夜行动物，所以白天出来对它们来说是一件不寻常又恐慌的事情，可能是受洪水所迫。它们主要生活在篱笆、干砌石墙或像我们家这样的墙体里，我们家的墙里有很多灰浆脱落的窟窿，成了很多小生命安全、干燥又相当暖和的家。

　　我现在极少看到它们，但过去常看到，只不过几乎都是死的。当时我们还养着同卵双胞胎的缅甸猫——史丁比和布鲁，史丁比曾经常把吃了一半的小林姬鼠的尸体放在门口台阶上，或房子里的各种地方。尽管小林姬鼠的尸体已经破损，白色的腹部和带着淡淡赭红色的毛色还是很有特点的。谢天谢地，猫咪们现在已经去世了，它们这些令人毛骨悚然的贡献已然终止。

　　不过，我还是发现了小林姬鼠夜晚出行进食的踪迹。跟田鼠一样，它们喜爱榛子，春园里到处都是榛子，每一个都被老鼠啃了一个整齐的圆孔。从这些圆孔的细节里可以观察到细微的区别：小林姬鼠会在圆孔边缘留下牙印，有时候壳上也有，所以边缘都是参差不齐的；而睡鼠留下的圆孔边缘光滑，只在壳的内侧留有牙印。我以前坚信这里有睡鼠，还在大量的榛子上研究了牙印这种细枝末节，但我最终意识到这只不过在自欺欺人，事实上，我们这里只有大量饥饿的小林姬鼠。据记载,堤岸田鼠也会在榛子一侧啃出圆孔,但从来不会在外壳上留下牙印。看见了吧,这就是可能引发困惑的点。

小林姬鼠会攀爬穿越篱笆,寻觅它们喜爱的种子和浆果,但它们总是在夜间行动,我几乎看不见它们的踪迹。然而,它们的天敌——猫头鹰可以看到它们。我曾有一次看到整整齐齐的一家子老鼠,两只成年鼠和十几只幼鼠,在篱笆顶上跑成一条队列,看上去就像是用啮齿动物做成的造型树。

# 冬 青 林

在我们这块地远处的角落里有一个小树林,里面有一棵巨大的冬青。我有时候会惊起一只灰林鸮,它把那棵树当作一个白天的歇脚处,躲在那个幽暗的隐居处以避开小鸟群的围攻。这个隐居处之所以幽暗,一方面是因为茂盛的分枝和常青的叶子,另一方面是因为这棵树巨大,主干直径足有1.8米,大量笔直的分枝四散伸展开来,就像一棵爆炸了的树。

冬青在我们这里轻质、酸性的土壤里生长良好,很容易通过种子散播开来,到处发芽冒头,尤其是在幽谷的坡岸上。我在树篱里种了不少冬青,跟山楂和榛子混种在一起,若非用栅栏隔开，它们就会第一时间被羊群和穴兔啃了。

在威尔士和英格兰交界地带的乡村，当地面积雪深厚或霜冻严重的时候，连续数周都没有草可供牲畜食用，而干草又只能限量供给，山上的农民就利用了牲畜爱吃冬青叶这一点，把冬青叶用作冬季饲料。这里有少量特别大、广受喜爱的冬青树，就像我们小树林里的那棵；这里也有小林子被称作冬青林，整个林子里都是冬青，而且人们还会把它们当作作物收割。

直到 19 世纪，冬青林在许多高地山区都很普遍，而黑山山脉边上的奥尔雄谷正是以该用途的冬青数量多而出名。后来畜牧管理进步了，开始种植蔓菁以用作冬季饲料，而冬青木材则被发现是制作纺织机绕线筒的理想材料。据记载，1803 年斯塔福德郡的尼德伍德森林里，10 万棵冬青被砍伐并卖给了兰开夏郡激增的棉纺织厂。工业革命像吞噬一切的深渊，触手伸向了生长在遥远的、寒风凛冽的山坡上的树木。

虽然冬青看起来非常多刺、难以咀嚼，但羊和牛都爱吃它的叶子，因此冬青叶是牛羊饮食中重要的组成部分。其实，只要有机会，牛羊就会吃各种树的树叶，因为树的根系能够吸收到那些草类无法吸收的元素，比如硒和铜。动物似乎本能地知道什么时候需要给它们的"草食菜单"添加营养补充，并像自行寻找植物用药似的进食。在开阔地带，人们从来看不到一棵年幼的橡树在生长的原因之一是，它是任何牲畜首先会狼吞虎咽的东西。我们发现即便当时边上有大量品质很好的牧草，榛树、山楂和柳树也都会被"热情地"啃食。但到了 12 月，所有的叶子都凋落了，只剩下冬青、常春藤、欧洲红豆杉、少许黄杨树以及荆豆。荆豆会被吃掉，但通常会先被砍伐，再碾碎用作饲料。欧洲红豆杉对所有牲畜都有毒性，而黄杨太稀少了，不值一提。常春藤可以做饲料，但它的生长环境太局限了，很难收集起来。因此，冬青成了高热量食物，在酷寒的冬季成了牲畜生死一线的重要物资。

我们的巨大冬青显然在大约 1.5 米高处平茬修剪过。这个高度对牛群来说挺低的，它们还是能吃到叶子，但能防止羊群啃食就已经足够了。我猜 18 世纪的农民可能是把奶牛圈在牛棚里过冬的，尤其是在那些最难熬的天气里，它们被喂食最好的干草，但不那么重要的羊群就只能在山坡上自食其力了。

这种频繁的平茬修剪会导致树枝都是笔直朝上的，并且非常浓密。相比之下，我们另外一两棵很大的冬青的大枝条都是优雅悬垂，水平伸展，在主干上分布均衡的。

但这棵冬青巨量的枝条是爆发式地从它那矮墩墩又十分结实的基部抽出来的。农民会把树干顶部长出来的新枝砍下来，装到一个"雪橇"（一种有轮子的货运马车，直到 20

世纪才在陡峭的山坡上使用）上，由他家矮马拉出树林，沿着至今还在的林间小道拉下山，给那些等候着的羊群吃。羊群会先把叶子吃光，再把树枝上的树皮也都啃光。

冬青较低位置的叶子上面刺非常多，这是为抵御草食动物而演化出来的一种生存策略。高一点的位置——除了能后腿站立的鹿和最高大的牛，其他所有动物都够不到——叶子则变得几乎完全是光滑的，很容易啃食。这就意味着冬青不需要在那么高的位置平茬修剪，不像柳树、欧梣或橡树那样通常在主干 2.5 ~ 3 米高处平茬修剪，还得需要梯子，修剪冬青时脚踩大地就行了。

砍倒一棵冬青至今仍被认为会带来噩运。我曾看到过赫里福德郡小径旁很多修整好的篱笆，其他篱笆植物都被压斜、捆绑好，只留下冬青笔直地站在那里。这让人回想起冬青还是一种重要的冬季饲料的时代，人们还要担心惹恼古代神祇的恐慌。①

---

①冬青在北欧神话中被誉为神圣之树，常与奥丁之子巴德尔（光明之神）联系在一起。——译者注

# 常 春 藤

我们有一株常春藤缓慢地蔓延进室内来了。它从房屋外开始长起，一路沿墙往上攀爬，通过窗框和窗扇之间的缝隙爬进来，另一侧的藤蔓则越过窗台往下爬。我们并没有把它往回修剪的计划，更没有移走的想法。它看起来挺好的。

常春藤给人们留下的印象并不好。我收到过很多邮件咨询如何除掉它，但 30 年来从来没有一封邮件是问如何种植的，更不用说如何促进它生长。常春藤要么被视为问题，因为它抑制了树木的生长，或是紧附墙体会带来破坏性影响，要么被忽视到任其荒芜的程度，反正它从没被认真当作一种植物来养。但它几乎被用到所有圣诞节装饰里面，因为这个时节，没什么像样一点的藤蔓能跟它一样提供绿意。

不过，我喜欢常春藤。我把它种到了花园里，它也爬上了我们家的墙，然后农场里有一两棵树实打实地变成了"常春树"，因为宿主树早就已经被常春藤淹没了，它的主茎都有我大腿那么粗了，现在那里成了猫头鹰白天最爱的藏身处。

洋常春藤是英国本土原生的常春藤，是英国 5 种本土木本攀缘植物之一（另外 4 种是铁线莲、忍冬、欧白英和犬蔷薇）。它常常被认为是寄生植物，会从其他健康的树上吸收生命能量，但事实上它跟其他任何植物一样，都是用自己的根系吸收需要的营养并进行光合作用的。气生根（只长在避光的那一侧，跟新芽对称生长，用来攀附坚固的表面）是演化出来支撑植物的，而不是用来吸收营养的，因为它不能吸收养分和水。因此，要是你割断了常春藤的主干，那么它就没办法把养分从土壤运送上来，植物就会不可避免地死去。这也反证了常春藤是从它攀附的墙体里吸收水分的错误观念。而真正的问题是常春藤会遮蔽宿主的叶子，挡住阳光从而令宿主死亡。

但它有很多优秀品质，每一位园丁都应该栽培它。它能在绿意稀少的时节，提供一墙或一面的绿意。它能忍受极度的暴晒和寒冷，也能生长在几乎全阴的地方，而且一旦扎根后需要的水分非常少。它会自行攀爬，所以不需要精心搭建支架。它能在冬天为鸟类、昆虫和蝙蝠提供垂直面上的遮蔽。常春藤在一年中很晚的时节开花，花朵饱含花粉和花蜜，是秋季昆虫（尤其是蜜蜂）非常重要的食源。常春藤花蜜结晶非常快，据说对支气管疾病有特别的治疗效用。它还有种非常独特的风味。

# 白果槲寄生

20世纪90年代中期，我在一个果园里种了40棵苹果树。赫里福德郡现在还有数千个果园，果园年份不一，但每一个都挂满了白果槲寄生，所以我认为并且希望我的果树也多少会长上一些。然而很长一段时间里啥事都没发生。周围树篱上长满了浆果累累的白果槲寄生球，它们更偏爱山楂树、椴树和杨树。但我那些苹果树上一小枝都没有。然后过了整整15年，有一天我注意到一个小小的绿芽冒出来，从那以后长出了十几个新的白果槲寄生。

有些球（它总是长成圆圆的一大团）现在已经很大了，还有不少随着我每年冬季修剪跟树枝一起掉落下来。总之，现在我果园里有满满当当的白果槲寄生，有那范儿了。为什么会花了这么长时间？要弄明白这个问题你得知道白果槲寄生是如何生长和扩张的。

大约2月中旬，白果槲寄生的浆果成熟度正好，种子外围的果肉非常黏糊，鸟类（尤其是槲鸫和黑顶林莺）很爱它们的浆果。黑顶林莺为了清理鸟喙，避免把种子吃进去，它们会在进食处旁边的树枝上擦拭鸟喙，在这个过程中种子就会落在树皮上，并且糨糊似的果肉会让种子粘在树皮上。槲鸫则会把种子排泄到附近的树枝上。因此，不管通过哪种方式，一颗种子就会在一点"绑定材料"的帮助下就位。

有个谬论是说，它的种子需要放在一片树皮底下才能发芽。事实上它需要光照刺激才能萌发。当它冒出一个小嫩芽，根系就会钻进树皮和枝干。然后，还需要 2 年的时间，这些微小的嫩芽才能在树上扎根，因此在树木长得足够大能够成为一个合适的繁殖场所之前，我的果园里一直就没什么槲寄生。但自那以后，白果槲寄生就会长得很快，根系扩张到树枝中心，最终完全填满树枝间隙，就像车轮的辐条一样。

白果槲寄生有绿叶，所以是能够进行光合作用的，但它也从宿主树那里吸收大量的养分，因此它是半寄生的。而最终这也导致了它的衰亡，因为白果槲寄生的根系会变得过于拥挤，从而堵塞它生长点后端的树枝水分和营养的运输，所以树枝就会枯死，白果槲寄生也跟着陪葬了。

如果任其扩张并占据整棵宿主树，就会不可避免地导致树木早夭。解决方案是每年进行修剪，带走可以用来做圣诞节装饰的枝条。这不能再简单了，因为白果槲寄生的木质非常脆，只要一拽就能折断。

多年以来，没人知道为什么白果槲寄生在英国西部地区如此繁荣，但在东部却长得没那么好。不过这个状况正在发生改变，据我观察，这跟越来越多的黑顶林莺从西伯利亚迁徙过来有着直接的相关性，还有就是冬季越来越温和、潮湿。

任何长在树上的植物，只要叶子终年保持常青，同时还能结出奇异的乳白色浆果，就必定会跟隆冬魔力联系起来，但直到 17 世纪，白果槲寄生才跟圣诞节有了直接的联系。跟许多所谓的古代传统一样，在一束或一小枝白果槲寄生底下亲吻的传统是在维多利亚中期才确立的。

## 《秃鼻乌鸦群栖林地》

我还记得在六七岁的时候，第一次去萨里郡法纳姆的微型城堡剧场。这是我们的圣诞节传统项目，每年都会去一次，但后来任何一次都比不上第一次那种按捺不住的激动。我们看了布莱恩·里克斯[①]的一部滑稽剧，写下这些的时候，时间已经过去了 60 年，但先生的音容宛在眼前。那部剧都是一些例如掉下来的裤子和在食品橱里躲藏的剧情，我那时笑得都要断气了。那部剧的名字我一直都记得，不是因为它是一部充满恶作剧的滑稽闹剧，而是因为当时激烈的兴奋劲和一部真正活生生的喜剧的趣味。剧名叫《秃鼻乌鸦群栖林地》

---

[①]布莱恩·里克斯（Brian Rix，1924—2016），英国演员、导演、慈善家。——编者注

（*Rookery Nook*）。

在那之前，我从来没能把大笑这种事情跟秃鼻乌鸦联系在一起。其实它们是吓人的，甚至为此受到猎杀。猎场看守人把它们挂在带倒钩的电线上，这是每一位猎场看守人的战利品，证明给他们的主人看，他们是在努力保护着松鸡的。猎杀秃鼻乌鸦在我童年时代是一件很普遍的事情。破晓之前，十几支猎枪藏在田野里，当鸟儿们沉浸在清晨的空气中时，枪声就会响起。用秃鼻乌鸦肉做的派也不算罕见，但我不记得自己吃过。

它们在农场里很稀罕，远比寒鸦和乌鸦少见。讽刺的是，秃鼻乌鸦这种偏爱农场田地的鸟儿觉得我们高地上几乎全是牧场的田地不宜居。它们是一种喜欢花园周边地带的鸟儿，不太喜欢山地和荒原，极少选择生活在海拔 300 米以上的地方，而这个高度是我们土地的最低海拔。

不管怎样，在能满足它们需要的开阔、地势平缓的牧场里，它们几乎到处都是。英国地形很适合它们。居住在英国的秃鼻乌鸦的数量几乎占整个欧洲的一半，这也反映了相比欧洲其他地方，英国比较缺乏大片连绵的森林。

虽说秃鼻乌鸦几乎一贯是在树上筑巢的，但它们不算林地鸟类。可能说起来很奇怪，大约 5000 年前，早期新石器时代的人们砍伐并清理了足够多的野生林地后，秃鼻乌鸦才来到英国并定居下来。奥利弗·拉克姆指出，英国的树木更多的是用石斧而不是电锯砍伐清理掉的。

# 煤山雀和大山雀

鸟食台上满是忙着啄食圣诞节残羹剩饭的鸟儿们，没有哪种鸟儿比各种山雀更忙碌了。蓝山雀很容易辨认，这些长尾巴的山雀一眼就能识别出来，一团小小的、柔软的身体，一条从名字中就能看出来的蓝尾巴。但煤山雀就很害羞，不太好找，很难辨认。它们跟蓝山雀差不多大，但看起来有点像大山雀，除非看到二者肩并肩，你才会发现它们相互之间根本不像。

蓝山雀和大山雀都是充满自信、神气十足的，而煤山雀则截然不同，它们畏首畏尾的。我真正注意到它们是在鸟食台上，但它们来访的间隔会很长。它们真的来取食时，是冲进来的，啄上一颗种子，然后几乎立即俯冲离去，去别的地方进食，或者储藏起来以供下次食用。

一顶"黑帽"拉下来覆盖住它的眼睛，白色的脸颊，黑色的喉部，黑色的"鸡冠头"一直延伸到脑后，灰色的翅膀，引人注目的纤细鸟喙，其貌不扬的煤山雀应当很好辨认，但它反而看起来模棱两可的，像蓝山雀又像大山雀。冬天，这些山雀总是聚集成一个种类混杂的大部队，这就更难辨认了。

煤山雀那又尖又细的鸟喙使得它可以啄食到冷杉球果的种子，所以相比落叶林，在针叶林里更可能见到它们。总而言之，它是一种比大山雀更小巧、更灵敏的鸟类，它羽毛的黑色看起来更黑，白色更白。

关于大山雀就没有那么多模棱两可。首先，它比较大，跟蓝山雀一样神气十足。其次，它的羽毛颜色更鲜亮，更能表明身份：黑色的脑袋，白色的脸颊，黑色的"围兜"一直延伸到胸部中央，衬着黄色的胸羽，蓝绿色的翅膀上有鲜明的白色条纹。雄鸟的"黑围兜"一直延伸到腹部和尾巴，雌鸟的"黑围兜"则在腹部周围逐渐淡出。

大山雀的种群密度受欧洲水青冈坚果（欧洲水青冈的种子）可食用量的影响巨大。就跟橡树和橡果子一样，欧洲水青冈坚果也会有不规律的异常丰产的年份，大山雀数量会跟着这些"欧洲水青冈坚果大丰收年"同步爆炸式增长。

在繁殖季，大山雀会寻找蛋白质，吃各种昆虫和无脊椎动物，并用它们喂养雏鸟。据说，大山雀还会杀死其他小型鸟类，甚至会啄出冬眠中的伏翼蝙蝠的脑子。

我在各种各样的地方找到过大山雀的巢，有几个长满苔藓的杯状窝里还垫着耐杰尔的毛。

# 耐 杰 尔

耐杰尔存在于我的每一本书里，陪伴着我外出的每个时刻，陪伴在我写作的大部分时间里——在我脚下睡觉，或是觉得无聊了，便温柔地顶过来一个沾满口水的黄色棒球，让它滚过键盘，温柔地暗示我户外生活才是真正的生活。

但在我写完这本书的第二天，他死了。他的死完全出乎意料，震动我心。

他死去的前一天是个灿烂的 5 月天，跟整个春天一样，日复一日都是反常的大太阳和温暖的天气，花园里的花开得异常绚烂。我们跟所有英国人一样，因新冠疫情被封在家里、花园里。我只被允许每天带狗子们去田野里散步，还在 3 月中旬到 6 月底帮我儿子去照看了 3 次羊群，因为他那时没办法自己去。

5 月 3 日，周日，耐杰尔的状态是一只 12 岁的老狗所能达到的最佳状态。他在阳光下睡觉，轻快地穿越田野散步，跟着我在花园里溜达。他爱意满满、兴趣盎然、温柔可爱。他胃口挺好，没有一丝一毫生病和不适的迹象。他看起来特别幸福。

然而，5月4日凌晨1点，他犯了一次严重的癫痫。我们抱住他，想让他平静下来，但他似乎不认识我们，也不知道自己在哪里，看起来还失明了。痉挛持续了一整晚，一次接一次，可怕又暴虐，令他精疲力竭。这样熬了几个小时之后，我向家人坦言我想让他在我的怀里死去，这样他就不用再遭受这些痛苦了。黎明时分我们打电话给兽医，带他去诊所，在停车场等候时他又在车后座痉挛了。随后，在保持"安全距离"的前提下，我们狼狈地把他带到了手术室，兽医给他打了镇静剂。兽医说预后不太好，但他们会竭尽所能。

那天我要给 BBC 录节目，这一整天的拍摄间隙里，手术室一次又一次地打电话过来告诉我一个阶段又一个阶段的治疗都宣告失败了。到了晚上8点，他们已经没什么能做的了，于是我们一致同意让他安静地睡去。他们问我要不要过去看看他。"不了。"我说。我不想我对耐杰尔的最后回忆是他在手术床上插满管子的样子。"让他走吧。"

整个过程中，那位兽医不能更温和、更专业、更周到了。癫痫的原因有可能是脑部肿瘤，但我们永远不会知道了。

接下去的两天我都在录一期《园艺世界》，这就意味着我没法给他下葬。于是他们把耐杰尔放在了诊所的冰柜里。两天以后，录制结束了，这是9年来第一次没有他的录制。

之后我们去接他。由于疫情限制，我们得在车里待着，等着他被装在一个盒子里带到停车场，然后等诊所的人退回室内后，我们再去接收遗体。耐杰尔已经冻硬了，但它看起来像躺在那里安睡着，还是原来的样子，他那长长的红棕色毛发在微风中拂动着。

我们把他埋在了萌生林里，随葬了 50 个黄色网球，满满一碗超大分量的食物，很多饼干，还有一束鲜花——来自这个 5 月的花园里最美的鲜花。我已经埋葬了 5 只狗子，每次最难过的时刻（愤懑，撕心裂肺的那种）是第一铲泥土落到遗体上的那刻。但都过去了，一块巨大的石头立在上头，毛地黄、银莲花和报春花栽在他的周围。

接下来就是漫长的、空落落的失去挚友的悲痛，我感觉他正慢慢走过角落，或正躺在狗窝里，但我转头却只有落空的期盼，空荡荡的。

在接下来的那一周里，我没有公布他去世的消息。我想给我们自己留点单独面对的时间，况且他已经参与拍摄了前一周的节目，来不及更改了。但这还是成了头条新闻。我出席了几个电视和广播节目，但推掉了更多。我们收到了数百张慰问卡，通过社交媒体收到了成百上千的消息。这实在是非同寻常。

对此我并不特别惊讶，因为我知道耐杰尔是真正被深爱着的。不管我去哪里，总有人问："耐杰尔呢？"不管是在飞机上、王宫里、医院里，还是在日本、美国，甚至在我去伊朗的短暂旅途中都有人问，大家都爱耐杰尔。

每次圣诞节，他收到的贺卡比全家其他人加起来的都多。当我侃侃而谈时，我知道人们其实更想看到的是他，而不是我。《独家秀》节目曾经邀请他作为嘉宾参加节目，给他配了单独的化妆室、发型师和豪华房车。海伊文学节曾举办了一个活动，那是一个长达 1 小时的耐杰尔专访，当时全场满座。而我只是作为一位"传译员"到场参与。

至于他上《园艺世界》，那是完全没有规划过的，是一件自然而然的事。他就在旁边，就像是每次我在户外劳作时一样，摄影师和导演们没法不注意到他，他能随意找到一个完美的位置，光线绝佳，构图完美。于是一段时间后，他就像是一位签约的全职摄制组成员，每逢摄制日自动上班，整整 10 个小时紧跟在一旁，随时待命，不需要什么激励催促，就能在最佳光线下精准地摆好姿势。他要是感觉进展慢了，就会抢镜，慢慢踱过来选个最不合适的时机把他的球摆到最不合适的位置，次次奏效。观众们从不厌倦他，从来看不够他。他曾是毋庸置疑的大明星。

他是一只独一无二的狗。可爱、单纯、高贵、美好的耐杰尔恰好在一档电视园艺节目里找到了他真正的使命。生活很奇怪，因为对于家人来说没有什么明星。他就是"耐久"①，我们的一员，全家人都同样随心自在地爱着他。是的，他英俊潇洒、极其上镜，而且他的导盲犬基因使得他完美匹配蜗牛般的摄制进展所需要的耐心，但绝不仅限于此。

我觉得人们对耐杰尔所表现出的真挚的喜爱是基于更为深刻的东西。他的纯真和高贵是由内而外散发出来的。他的生命抛开了繁杂，只留下对他至关重要的，他安心而专注地追寻内心所向。他有无穷的忠诚和爱，他这么一只毛发蓬乱、身量如熊的大狗却非常温柔。对于我们这些有幸能与各种动物共享天伦之乐的人来说，我们懂得这一切带出了我们内心深处更深层次的仁善。

在这个纷杂烦琐、朝不保夕、欺诈横行、难觅公平、焦躁烦闷的时代里，耐杰尔呈现了我们都梦寐以求的最基本的正派得体。他是善的象征，是任何财富和世俗的成功都无法比拟的。他警醒我们寻求更好的自己。

而对于跟他生活在一起的我们来说，还有太多耐杰尔的残影在生活中，在屋子里，在花园里，在农场里。我们对曾经与他共同拥有的生活满怀感激。耐莉正躺在我脚下，我们还有了小帕蒂——一只精力充沛的约克夏犬（她很喜爱耐

---

① 耐久是耐杰尔（Nigel）的昵称（Nige）的中文音译。——译者注

杰尔，常常睡在他的背上），可能不久之后我还会再添一只狗子。秋天，叶子会落在他的坟墓上；复活节，报春花又会绽放。生活在他的周遭如斯流逝，不舍昼夜。

# 致　　谢

　　我的出版代理人亚历山德拉·亨德森（Alexandra Henderson）在整个过程中一直是我的支持者和良师益友。岔路出版社（Two Roads）的莉萨·海顿（Lisa Highton）平静而宽容地忍受了本书档期的一再变更，并安排了延期，而我与编辑希拉里·曼德尔伯格（Hilary Mandleberg）一如既往地合作愉快。安德鲁·巴伦（Andrew Barron）让我乱七八糟的照片变得优雅美观，万分感谢德里·摩尔（Derry Moore）提供的精彩的封面照片。感谢我的儿子汤姆（Tom）提供了耐杰尔在春季的照片。

　　我的助理波莉·詹姆斯（Polly James）出色地处理了所有世俗事务，才得以让我有空写作。而没有萨拉，这一切就没有任何意义。